优质蜂蜜生产及蜜蜂授粉技术手册

王海洲　主编

山东大学出版社

图书在版编目(CIP)数据

优质蜂蜜生产及蜜蜂授粉技术手册/王海洲主编
.一济南:山东大学出版社,2020.8
  ISBN 978-7-5607-6692-8

  Ⅰ.①优…   Ⅱ.①王…   Ⅲ.①蜂蜜—加工   ②蜜蜂授粉
Ⅳ.①S896.1   ②Q944.43

  中国版本图书馆 CIP 数据核字(2020)第 166797 号

策划编辑 李 港
责任编辑 李 港
封面设计 周香菊

出版发行	山东大学出版社
社　　址	山东省济南市山大南路 20 号
邮政编码	250100
发行热线	(0531)88363008
经　　销	新华书店
印　　刷	济南华林彩印有限公司
规　　格	787 毫米×1092 毫米　1/16
	20.75 印张　474 千字
版　　次	2020 年 8 月第 1 版
印　　次	2020 年 8 月第 1 次印刷
定　　价	86.00 元

《优质蜂蜜生产及蜜蜂授粉技术手册》
编委会

主　　编　王海洲

副 主 编　任增超　袁　力　李京斌　张黎鑫

参编人员　秦甜甜　娄德龙　武蕾蕾　张德敏

　　　　　何在启　柳瑞梅　郑作军　王曙光

　　　　　张淑爱　赵桂省　鞠明璐　赵建华

　　　　　高炳智　潘秋霞　丁明霞　潘登高

　　　　　魏兆堂　孙淑东　季善军　柳荣群

　　　　　牟墩进　董志博　徐敬恩　解　娟

序　言

　　党中央历来十分重视农业、农村、农民(即"三农")工作,从 2004 年到 2020 年,连续 17 年发布以"三农"为主题的中央一号文件,强调了"三农"问题在中国特色社会主义现代化建设时期"重中之重"的地位。党的十八大以来,习近平总书记对做好"三农"工作提出了一系列新理念、新思想、新战略,形成了习近平新时代中国特色社会主义"三农"思想。这是习近平新时代中国特色社会主义思想的重要组成部分,是指导我国农业农村发展的科学理论和实施乡村振兴战略的行动指南。党的十九大提出了实施乡村振兴战略,也提出了"产业兴旺、生态宜居、乡风文明、治理有效、生活富裕"的总要求。其中,产业兴旺列在了首位,是最为基础、最为关键的任务。乡村振兴中的产业兴旺,首先就是让农业兴旺。农业中的大田种植业、养殖业等,不仅是为了解决好吃饭问题,更是农民的迫切要求。对于农民来说,产业兴旺最大、最直接的意义是解决就业和收入问题。目前,农业及其相关产业仍然是最大的就业部门,这对促进蜂产业的健康快速发展带来了前所未有的新机遇。

　　养蜂业是现代农业的重要组成部分,也是重要的绿色生态食品产业,对增加农民收入、促进人民身体健康、提高农作物产量、维护生态平衡具有重要意义。我国是世界养蜂大国,蜂群数量和蜂产品产量多年来一直稳居世界首位。但我国的养蜂业属于劳动密集型产业,蜂场规模偏小、效益偏低,其主要原因是标准化、机械化规模生产技术水平还有待提高,特别是蜜蜂授粉促进农作物增产观念还没有深入人心,养蜂业的功效远未发挥出来,可持续发展的基础还不巩固。

　　山东发展蜂业特色产业,既有现实基础,又有蜜源植物丰富等优势条件和良好前景。2016 年 5 月,山东省现代农业产业技术体系蜂业产业创新团队成立,以蜜蜂饲养、蜂机具研发、蜂产品研发、良种繁育推广、蜂产品质量控制、蜜蜂优质高产配套选育、授粉蜂种的引进驯化、蜜蜂代用蜂粮研发等为主体的蜂业新技术产业化步伐进一步加快,相关技术的集成、试验示范、推广应用有力地推动了蜂业生产方式的转变。

　　促进蜂产业发展,充分发挥产业效应,根本出路在科技。要认真落实习近平总书记"给农业插上科技的翅膀"的要求,强化科技创新应用,加快蜂业科技进步。加快科技创新,提高科技成果转化率,关键环节是推广。为加快蜂业科技成果的推广应用步伐,着力推动蜂产业增产、增收,山东省现代农业产业技术体系蜂产业创新团队日照综合试验站编写了《优质蜂蜜生产及蜜蜂授粉技术手册》一书。该书主要内容包括养蜂业、蜜蜂良种繁育技术、蜜蜂多王群饲养管理技术、蜂群的基础管理、蜂群的四季管理、蜂产品的生产、优质蜂蜜生产技术、山东省中华蜜蜂的饲养与保护发展情况、蜂病科学防控技术、蜜蜂授粉、最理想的授粉昆虫——蜜蜂、蜜蜂授粉概况、蜜蜂授粉的研究、大田授粉蜂群管理技术、设施作物蜜蜂授粉技术、我国养蜂历史及蜜蜂文化发展等 16 章内容。

《优质蜂蜜生产及蜜蜂授粉技术手册》侧重近年来新研发的蜂业科技知识,兼顾蜜蜂历史和文化,考虑区域特点,针对性、实用性和可操作性较强,旨在为基层技术推广人员和广大养蜂者提供通俗易懂、先进适用的科技知识和科技成果,对提高从业者科技文化素质、推进现代蜂产业健康稳定发展必将产生积极影响,对持续增加农民收入、促进人民身体健康、提高农作物产量、维护生态平衡必将发挥重要作用。

山东省现代农业产业技术体系蜂产业创新团队首席专家

泰山产业领军人才

山东省农科院植保所研究员

2020 年 4 月

目　录

第一章 养蜂业

第一节 养蜂业在国民经济中的意义

一、养蜂业可促进农民收入的增加

养蜂是发展农村家庭经济、促进农民增产增收的一项投资少、见效快、不占可耕田地、不与农业争水和争肥的"空中产业"。我国养蜂大省浙江省的农民常说:"养一群蜜蜂,胜种一亩田。"目前,山东每群蜂的市场价格为400~500元,如果技术成熟,管理好,半年(两个花期)产出的蜂蜜就可收入600元以上,投资低,风险相对较低,成本回收快。一群蜂半年就会通过繁殖使其数量增加一倍,意味着收入也翻番。养蜂不占基本农田,不论规模大小,只要养得好就能有收入,这对于农民,特别是贫困山区留守的、上了年纪的农民来说,是脱贫致富的好门路。大力发展养蜂业,不仅可以使农民增产增收、脱贫致富,而且随着产业的发展、大企业的介入,还可以解决很多人的就业问题。在广大的贫困地区,通过合理利用自然资源养蜂可以作为摆脱贫困的一条理想途径。

二、养蜂业可促进食品工业的发展

目前,已正式列为商品的蜂产品包括蜂蜜、蜂王浆、蜂花粉、蜂蜡、蜂胶、蜂毒、蜜蜂躯体等七大类。蜂产品在食品、饮料、医药、轻工、农牧等行业中越来越引起人们的关注和重视。食品专家认为,蜂蜜不仅因热量低、不含脂肪而成为糖类的最佳替代品,而且可用于保健品、药品、饮料等行业。蜂王浆具有增强免疫力、抗感染、防癌抗癌、延缓衰老、健脑益智、保护肝脏、增强体力、抗疲劳、催眠、美容润肤等功效。蜂胶是含黄酮类物质最丰富的天然产品,对降血糖、降血脂、降血压、提高机体免疫力有独特的疗效,是保健食品和药品重要的原料。蜂花粉被称为"浓缩的营养库",是运动员增强体力、提高耐力的最佳食品,也是妇女美容养颜的营养食品。由于具有优良的医疗保健功能,蜂产品近年越来越受到国内外消费者的青睐,所以如果加大开发力度,养蜂产业的发展前景是十分广阔的。

三、发展蜜蜂授粉业可促进生态农业的增产增效

(一)蜜蜂授粉业是养蜂业发展壮大起来的新型趋势

随着养蜂技术的提高,以及养蜂业的不断发展壮大。人类发展养蜂不仅能生产更多的蜜蜂产品,更为重要的是蜜蜂在采集农作物、果树、蔬菜、中药材等栽培植物的花粉时,可使其产品大幅增产,质量也显著提高,其经济价值远远超过蜜蜂产品本身的价值。同时,这也是解决大田作物增产、提高其产品质量的有效措施之一。因此,养蜂业被誉为"农业之翼",蜜蜂被誉为各种农作物的"月下老人"。养蜂者出租健康的蜂群,使之为农作物授粉,以达到增产的效果,养蜂者和果农双双收益,实现了双赢。世界农业生产实践证明,利用蜜蜂授粉是农业增产的一项有力措施,正日益受到世界各国的重视。许多国家已将养蜂授粉发展成一项专业,这也是农业现代化发展的必然趋势。与其自身的产品相比,蜜蜂在促进农作物受粉、提高农产品产量和质量方面有着更大的潜力、更广阔的前景。

(二)蜜蜂授粉在现代大农业中具有重要作用

蜜蜂授粉在维持植物传宗接代方面发挥着极为重要的作用。显花植物如果没有蜜蜂为其传粉,就不能完成受精,也不能实现传宗接代。蜜蜂授粉在农业生产中的经济价值和社会效益十分显著。在全球现代农业系统中,油料类、牧草类、瓜果类、蔬菜类和果树类等作物主要依赖蜜蜂授粉。人类利用蜜蜂为作物授粉,一方面可以获得更多可直接利用的产品,如水果、谷物等,另一方面可以利用增加的产物,如牧草,饲养更多的家畜、家禽以增加畜禽产品,为不断增长的人口提供更多的产品。另外,蜜蜂传粉在美化环境及维护自然生态平衡方面也起着不容忽视的作用。总之,蜜蜂为植物传粉,大大提高了植物异花传粉的概率,使得地球上的植物呈现多样化,不仅使得自然界生机勃勃,而且维护了自然界的生态平衡。

(三)加快蜜蜂授粉业发展势在必行

蜜蜂授粉业是现代农业的主要组成部分,是农业发展、农民增收的有效途径,是农业生态平衡中不可缺少的链条,是农业食品安全生产体系建设的亮点,而且蜜蜂为农作物授粉增产的效果为世人所公认。在农业发达国家,蜜蜂授粉已经成为一个独具特色的产业,实现了商品化和规模化。近十年来,我国蜜蜂授粉业也迅速发展,现已有蜂群920余万群,是当今世界第一养蜂大国。但我国主动应用蜜蜂授粉的意识并不是很强,养蜂业的发展主要还是以获取蜂产品为目的,还没有被有关部门和绝大多数种植业所重视,蜜蜂授粉在现代农业生产中的潜能还有待进一步开发,总之,授粉业至今未发展成大产业。随着现代农业的规模化发展,经济作物的种植种类逐年增多、种植面积不断增大,需要蜜蜂授粉的蜂群数量也在不断增加,但单一作物的大面积种植容易造成一定区域内授粉昆虫数量的相对不足,再加上近些年农药的大面积使用,致使自然界的授粉昆虫大量死亡,包括蜜蜂在内的授粉昆虫数量急剧下降,已严重影响了农业生产的安全发展。通过饲养蜜蜂授粉,不仅能降低劳动成本,省工省时,效率高,效果好,而且对提高作物产量和质量的效果显著。同时,使用蜜蜂授粉会制约农药的大面积使用,反倒促使人们采取绿色防控技术预防农作物的病虫害,从而降低农药在作物中的药物残留,提高作物品质,满足人们对食品安全的健康需求。没有蜜蜂授粉,就没有农业生产的健康发展,更没有现代农业发展的规模化。所以,加快推进蜜蜂授粉的产业化进程势在必行。

第二节 养蜂与人类健康

蜂产品是大自然赋予我们用来治疗许多疾病的特殊药品。它具有廉价、方便、安全的特点,如蜂蜜、蜂花粉、蜂王浆、蜂胶、蜂蜡、蜂幼虫等蜂产品既是食品,又是医药原料,所以,蜂产品被认为是纯天然的营养保健品和美容剂。

一、蜂蜜

蜂蜜是纯天然的物质,来源于蜜蜂所采集的蜜源植物,经蜜蜂加工酿造成熟,其主要成分为葡萄糖和果糖,占 60％以上,水分含量不超过 24％,还含有淀粉酶、葡萄糖氧化酶、氨基酸、维生素、微量元素等。蜂蜜营养丰富,人们将蜂蜜作为治疗用品和保健品使用已有悠久的历史。明代著名医药学家李时珍在其《本草纲目》中阐述的蜂蜜的药理作用最为全面,如用蜂蜜治病的处方有 20 余种。蜂蜜味甘,既能调补脾胃,又能缓急止痛,故可用于治疗中虚胃痛以及十二指肠溃疡,均能收到较好效果。蜂蜜能润肺止咳,用于肺虚久咳、肺燥干咳、津伤咽痛。对于食管灼伤引起的疼痛,以蜜水含咽,有保护创面、缓解疼痛之效。蜂蜜能润肠通便。蜂蜜还可用于目赤、口疮、风疹瘙痒、慢性溃疡、水火烫伤、手足皲裂等,用作药物辅料能调和百药。现代医学证明,蜂蜜适用于治疗肝、肾、心血管和呼吸道等疾病。蜂蜜有保肝作用,能促进肝细胞再生,对脂肪肝的形成有抑制作用。蜂蜜有利于胃肠病、肺结核、贫血和手术后等患者的康复。

二、蜂王浆

蜂王浆是青年工蜂在采食花粉和蜂蜜后,经体内生物加工,从头部王浆腺分泌出来的乳白色或淡黄色的浆状物质,常被用来饲喂蜂王和蜜蜂幼虫。只有在低温下生产、采收、储存、运输的蜂王浆才能称为"鲜蜂王浆",也只有鲜蜂王浆,才保存了活性物质,具有高营养价值。优等蜂王浆色乳白,光泽明显,无杂质、气泡,香气浓,气味正,有明显的酸涩味,略带辛辣,但回味略甜。蜂王浆含有王浆酸(癸烯酸),含量一般为 1.4％～2.0％。蜂王和工蜂都是由受精卵发育成的,所不同的是工蜂在幼虫期只吃了 3 天的蜂王浆,而蜂王则一生都在吃蜂王浆,所以,蜂王个体大、寿命长。工蜂在生产季节只能活 30 天左右,而蜂王则可以活 2～3 年,最长的可达 9 年。蜂王浆可促进人体新陈代谢,提高免疫力,调节内分泌,增强机体抵抗力,促进组织再生,明显增加血液中红细胞的数量,抑制癌细胞的生殖生长,具有明显的抗癌作用。蜂王浆对更年期综合征、贫血、高脂血症等有良好的疗效。蜂王浆还可用于糖尿病、冠心病、动脉粥样硬化症的配合治疗。新鲜的蜂王浆外用可以滋润和营养皮肤,可用于治疗皮炎、脱发症。

三、蜂花粉

蜂花粉是蜜蜂从植物雄蕊上采集的花粉粒,经过蜜蜂向其中加入花蜜和唾液而形成的不规则扁圆形的团状物。蜂花粉中的蛋白质及氨基酸含量为 7％～30％,含有超过 20

种的氨基酸和超过 10 种的维生素,如人体所需的 8 种必需氨基酸(赖氨酸、蛋氨酸、色氨酸、苏氨酸、亮氨酸、异亮氨酸、苯丙氨酸、缬氨酸)和多种 B 族维生素。蜂花粉是微型营养库、浓缩维生素库。蜂花粉含有多种生物活性物质和活化酶、黄酮类化合物、免疫蛋白和钙调蛋白等。花粉多糖能激活巨噬细胞的吞噬活动,具有增强人体综合免疫的功能。花粉中的黄酮类化合物不仅能有效清除血管壁上沉积的脂肪,从而软化血管和降低血脂,预防脑心血管疾病的发生,而且能防止脂肪在肝脏上的沉积,起到保肝护肝的作用。花粉还是防治前列腺疾病的克星,以油菜花粉、荞麦花粉的效果为最佳。我国治疗前列腺疾病的有效药物——前列康就是以花粉为原料的。

四、蜂蜡

《神农本草经》称"蜂蜡味甘,微温,主下痢脓血,补中,续绝伤金创,益气,不饥耐老。"晋代葛洪提倡的利用温热蜂蜡治疗扭伤和由风寒引起的腿脚转筋的方法沿用至今。蜂蜡还可用于牙科、丸药包衣、培养剂和栓剂等方面。此外,精滤蜂蜡与钙碳酸盐、矿物油、纯松脂混合搅匀,可治疗慢性乳腺炎、湿症、灼伤、癣病、皮炎、精囊炎、头状瘤和脓肿;蜂蜡、牛脂、橄榄油、樟脑、海盐混合搅匀,可治疗溃疡和多种皮肤病。

五、蜂胶

蜂胶是蜜蜂用从植物幼芽与树干上采集的树脂、树胶,并混入它的上颚腺分泌物和蜂蜡等加工而成的一种具有芳香气味的胶状固体物质。蜂胶的主要成分是黄酮类化合物,此外还有酚类、醇类、酸类、脂类等多种化合物。蜂胶是蜂群中的天然防护物质,在蜂群中起着抑制病变、填补缝隙、防腐、稳固巢脾和清洗巢房等作用。蜂胶已被广泛地应用于医药、化工、食品等领域。蜂胶不溶于水,部分溶于乙醇,极易溶于乙醚和氯仿。蜂胶溶于95%的乙醇中时,总体呈透明的栗色,并有颗粒状沉淀。

蜂胶保健品具有免疫调节功能。蜂胶作为肠炎沙门氏菌苗、副伤寒疫苗和伪狂犬病疫苗佐剂,可明显增强机体体液免疫和细胞免疫功能。蜂胶能增强心脏收缩力、加深呼吸、调整血压、净化血液、调节血脂。由于净化血液有奇效,蜂胶被称为"血管清道夫"。蜂胶能提高三磷酸腺苷酶(ATP 酶)的活性,从而生成更多的三磷酸腺苷,能在代谢过程中释放出能量,有明显的抗疲劳作用。蜂胶还具有抑菌、消炎、止痛、止痒、活血化瘀、促进局部组织再生、软化角质等作用。

六、蜂毒

蜂毒是工蜂毒腺和副腺分泌出的、具有芳香气味的一种透明液体,储存在毒囊中,蜇刺时由螫针排出。蜂毒是一种成分复杂的混合物,除了含有大量水分外,还含有若干种蛋白质、多肽类、酶类、组织胺、酸类、氨基酸及微量元素等。人体遭受蜂蜇后,受蜇部位立即出现肿胀、充血,皮肤温度升高 2 ℃~6 ℃,有烧灼感。国内外的众多研究和实践均证明了蜂毒有防病医疗的作用。蜂毒对疾病具有广谱的治疗效果,具有抗致病菌、抗病毒、抗辐射等多种作用。蜂毒不仅在治疗风湿病、类风湿性关节炎等方面有很好的疗效,而且在治疗神经痛和神经炎等方面的疗效也很显著。在临床上应用蜂毒,可采取蜂蜇法、蜂针疗法、注射、电离子导入、超声导入、雾化吸收、舌下含化等多种方法。

七、蜜蜂躯体

蜜蜂幼虫和蛹早在古代就被人们食用和当作医疗保健品。《神农本草经》称:"蜂子味甘、平;主风头、除蛊(最毒的虫子)毒,补虚赢伤中(内脏),久服令人光泽,好颜红不老。"蜜蜂幼虫和蛹含有丰富的营养物质和蜕皮激素、保幼激素,蜂王幼虫所含氨基酸的种类与蜂王浆非常相似。蜜蜂成虫是我国民间用来治疗风湿病、妇科病、佝偻病、哮喘和支气管炎等疾病的验方。在顺势疗法(同类疗法)中,使用蜜蜂滴剂、丸药和软膏治病。

(一)幼虫和蛹

1.蜜蜂幼虫

新鲜的蜜蜂幼虫含脂肪 3.71%、蛋白质 15.4%,以及丰富的维生素 A 和维生素 D。蜜蜂幼虫是一种强壮滋补品,对肝病、神经衰弱、消化道溃疡、白细胞减少症均有一定的辅助疗效。

2.雄蜂蛹

雄蜂蛹是一种高蛋白、低脂肪的理想食品,含水分 76.36%～80.16%、干物质 19.84%～23.64%。在干物质中,含粗蛋白 41.50%～63.10%、粗脂肪 15.71%～26.14%、糖类 3.68%～11.16%。雄蜂蛹含有 17 种氨基酸,其维生素 A 的含量超过牛肉、鸡蛋的含量,其维生素 D 的含量超过鱼肝油的 10 倍,矿物质的含量也很丰富。

(二)成蜂躯体

成蜂躯体含有丰富的蛋白质、17 种氨基酸、多种维生素和微量元素,还含有合成磷脂酶 A 及组胺的前物质。蜂体是重要的蛋白质原料。加拿大研究人员将蜂体脱水制成蜜蜂粉,并从蜜蜂粉中提取浓缩蛋白质产品。这种产品的蛋白质含量很高,为 64.2%。蜂体是一种很好的优质肥料,可用于家庭室内养花施肥,营养丰富且无任何异味。

第三节 山东省优越的养蜂自然条件

山东省植物种类繁多,拥有十几种主要蜜源植物、千余种辅助蜜源植物。随着养蜂业的快速发展,当要公布中华蜜蜂的保护区时,应根据蜜源植物的承载情况,由当地蜂业协会、养蜂专业合作社等合理划分确定养蜂场地,以避免盲目发展,发生争夺蜜源的现象,做到养蜂者之间、人与自然之间和谐相处。

一、农作物类蜜粉源植物

(一)棉花

据国家统计局 2017 年统计,山东省棉花播种面积为 2.908×10^5 hm²,占全国棉花播种面积(3.2296×10^6 hm²)的 9%。每 0.2～0.27 hm² 可以放蜂一群,每群平均产蜜 15～20 kg。

（二）玉米

2017 年,我国玉米播种面积为 3.5445×10^7 hm²,山东省玉米播种面积为 4×10^6 hm²,占全国玉米播种面积的 11%。每公顷可以放蜂 15 群,每群一个花期可采粉 5 kg。

（三）芝麻

山东省芝麻种植面积约为 0.69×10^4 hm²,占全国芝麻种植面积(27.4×10^4 hm²)的 2.5%。芝麻既是一种经济价值很高的油料作物,也是一种利用价值很高的蜜粉源植物。芝麻的开花花期长,春芝麻、夏芝麻的花期能交错达 40 天以上,使其开花花期超过 60 天。每群蜂可取蜜 15 kg 左右,丰收年可达 20 kg 以上。此外,每群蜂还可以采花粉 0.3 kg,产蜂王浆 $0.25 \sim 0.3$ kg。

（四）油菜

油菜是我国北方地区春季最主要的蜜粉源植物,是近些年新发展起来的油料作物。山东省油菜种植面积约为 1.3×10^5 hm²,每公顷可放蜂 15 群,每群蜂能采蜜 $10 \sim 15$ kg,最高可达 25 kg;采花粉 0.2 kg,产蜂王浆 0.2 kg。

二、林木类蜜粉源植物

（一）刺槐

刺槐是我国北方种植面积最大的主要蜜粉源植物。山东省的刺槐总面积约为 2.2×10^5 hm²。因其分布的地理位置及生态环境不同,刺槐花期的长短和始花期的早晚有着明显的差异。在气温正常和雨水适宜的年份,刺槐开花的持续期为 $9 \sim 12$ 天。在同一地区,平原和河滩的刺槐先开花,山区后开花;浅山区先开花,深山区后开花;山脚下先开花,山顶部后开花;阳坡先开花,阴坡后开花。刺槐的花期已形成了自然的交错延伸,自 4 月下旬破蕾开花,至 6 月上中旬基本结束,采蜜期可长达月余,加之刺槐泌蜜涌且无大小年之分,为追花夺蜜创造了极为有利的客观条件。每公顷至少可以放蜂 7 群。每群蜂一般可采优质刺槐蜜 $15 \sim 20$ kg,高者可达 $30 \sim 40$ kg。

（二）荆条

荆条在山东省的各个山区均有分布,是重要的夏秋季野生蜜源。荆条自 6 月中下旬开花,至 7 月下旬或 8 月下旬花期结束,花期可达 60 余天。荆条泌蜜多,质量好。在正常年份,每群蜂一个花期可采蜜 $20 \sim 40$ kg。

（三）泡桐

泡桐分绒毛泡桐和泡桐,在山东省各地均有分布,总数约 2000 万株。泡桐是早春继油菜之后、刺槐花期之前平原地区重要的蜜源植物。绒毛泡桐的花期一般为 $25 \sim 30$ 天,每 $0.2 \sim 0.33$ hm² 可放一群蜂。每群蜂可采蜜 $10 \sim 15$ kg,产蜂王浆 $0.10 \sim 0.15$ kg。

（四）柽柳

柽柳在山东又被称为"红荆条""银柳",是在山东省北部、河北省南部的盐碱地上生长的一种灌木或小乔木,分布面积在 1.33×10^4 hm² 以上,7 月开花流蜜。每群蜂可采蜜 $15 \sim 20$ kg。

（五）胡枝子

胡枝子广泛分布在山东的山地丘陵地区,属于落叶小灌木。7 月下旬开花,9 月上旬结束,花期为 40 天左右,泌蜜盛期集中在 8 月。在一般年份,每群蜂可采蜜 15~25 kg,强群还可取粉 4~5 kg。

三、果树类蜜粉源植物

(一)枣树

枣树是山东省夏季主要的蜜源植物,种植面积居全国第 2 位,近年来维持在 1.7×10^5 hm² 左右,约有 8000 万株,花期自 5 月下旬至 6 月上旬。据调查,山东省适宜粮枣间作的面积为 3.7×10^5 hm²,可折合为纯林面积 3.7×10^4 hm²。在正常年份,每群蜂可采蜜 20~25 kg,丰收年可采蜜 30~60 kg。

(二)苹果树

苹果树在整个山东省均有栽培,面积约为 4×10^5 hm²。近年来,胶东半岛的苹果树种植面积稳步增加,泰沂山区、鲁西鲁北平原的苹果树种植面积持续萎缩。苹果树的始花期为 4 月上中旬至 5 月上中旬。苹果树是刺槐花期前较好的蜜源植物,每群蜂可采蜜 5~7 kg。经蜜蜂授粉后,苹果树的增产率一般为 20%~25%。

(三)柿树

我国是世界上柿树栽培面积最大的国家,而山东省的柿树栽培面积约为 3.5×10^4 hm²,居全国第 2 位。在集中栽培区,每群蜂在丰收年可采蜜 30~40 kg。

(四)板栗

山东省是我国板栗集中产区之一,种植面积约为 4×10^4 hm²,主要分布在泰沂山脉南侧和半岛地区,其中沂蒙丘陵山地和沂沭河冲积平原是最适宜板栗生长发育的生态区,约占全省的 60%。板栗是继刺槐、柿树之后,荆条之前山区的又一大蜜粉源植物,花期自 5 月至 6 月。每群蜂可采蜜 5~10 kg,采花粉 0.5 kg。

(五)梨树

梨树主要种植在胶东地区,面积约为 4.5×10^4 hm²。气温达 10 ℃以上时,梨树即能开花,达到 14 ℃以上时开花速度会加快。梨花只有粉,没有蜜或泌蜜量较少,且花期较短,所以梨树可作为早春蜜蜂繁殖的辅助粉源植物。

(六)杏树

山东省栽培杏树的历史悠久,面积约为 2.6×10^4 hm²,各市均有栽培。杏树是北方春季最早的蜜粉源植物,3 月中下旬开花,蜜粉俱全。栽培广泛,蜜粉较多,所以杏树可为山区春季蜂群的繁殖提供较好的饲料。

(七)山楂树

山东省的山楂树种植面积约为 1.3×10^4 hm²。4 月底或 5 月初开花。每群蜂可采蜜 4~6 kg,采花粉 0.5 kg。山楂树是平原油菜之后、山区刺槐花期之前的蜂群春繁的重要蜜粉源植物(与苹果树相同)。

(八)桃树

山东省是世界上最适合桃树栽培的区域之一,种植面积约为 1.13×10^5 hm²,仅临沂市的栽培面积就达 4×10^4 hm²。当早春气温为 12 ℃~15 ℃时,开花最盛。桃树的花期一般为 10~15 天,虽然时间较短,却是春季重要的辅助蜜源植物,可以为蜜蜂提供充足

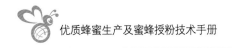
的饲料。

（九）樱桃树

山东省的樱桃树种植面积是全国最大的,约为 8.8×10^4 hm²,主要分布在鲁东南和半岛地区。日平均气温达到 15 ℃左右时,樱桃树便开花。一般情况下,泰安为 3 月底至 4 月初开花,胶东半岛的烟台为 4 月中下旬开花。花期 7～14 天,长的可达 20 天,品种间可相差 5 天。我国樱桃的流蜜情况比引进的欧洲甜樱桃好。

（十）蓝莓

山东省是中国蓝莓产业化发祥地,栽培面积和产量一直位列全国第 1 位。2017 年的种植面积为 1.37×10^4 hm²。蓝莓 4～5 月开花。花期一般为 15～20 天,最长的达 40 天。蓝莓蜂蜜甜度较低、口味淡雅,具有高抗氧化性,可缓解轻度感冒和咽喉疼痛,还可提高人体的免疫力。

四、人工栽培种植和野生草类蜜粉源植物

此类蜜粉源植物种类繁多,分布也很广泛,对放蜂有实用价值的主要有 7 种。

（一）丹参

山东的丹参多产于沂蒙山区,主要分布在临朐、莒南、莒县、沂水、蒙阴、新泰等地,种植面积约为 0.3×10^4 hm²。花期自 5 月至 10 月。丹参蜜是蜜蜂采自中药丹参的花而酿造成的纯天然蜂蜜,具有丹参"生新血、去恶血"的功效,适用于女性月经不调、行经腹痛等症。此外,丹参蜜还具有"凉血消肿、清心除烦"的作用。

（二）紫花苜蓿

苜蓿号称"牧草之王",多在山东省滨州、东营地区种植,种植面积约为 2.7×10^4 hm²,其中 200 hm² 以上连片苜蓿地块约有 20 块。5 月下旬开花,花期为 30～40 天。蜜粉丰富,每群蜂可采蜜 15～20 kg。

（三）沙打旺

沙打旺原产于我国黄河故道地区,已有近百年的栽培历史。近年来随着畜牧业和水土保持业的发展,沙打旺已由山东推广到全国各地。花期为 7 月底至 9 月底,8 月为盛花期。每群蜂可采蜜 2.5～5.0 kg,花粉丰富,对蜂群繁殖比较有利。

（四）草木樨

草木樨为二年生或一年生草本植物,生长在山坡、河岸、路旁、砂质草地及林地边缘。5 月下旬至 6 月上旬开花,花期为 30～40 天。一般 0.3 hm² 可放蜂一群,每群蜂可采蜜 20～40 kg。

（五）紫云英

紫云英是我国主要的蜜源植物之一,具有自然清新的香气,鲜亮清甜。4 月至 5 月开花,花期为 20 天,是前接油菜、后接刺槐的蜜源植物。每群蜂可采蜜 20～30 kg。

（六）紫荆芥

紫荆芥花在花茎上分层轮生,呈轮伞花序。8 月初开花,9 月 20 日左右结束,盛花期为 20 天。每群蜂可采蜜 10～20 kg。紫荆芥对晚秋繁殖越冬蜂群、保持强群越冬十分有利。

（七）野菊花

野菊花多生于山坡草地、灌丛、河边水湿地、海滨盐渍地及田边、路旁。10月至11月开花，花期为30天左右。野菊花是蜂群采集越冬饲料的重要蜜粉源植物。

第四节 养蜂机械化发展

一、我国养蜂业生产现状

（一）养蜂技术总体落后

养蜂者通过繁重的体力和脑力劳动，力求在有限的蜂群中获取更多的蜂产品，所以大多选择生产水蜜，从而导致蜂群健康水平下降、蜂产品质量差、经济效益低且不稳定。行业内一部分人甚至对能从少数蜂群获取过量产品的技术盲目自豪，仍然继续追求通过技术手段来提高单群产量。

1.规模小、效益差

我国人均饲养蜜蜂数量近年来有所提高，专业蜂场的人均饲养规模已达到80～100群。但与养蜂发达国家相比，差距仍然非常大，美国、加拿大等发达国家的人均饲养群数常以千群计算。我国蜂场在养蜂者超负荷的劳动投入和艰苦的工作生活环境下，年收入大多为5万～10万元，且收入不稳定，灾害年份经常面临亏本的风险。

2.病害严重

受养蜂规模的限制，蜂场对蜂群的投入能减则减，对从蜂群中的获取能多则多，见蜜就取。大量内勤蜂过早地转为外勤蜂从事采蜜活动，导致蜂群总体健康程度降低，易患病，工蜂生命周期缩短。大多数养蜂者完全依赖于药物来解决蜜蜂病害，使蜂产品中的药物残留风险增大。

（二）机械化水平低

我国养蜂的机械化发展水平很低，与我国经济、科技、机械制造的发展水平及蜂产业的发展需求极不协调。蜂业作为农业领域的产业，其机械化发展水平与种植业和养殖业的差距很大。大部分蜂场的机械化水平没有提高，仍停留在起刮刀、蜂刷、喷烟器、割蜜刀、摇蜜机等"冷兵器"时代。现在农业主产区种植业的机械化水平已相当发达。畜牧业规模化和机械化发展也突飞猛进，近年来的智能化程度逐年提高。与之相比，蜂业的机械化、智能化水平亟待提高。

（三）蜂产品加工销售体系不健全

目前，我国的蜂蜜供需不平衡。养蜂者生产的蜂产品进不了商超，只能卖给蜂产品加工企业。而加工企业为了降低经营成本，大量收购含水量高的未成熟蜂蜜（俗称"水蜜"），然后对水蜜进行浓缩加工，以达到国家标准和利于储存，但通过加工会造成淀粉酶值下降、蜂蜜品质降低。更过分的是，个别企业为了提高利润，在蜂蜜中掺加大量的糖浆等物质，制成所谓的"蜜膏""蜜汁"，然后利用消费者认识不足和现有标准的空子，以合法的方式销售掺加了其他物质的蜂蜜制品。同时，一些专业的糖业公司为了赢利，还专门生产了能通过国内外蜂蜜标准各项指标检测的各种糖浆（俗称"指标蜜"）。养蜂者生产的成熟蜂蜜进不了常规的销售体系，只能依赖自销，而大城市的消费者只能花很高的价格购买进口蜂蜜，这就造成国产优质成熟蜂蜜的需求量下降、价格下跌，严重打击了专业养蜂者生产优质成熟蜂蜜的积极性，进而给整个行业造成了毁灭性打击。

二、我国养蜂机械化发展现状

无论是与国外发达的养蜂业相比，还是与国内发达的养殖业相比，我国养蜂的规模化和机械化都势在必行。

（一）养蜂机械化是蜂产业发展的需要

1.蜜蜂规模化饲养技术进步的需要

规模化是蜂产业发展的基础，机械化是养蜂规模化的保证。规模化是现代大生产的典型特征，没有规模化的低效益产业注定要衰落。我国蜜蜂的规模化饲养技术已取得很大进展，中华蜜蜂规模化饲养技术已列入农业部 2017 年度主推技术。但是，这项技术的进步是在简化操作技术基础上实现的。蜜蜂规模化饲养技术的持续进步需要以机械化为依托，而现阶段，机械化已成为蜜蜂规模化饲养发展的瓶颈。

2.降低劳动强度

机械化程度低导致养蜂成为艰苦且收入低的产业。养蜂者老龄化不仅困扰着我国养蜂业的发展，也成为世界养蜂业的难题。养蜂者随着年龄的增长，体力已承担不起繁重的养蜂劳动，而快速发展的其他行业吸引了众多年轻从业者，导致养蜂业后继乏人。所以，机械化是改变养蜂者风餐露宿、肩挑人扛的重体力劳动的必由之路。

3.有利于提高蜂蜜质量

机械化水平的提高，有助于扩大蜜蜂饲养规模，降低养蜂者对单群产量的片面追求。在蜜源充足的情况下，通过快速转场，生产成熟蜂蜜，不断提高蜂蜜的品质和价格，有望解决我国蜂蜜成熟度低、蜂蜜发酵变质、机械浓缩对色香味的影响等问题。减少对蜜蜂的过度索取，有助于提高蜜蜂的健康程度，从而减少蜂药使用，降低蜂产品蜂药残留的风险。

（二）养蜂机械化已起步

近年来，我国已认识到养蜂机械化的重要性和必要性，从政府到民间均给予养蜂机械化一定程度的重视，经济、科技的发展也为养蜂机械化奠定了基础。

1.养蜂车的研发应用

山东省五征集团研发的多功能专用养蜂车（见图 1-1），设置有独立的生活空间，可以在车里安装卫星电视、太阳能发电装置（见图 1-2）、冰箱等，还有洗手池、床铺等设施，非常适合养蜂者在野外长期使用。车厢两侧为多层框架，可以装 80～96 箱固定蜂箱。蜂箱巢门向外，到达放蜂场地后，两侧的蜂群不用卸下，把位于中间的蜂箱卸下后即形成蜂群的管理通道。

生产实践证明，机械化养蜂具有高度的机动性和优越的抗风险能力。采用机械化养蜂，可追花夺蜜 13～20 个场地，比传统养蜂多 7～10 个场地。每车蜂可获得利润 20 万～50 万元，效益可提高 1～5 倍。不仅大大减轻劳动强度，当年便可收回购车成本，还能获取丰厚的利润，充分展现了机械化养蜂的优越性。

图 1-1 五征集团的多功能专用养蜂车

图 1-2 五征集团的多功能专用养蜂车可以通过太阳能供电

2.蜂王浆机械化生产设备的研发

近年来,浙江大学和浙江三庸蜂业科技有限公司联合攻关,关于蜂王浆机械化的生产研发进展很大,免移虫产浆装置、各类型的移虫机(见图 1-3)、取虫机、取浆机均取得了长足进展,蜂王浆机械化生产的装备和技术日臻成熟。

图 1-3　移虫机

（图片由浙江三庸蜂业科技有限公司提供）

移虫机年平均接受率在 92% 以上,实现了养蜂生产蜂王浆机械化,移一根 64 穴的台基条只需 6 s,1 h 移 64 穴的台基条 600 根。

3.摇蜜机械的研发和引进

(1)电动摇蜜机(见图 1-4)。近年来,电动摇蜜机的研发应用为生产高浓度成熟蜂蜜提供了机械支持。我国研发的电动辐射式摇蜜机在一定程度上减轻了养蜂者的劳动强度,为提高蜜脾的利用率、增加蜂蜜的产量、提高养蜂者的收入创造了条件,也为进一步实现养蜂机械化和自动化提供了思路。

图 1-4　电动摇蜜机

（图片由北京天宝康高新技术开发有限公司提供）

（2）全自动蜂蜜切盖分离生产线（见图 1-5）。2014 年，北京梵谷中科国际养蜂设备有限公司从意大利引进了全自动蜂蜜切盖分离生产线。该设备是国内引进的第一台国际先进成熟蜂蜜分离设备。设备的引进实现了封盖成熟蜂蜜从蜡盖切割、蜜脾传送、蜜脾分离、成熟蜜过滤、蜜盖蜂蜡回收等全过程的自动化操作，不仅大幅减轻了养蜂者的劳动强度，而且实现了成熟蜂蜜生产的机械化、集约化和标准化。生产线的投入使用标志着我国蜂业与国际接轨，促进了全国封盖成熟蜂蜜的生产及推广，为开创我国优质成熟蜂蜜生产的新局面奠定了基础。

图 1-5 全自动蜂蜜切盖分离生产线

（图片由北京天宝康高新技术开发有限公司提供）

三、我国养蜂机械化发展思路

（一）养蜂机械化与养蜂规模化的关系

养蜂机械化与养蜂规模化协同发展。养蜂机械化的需求来自养蜂规模化，养蜂机械在规模小的蜂场无用武之地。养蜂机械化的水平往往能够决定养蜂规模化的程度，而养蜂规模化的水平决定了对机械化的需求程度。二者相互促进，养蜂机械化的发展能够提高养蜂规模化的水平；养蜂规模化水平的提高，提高了对更高机械化的需求，从而促进养蜂机械的研发。二者也相互制约，超出养蜂规模需求的大型机具得不到市场支持；没有更高水平的机具支持，蜜蜂饲养的规模化水平也将受到限制。

（二）提高蜜蜂规模化饲养技术

提高养蜂机械化的水平，需持续提高养蜂规模化的水平。伴随着规模化饲养的发展，由小型养蜂机械逐步研发大型养蜂机械。目前，我国养蜂规模化的水平和机械化的水平都很低，不能急于求成，需要从改良工具和发展小机械起步，持续有力地推动养蜂机械化的发展,引领机械化正确的发展方向。

(三)饲养技术要与机械化发展相适应

养蜂新机械的应用,势必会影响蜜蜂饲养管理模式和技术模式,否则就不能充分发挥新机械的作用。每一项新机械的应用,都应及时调整蜜蜂饲养管理模式和技术模式,推动养蜂技术的可持续进步。

(四)养蜂机械化应促进养蜂生产专业化

专业化是产业发展的一个必然趋势,养蜂机械化应促进和引领养蜂专业化。专业化养蜂生产利用有限的资源和精力,研发专用的生产机具,掌握一种产品的生产技术,从而提高生产效率,如蜂蜜系列生产专用机械、蜂王浆系列生产专用机械、蜂花粉系列生产专用机械、蜂王培育系列专用机械、笼蜂生产系列专用机械等。

(五)养蜂机械化应促进蜜蜂养殖业的规范化管理

当前,我国养蜂机械化的程度低,人均养蜂数量少,养蜂者人数多,蜂产品质量良莠不齐,虽然养蜂数量和规模都位于世界前列,但是蜂蜜销售价格却非常低。国内蜂蜜市场的混乱并没有导致蜂蜜无法销售,反而造成大量的国外高价蜂蜜在国内畅销,这充分说明我国的蜂蜜市场并没有缩水,反而随着人们生活水平质量的提高,对优质成熟蜂蜜的需求越来越大。这样就会吸引专业的公司进入,对机械化养殖流水线形式进行全产业链运营,实现养殖、加工、销售分工协作,加速蜜蜂养殖业的规范化管理。蜂业市场的混乱并不会加速蜂业的衰退,反而是一种蜂业新形态的开始,而这种新形态必会加速蜂业规范化的产生。

第五节　我国蜂文化发展

一、我国养蜂的历史源远流长

"蜂"字始见于春秋中叶的《诗经》中,"蜜"字最早见于殷墟的甲骨文中。由《山海经》考证,2300年前我国就有山民从事养蜂了。明朝刘基在其著作《郁离子》中描述了战国时灵丘之丈人养蜂收利的情形,说其"足不出户而收其利",且"富比封君焉"。文中还详录了蜂房布置、风雨保护、寒暖调节、敌害防治、分蜂割蜂等各项技术。在山东省临朐县出土的2200万年前的蜜蜂化石,是最早的昆虫化石。陶弘景的《神农本草经注》记载:"俗有琉伯,中有一蜂,形色如生。"中国蜜蜂博物馆(浙江馆)陈列的蜜蜂琥珀化石如图1-6所示。

在所有的昆虫中,诗人偏爱蜂与蝶。唐朝诗圣杜甫的诗中,关于蜂的就特别多,如"风轻粉蝶喜,花暖蜜蜂喧"。南宋杨万里在《蜂儿》中写道:"蜂儿不食人间仓,玉露为酒花为粮。作蜜不忙采花忙,蜜成犹带百花香。"因蜜蜂不知辛劳,造福他人,因而古往今来它被视为一种献身精神的化身。唐朝罗隐就盛赞蜜蜂"采得百花成蜜后,为谁辛苦为谁甜"。

我国最早的药书《神农本草经》将蜂蜜、蜜蜡与蜂子列为药中上品。正因为蜂蜜百益无害,我国历代医书无不将其列为必备之药,或作为补剂,或作为矫味剂和制丸剂。《本草纲目》绘有昆虫药品图,如映州蜂子、蜜蜂、土蜂、竹蜂、黄蜂、赤翅蜂、独脚蜂等。北京颐和园万寿山前有一长廊,全长 728 m,有彩图无数,其中 17 幅为蜂,描绘了 35 只形态各异的蜂。蜜蜂于花间飞舞,胡蜂在蜂巢周围巡视,生动逼真,栩栩如生,令人叫绝。蜂不仅入诗入画,也常见于音乐。"花香蜂舞",流行于山东菏泽一带,旋律优美,节奏富于跳动,也常用笛演奏。蜂还常见于舞蹈,并且不少少数民族还有以蜂命名的乐器,如蜂桶鼓和蜂鼓。以蜂鼓伴奏的一种著名舞蹈就叫"蜂鼓舞"。

图 1-6　中国蜜蜂博物馆(浙江馆)陈列的蜜蜂琥珀化石

二、蜜蜂文化与社会发展

蜜蜂文化是一种利他主义的文化。蜜蜂在一亿多年前诞生,而在这一亿多年中,有超过 1 亿种的物种消失了,连恐龙这样曾经不可一世的庞然大物也消失了,而蜜蜂这一物种不仅延续至今,而且依旧生机勃勃。这正是因为蜜蜂是动物界中唯一的利他主义者。蜜蜂不损害任何动物和植物,永远与大自然和人类和谐相处,通过辛勤的劳作为大自然和人类作出巨大的贡献。尤其是在保护、优化、美化人类的生存环境方面,蜜蜂发挥了巨大的作用。

蜜蜂具有独一无二的授粉本领。蜜蜂为植物授粉的本领是历经几千年的"修炼"而成的,也只有蜜蜂最适合为植物授粉,其他昆虫都没有这种本领。只要有花的地方就有蜜蜂,只要有蜜蜂的地方,植物就繁荣茂盛。蜜蜂的存在,不仅确保了植物物种的延续,还确保了大自然的生态平衡。科学家爱因斯坦曾说:"没有蜜蜂就没有授粉,也就没有植物,没有动物,更不会有人类。"

弘扬蜜蜂"不求索取、只求奉献"的精神,创造和谐文明的人类社会。蜜蜂虽小,却有着许多可贵的品质,非常值得人类学习。

三、蜜蜂文化在发展蜂产业中的重要作用

(一)蜜蜂文化积淀深厚

我国不仅是一个养蜂大国,更是一个养蜂古国。从猎取蜂蜜到饲养蜜蜂,引进西方蜜蜂,中蜂活框饲养的改良,在这数千年的漫长岁月里,积累了大量的历史资料、出版物以及历代养蜂用具、古文物、图片、音像资料,加上众多文人、名人写下的赞颂蜜蜂的诗篇等,这些都奠定了灿烂蜜蜂文化的基础,成了中华民族文化的重要组成部分。大力宣传蜜蜂文化,不断提升它在社会生活中的软实力,让更多的消费者通过通俗易懂的方式,系统了解蜜蜂及蜂产品性能和对人体的保健知识,对引导消费和促进养蜂事业发展大有裨益。

(二)绿色蜂产品市场潜力巨大

随着我国城乡居民收入的不断提高,人们越来越注重保健,越来越推崇天然食品,对绿色蜂产品的消费也在不断扩大(每年以 38%～50% 的速度不断递增)。特别是近年来,国家在中西部地区实施多项生态建设项目,加大了土地植被率,扩大了蜜源植物覆盖率。这些为发展养蜂产业创造了一个千载难逢的新契机,开辟了一条强国致富的新途径。传承和繁荣深层次的蜜蜂文化,将能促进蜜蜂事业的进一步发展,使蜜蜂事业的文化品位不断提升。

(三)蜜蜂文化软实力不断提升

随着世界多极化、经济全球化的深入发展,科学技术的日新月异,文化与经济的交融不断加深,经济的文化含量日益提高,文化的经济功能越来越强,文化越来越成为民族凝聚力和创造力的重要源泉,越来越成为综合国力的重要因素。通过大力宣传蜜蜂文化,不断提升蜜蜂文化软实力,引导人们认识蜜蜂、饲养蜜蜂、研究蜜蜂,吸引人们更新消费观念,主动消费蜂产品。随着蜜蜂文化的不断推进与创新,将会把其文化内涵融于蜂产业的发展之中,并运用先进技术和现代生产方式,改造传统的文化生产和传播模式,推进产业升级,延伸产业链条。

(四)蜜蜂文化引领消费亟待加强

纵观国内外的许多成功事业发展历程不难发现,大多都与文化对广大消费群体的引导作用有着不可分割的关系。无论文化名人,还是特色音乐、美术、书法、舞蹈、杂技、动漫等文化艺术精品,都确确实实地影响着人们的生活,引导着人们的消费观念。目前,蜜蜂文化的滞后与蜂业发展受阻形成的因果关系应该引起蜂业界的重视。唯有进行蜂产业内外蜜蜂文化创新的渗透,才是提高全民蜜蜂文化水平的有效手段。蜂产业在为社会生产创造物质财富和精神财富的同时,也必将会繁荣和发展蜜蜂文化。

四、提升蜜蜂文化软实力的途径

(一)扩大宣传渠道,满足人们对蜜蜂文化的需求

蜜蜂文化虽然历史久远,但真正了解的人并不是很多。通过生动的文字、美妙的语言和艺术的声像等一些容易让人们接受的形式,将蜜蜂的相关知识制作成图像、视频、光盘、年画、挂历、台历、曲艺节目等,以不同的文化形式逐渐地向人们的生活中渗透,接受的人群才会成倍扩大,蜜蜂文化的软实力也才能得以提升。

(二)挖掘我国养蜂历史,填补民族文化空白

距今约 1.4 亿年的晚侏罗纪—早白垩纪时代的蜜蜂化石,见证了蜜蜂在地球上出现

的历史。蜜蜂的起源、演化、分类以及对人类生存、生态环境和与种植业、畜牧饲养业的关系还需要不断挖掘,也有许多不完整或者残缺的养蜂史料尚需整理和完善。正视历史,积极查找整理史料,将会全面续写蜜蜂文化史料的新篇,做到古为今用,促使蜜蜂产业向着更快速的方向发展。

(三)夯实文化载体,加快蜜蜂文化产业园区和基地建设

让人们在蜜蜂文化走廊中享受无尽的知识乐趣。蜜蜂的起源与生物共存,蜜蜂的信息素与趣味知识,蜜蜂产品的来源,蜂产品的生产与深加工,蜂产品与人类健康和古今中外蜂业文化,蜜蜂千姿百态的采蜜图与蜜粉源植物,能让人们了解很多的自然科学知识。因此,促进各种资源的合理配置和产业分工,加快蜜蜂文化创意产业园区和基地建设,使之成为蜜蜂文化创意产业的孵化器,对于提升蜜蜂文化的软实力是很重要的。山东省首家蜂文化主题乐园——"嗡嗡乐园"位于日照市莒县龙山镇,占地约 67 hm²(1000 余亩),是一座以蜂文化为主的田园综合体(见图 1-7)。园区把蜂业与农林业、畜牧业、旅游业有机地结合在一起,实现了三大产业的融合和创新发展,是目前国内规模最大的蜜蜂特色园区。园区依山傍水,风景秀丽,建有以蜜蜂为主题的蜜蜂科普博物馆、蜂产品展览馆、蜂疗体验馆、嗡嗡乐蜂场、蜜语农庄、蜂蜜酒庄等特色景观,并将蜜源植物观光、蜜蜂养殖体验、蜜蜂文化宣传、蜂蜜特色美食有机地融合在一起,努力打造国内一流的蜂文化景区和蜜蜂科普示范基地。

图 1-7　山东"嗡嗡乐园"生态农业有限公司鸟瞰图

第二章　蜜蜂良种繁育技术

第一节　蜜蜂良种的重要意义

优良蜂种是优质、高产、高效养蜂业的首要条件,也是实现我国养蜂产业现代化的重要物质前提。蜜蜂的良种化应立足于对我国和从国外引进的优良蜜蜂种质的有效利用。依据现代科学技术的新成果,切实做好蜜蜂种质资源的利用,将是我国养蜂业可持续发展重要的、不可缺少的基础工作。蜜蜂世代间隔短,具有一雌多雄的交配习性,并且交配是在空中进行的,又喜欢与别的种系的雄蜂交配,所以控制交尾十分困难,这就造成养蜂生产上的蜂种容易出现混杂、退化现象。

我国从德国引进卡尼鄂拉蜂,从格鲁吉亚引进蜂胶高产的高加索蜂,从美国引进蜂蜜高产的美国意蜂,从澳大利亚引进能维持强群且蜂蜜高产的澳大利亚意蜂等蜂种素材,经过科研院所选育出蜂蜜、蜂王浆高产和抗螨能力较强的蜂种。凡是每年从国内持有种畜禽经营许可证的良种蜂场引进新蜂种进行更换蜂王的蜂群,养蜂者都普遍反映蜂种杂交后代产蜜量高、抗病力强,能大幅提高蜂产品的产量和质量,有效改善养蜂生产中出现的螨多、病重、产量低的局面,能取得较好的经济效益和社会效益。

蜜蜂良种是提高蜂产品产量和质量的关键技术。世界上养蜂先进的国家早已实现蜜蜂良种化,每年更换蜂王的比率大。一般情况下,养蜂者要饲养多少群蜜蜂就向专业育王场购买相应数量的蜂王,因此蜂产品产量高、质量稳定,所以,更换蜜蜂良种是提高蜂产品产量和质量的关键。长期以来,我国的养蜂者都是采用自繁自育的方法,自己养蜂,自己育王。在育王时,本场哪一群蜂的产量高就用哪一群的卵虫来移虫育王。殊不知生产蜂场的蜂群种性是比较混杂的。因此,在生产蜂场中,虽然也可能有一些蜂群的生产性能表现突出,但一般来说是不会真实遗传的,不宜作种群。如用蜂群作种群,结果是如此年复一年地养蜂,工蜂的个体越来越小,繁殖力越来越差,群势一年比一年弱,病虫害、螨害频繁发生,产量逐年下降,收入逐年减少。这是由于长年没有更换良种,蜂种的高度近亲繁殖造成蜂种混杂退化。为解决这一问题,生产蜂场应每年向有丰富蜜蜂育种经验且有资格从国外引进优良种蜂王的种蜂场购买种蜂王,用它的卵虫培育处女蜂王,并和本地的雄蜂交尾,培育出杂交蜂王以供生产群使用,这是养蜂生产中的关键一步。杂交蜂种的优势是两个或以上不同品种或品系间的蜜蜂杂交,所产的子代(后代)在生产力(产蜜、产浆,抗病)等各方面的表现明显超过亲本(上一代)。杂交产的后代就是杂交种。杂交后代中的第一代优势最为明显,包括繁殖力、生产力、抗病力、抗逆性等。

第二节　良种蜂王

一、蜜型种蜂王

(一)喀(阡)黑环系种蜂王(见图 2-1)

图 2-1　喀(阡)黑环系种蜂王

(图片由吉林省养蜂科学研究所提供)

1.蜂种来源

喀(阡)黑环系蜂简称"黑环",是吉林省养蜂科学研究所从喀尔巴阡蜂中选育出来的纯系。其纯度高,性状稳定,是良好的育种素材。本技术获国家科技进步二等奖、第二届中国农业博览会金奖。

2.外观特征

蜂王为黑色或棕褐色,腹部背板有棕色环带,体形细长;工蜂为黑色,背板有黄斑或棕色环带;雄蜂为黑色。

3.生物学特性

黑环蜜蜂对外界气候、蜜源敏感;在良好的蜜粉源条件下,蜂王产卵力旺盛;维持群势同于卡蜂(卡尼鄂拉蜂);产蜜量高,既能利用零散蜜源,也能利用大宗蜜源;耐寒能力强,越冬安全,节省饲料;越冬群势削弱率比本地意蜂低 8.6%,饲料消耗低 43.7%;抗白垩病;不耐热,分蜂性强;定向力强,不爱作盗,流蜜初期较暴躁,同其他品种杂交有很强的优势。

4.生产性能

在本地区同等条件下,产蜜量比本地意蜂高 20.3%,产王浆量一般,产花粉量同于卡蜂。

(二)松丹 1 号双交种蜂王(见图 2-2)

图 2-2　松丹 1 号双交种蜂王
(图片由吉林省养蜂科学研究所提供)

1.蜂种来源

松丹 1 号双交蜜蜂是以 2 个黑色蜂种近交系配制成的单交种为母本、2 个黄色蜂种近交系配制成的单交种为父本组配成的双交种蜜蜂。本技术获吉林省科技进步三等奖。

2.外观特征

个体大小同卡蜂,蜂王为黑色或棕色,腹部背板有棕黄色环带;工蜂多数为花色,少数为黑色;雄蜂为黑色,体形粗壮。

3.生物学特性

蜂王产卵力强,繁殖快,分蜂性弱,繁殖力比本地意蜂高 17.2%,采集力较强,节省饲料;既能利用零散蜜源,也能采集大宗蜜源;耐寒性强,越冬安全,越冬群势削弱率比本地意蜂低 11.9%,饲料消耗量低 23.7%;泌浆造脾力强,抗病能力强,流蜜初期较暴躁,王浆产量中等。可用作种蜂,适合转地饲养。

4.生产性能

在本地区同等条件下,采蜜量比本地意蜂高 70.8%,产王浆量高 14.4%,产花粉量同于意蜂。

(三)白山 5 号三交种蜂王(见图 2-3)

图 2-3 白山 5 号三交种蜂王

(图片由吉林省养蜂科学研究所提供)

1.蜂种来源

白山 5 号三交种蜜蜂是以卡尼鄂拉蜂和喀尔巴阡蜂两个近交系配制的单交种为母本、以意蜂近交系为父本培育出的三交种蜜蜂。本技术获农业部科技进步三等奖。

2.外观特征

蜂王为黑色,有棕色斑或环带;工蜂多为黑、黄或中间颜色,少数为棕色;雄蜂为黑色。

3.生物学特性

蜂王产卵力强,繁殖快,繁殖力比本地意蜂高 17.8%以上;分蜂性弱,采集力强,既能采集大宗蜜源,也能采集零星蜜源;节约饲料;泌蜡能力强;抗病性强;耐寒,越冬性能强,越冬饲料消耗量比本地意蜂低 25%以上,群势削弱率低 10%以上;既可用于生产,也可种用,适合在南北方饲养。

4.生产性能

在本地区同等条件下,采蜜量比本地意蜂高 30％以上,产王浆量高 20％以上,花粉产量与意蜂大体相同。

(四)喀尔巴阡种蜂王(见图 2-4)

图 2-4　喀尔巴阡种蜂王
(图片由吉林省养蜂科学研究所提供)

1.蜂种来源

喀尔巴阡蜂简称"喀蜂",原为罗马尼亚本地蜂,是在欧洲西南部特殊气候、地理和蜜源条件下形成的一个单独的喀尔巴阡体系。吉林省养蜂科学研究所 1978 年首次引进,2009 年再次引进。

2.外观特征

喀尔巴阡种蜂王个体细长,有黑色和花色两种,腹部背板有深棕色环带;工蜂为黑色,腹部背板有棕黄色环带,体形略小于意蜂;雄蜂为黑色,体形粗壮。

3.生物学特性

喀蜂对外界气候、蜜源敏感。蜜粉源丰富时,蜂王产卵旺盛,蜂群发展快;蜜粉源缺乏时,蜂王产卵力降低,蜂群发展减缓。分蜂性较弱,维持群势高于卡蜂;善于利用零散蜜源,也能利用大宗蜜源;耐寒性强,越冬安全,节省饲料;定向力强,不易迷巢,不爱作盗;同其他品种蜜蜂杂交优势明显。

4.生产性能

在本地区同等条件下,产蜜量高于意蜂,产王浆量、花粉量、采胶量、泌蜡能力低于意蜂。

（五）卡尼鄂拉种蜂王（见图 2-5）

图 2-5　卡尼鄂拉种蜂王

（图片由吉林省养蜂科学研究所提供）

1.蜂种来源

卡尼鄂拉蜂简称"卡蜂"，原产于欧洲的阿尔卑斯山及巴尔干半岛地区，由德国、奥地利、南斯拉夫引进。吉林省养蜂科学研究所 1986 年首次引进，2000 年再次引进。

2.外观特征

个体略小于意蜂；蜂王有两种体色，一种为黑色，另一种腹部背板有较宽的褐色环带，体形粗壮；工蜂为黑色，腹部背板有褐色斑或环带；雄蜂为黑色，体形粗壮。

3.生物学特性

蜂王产卵力较强，春季群势发展较快，维持群势接近于喀尔巴阡蜂；不耐热，分蜂性比意蜂强；对外界气候、蜜源变化敏感，采集力较强，大流蜜期压缩子圈；善于利用零散蜜源，节省饲料；耐寒性强，越冬安全；定向力强，不易迷巢，不爱作盗，性情温驯；同其他品种蜜蜂杂交后优势明显。

4.生产性能

在本地区同等条件下，产蜜量高于意蜂，产王浆量、花粉量、采胶量低于意蜂。

（六）东北黑种蜂王（见图 2-6）

图 2-6　东北黑种蜂王

（图片由吉林省养蜂科学研究所提供）

1.蜂种来源

19 世纪末期从俄罗斯传入我国东北地区,目前主要分布在黑龙江省和吉林省东部地区。

2.外观特征

蜂王有两种体色,一种为黑色,另一种腹部背板有褐色斑或环带;工蜂为黑色,有黄褐色斑;雄蜂为黑色,绒毛为灰褐色,体形粗壮。

3.生物学特性

蜂王产卵力较强,育虫节律陡,春季群势发展快,分蜂性较弱,维持群势高于卡蜂;善于采集大宗蜜源,也能利用零散蜜源;耐寒性强,越冬安全;节省饲料;泌蜡造脾力不如意蜂;采胶能力较强,定向力强,不易迷巢,盗性弱,不耐热;性情较温驯,个别群表现暴躁;同其他品种蜜蜂杂交优势明显。

4.生产性能

在本地区同等条件下,产蜜量高于意蜂,产王浆量同卡蜂,产花粉量、采胶量与意蜂大体相同。

（七）双喀种蜂王（见图 2-7）

图 2-7　双喀种蜂王

（图片由吉林省养蜂科学研究所提供）

1.蜂种来源

双喀单交种蜜蜂是以卡尼鄂拉蜜蜂为母本、以喀尔巴阡蜂为父本配制而成的单交种蜜蜂，是进一步配制三交种和双交种的良好素材。

2.外观特征

蜂王为黑色或棕色，腹部背板有明显的棕黄色环带；工蜂为黑色或灰黑色；雄蜂为黑色。

3.生物学特性

双喀蜜蜂采集力强，既善于采集大宗蜜源，又善于利用零散蜜源，节约饲料；维持群势高于卡蜂；对外界气候、蜜源敏感；繁殖快，育虫节律陡；耐寒性强，越冬安全；抗白垩病，定向力强，性情温驯，耐热性一般；与黄色蜂种杂交能够产生较强的杂种优势。

4.生产性能

在本地区同等条件下，产蜜量高于意蜂，产王浆量一般（癸烯酸含量较高），产花粉量与卡蜂大体相同。

（八）高加索种蜂王（见图 2-8）

图 2-8　高加索种蜂王

（图片由吉林省养蜂科学研究所提供）

1.蜂种来源

高加索蜜蜂原产于高加索地区,20 世纪 70 年代引入我国。吉林省养蜂科学研究所1980 年首次引进,2009 年再次引进。

2.外观特征

蜂王为黑色,腹部背板有黑色和褐色环节,绒毛为灰色;工蜂为黑色,背板有棕黄色斑;雄蜂为黑色。

3.生物学特性

春季育虫节律平缓,蜂群发展较慢,夏季产育能力较强,耐热,分蜂性较弱,维持群势高于卡蜂;采集力强,大流蜜期压缩子圈,既能利用大宗蜜源,也能利用零散蜜源;断子晚,容易秋衰;耐寒性较强,越冬性能优于意蜂,低于卡蜂;采胶能力强,定向能力差,盗性强,易感染孢子虫病,易患甘露蜜中毒;同其他品种蜜蜂杂交后优势明显。

二、蜜浆型种蜂王

(一)浙农大1号意蜂(见图2-9)

图2-9 浙农大1号意蜂

(图片由浙江杭州千岛湖蜂业科技有限公司提供)

1.蜂种来源

浙农大1号意蜂是我国自主培育的蜂王浆、蜂蜜双高产品种,由原浙江农业大学等九家单位的专家在蜜蜂集团闭锁繁殖育种理论的指导下,收集杭州、平湖、嘉兴、桐庐、绍兴、龙游等地区王浆高产蜂群作为育种素材,运用太湖岛屿隔离交尾和蜜蜂人工授精技术,进行连续多代选择,形成的生产性能优越、遗传稳定的意蜂新品种,于1993年6月30日通过了浙江省科委的鉴定。2009年,农业部畜禽遗传资源委员会蜜蜂专业委员会专家对浙农大1号意蜂进行了复核,认定为人工培育的蜜蜂新品系。

2.外观特征

浙农大 1 号意蜂三型蜂的毛色淡黄。三型蜂体色之间略有差异,蜂王腹部背板为淡黄色,工蜂腹部背板 2~5 节为黄色,第 6 节为黑色;雄蜂腹部背板为金黄色,有黑斑。经生物统计分析,浙农大 1 号意蜂的初生体重、初生头重、右前翅面积、右后足胫节长、咽下腺小囊数分别比本土意蜂大,差异显著;吻长、跗节指数、肘脉指数比本土意蜂小,差异显著。

3.生物学特性

浙农大 1 号意蜂具有王浆产量高、采蜜能力强、繁殖速度快、性情温驯、抗病力强等优点。与本土意蜂相比,浙农大 1 号意蜂在解剖学形态、细胞学、同工酶基因型、生物学特性等方面有明显差异。在 1993 年检测时,蜂王浆中的 10-HDA 含量为 2.27%。2004 年,浙江省农业厅对三个省一级种蜂场的王浆中的 10-HDA 含量进行检测,结果是浙农大 1 号意蜂为 2.07%,超过蜂王浆国标(1.8%)的要求。

4.生产性能

浙农大 1 号意蜂与本土意蜂相比,王浆产量提高两倍以上。在粉源充足的强盛阶段,一个强群每三天能生产王浆 100 g 以上,1995 年曾创下群年产王浆 7.7 kg 的高产纪录。蜂蜜和花粉产量分别比本土意蜂高 20% 和 40%。所以说,浙农大 1 号意蜂是理想的浆、蜜双高产的意蜂新品种。

(二)松丹 2 号双交种蜂王(见图 2-10)

图 2-10　松丹 2 号双交种蜂王

(图片由吉林省养蜂科学研究所提供)

1.蜂种来源

松丹 2 号蜜蜂是以 2 个黄色蜂种近交系单交种为母本、2 个黑色蜂种近交系单交种为父本培育出的双交种蜜蜂。本技术获吉林省科技进步三等奖。

2.外观特征

蜂王为黄色,尾尖为黑色;工蜂为花色,偏黄;雄蜂为黄色。

3.生物学特性

蜂王产卵力旺盛,子脾面积大,密实度高,蜂群发展快,分蜂性弱,繁殖力比本地意蜂高 24.5%;采集力强,善于利用大宗蜜源;泌浆、泌蜡能力强,抗病力强;越冬性能优于其他意蜂,越冬群势削弱率低 5%,饲料消耗量低 14.9%;性情温驯,可用作种蜂,适合南北方各地饲养。

4.生产性能

本地区同等条件下,产蜜量比本地意蜂高 54.4%,王浆产量高 23.7%,产花粉量同其他意蜂。

(三)黄环系种蜂王(见图 2-11)

图 2-11　黄环系种蜂王
(图片由吉林省养蜂科学研究所提供)

1.蜂种来源

黄环系蜜蜂是吉林省养蜂科学研究所应用高新技术将蜂蜜和王浆高产基因集为一体,通过多代定向选育形成的蜜浆高产蜂种。本技术获吉林省科技进步三等奖。

2.外观特征

蜂王、工蜂、雄蜂的体色均为暗黄色,腹节尾部黑色区域明显。

3.生物学特性

蜂王产卵力旺盛,子脾密实度高,蜂群发展快,繁殖力强,维持群势高于原意蜂;耐热,分蜂性弱;采集力强,既能利用大宗蜜源,也能采集零散蜜源;饲料消耗多于卡蜂;耐寒性强于意蜂,越冬安全;泌浆能力强;泌蜡、造脾能力强,性情温驯,定向力差,盗性强;同其他品种蜜蜂杂交优势明显。

4.生产性能

在本地区同等条件下,蜂蜜产量比浆蜂高50%以上,王浆产量接近于浆蜂,花粉产量同其他意蜂。

(四)白山6号单交种蜂王(见图2-12)

图2-12 白山6号单交种蜂王
(图片由吉林省养蜂科学研究所提供)

1.蜂种来源

白山6号蜜蜂是吉林省养蜂科学研究所以王浆高产的黄色蜂种为母本,以一个蜂蜜、蜂胶高产的黑色蜂种为父本配制而成的单交种蜜蜂。

2.外观特征

蜂王为黄色,尾尖有黑斑;工蜂为花色,偏黄;雄蜂为黄色。

3.生物学特性

蜂王产卵力较强,繁殖快,分蜂性弱,维持群势接近意蜂,既能利用零散蜜源,又善于采集大宗蜜源;采集力强,节省饲料;越冬性能优于其他意蜂;泌蜡能力较强,造脾快;泌浆能力强,采胶较多;性情温驯,阴雨天较暴躁,产浆量中等;同其他品种蜜蜂杂交优势明显。

4.生产性能

在本地区同等条件下,采蜜量高于其他意蜂,产王浆量高于本地意蜂,采花粉量与意蜂相同,采胶能力高于其他意蜂。

(五)美意种蜂王(见图 2-13)

图 2-13 美意种蜂王

(图片由吉林省养蜂科学研究所提供)

1.蜂种来源

美意蜜蜂属意大利蜂的一个品系,原产于地中海北岸意大利的亚平宁半岛,后在美国饲养形成地方品种,20 世纪 70 年代后引入我国。吉林省养蜂科学研究所 1985 年首次引进,1995 年再次引进。

2.外观特征

蜂王为黄色,尾节有黑色环带;工蜂为黄色,腹部有黑色环带;雄蜂为黄色,体形粗壮。

3.生物学特性

蜂王产卵力较强,春季育虫早,蜂群发展平稳,维持群势高于原意蜂;善于利用大宗蜜源;分蜂性弱于卡蜂;在北方,耐寒性、越冬性优于其他意蜂,饲料消耗少于其他意蜂;泌浆能力低于原意蜂;泌蜡造脾能力强,善于采胶,盗性较强,定向力差,性情较温驯;与其他品种蜜蜂杂交有较强优势,适合南北方各地饲养。

4.生产性能

在本地区同等条件下,产蜜量低于卡蜂、高于原意蜂,产王浆量、花粉量、采胶能力与原意蜂相同。

（六）黑美意蜜蜂（见图2-14）

图 2-14　黑美意蜜蜂
（图片由吉林省养蜂科学研究所提供）

1.蜂种来源

黑美意蜂属于意大利蜂的一个品系,2000年引进吉林省养蜂科学研究所。

2.外观特征

蜂王有黑色、花色两种,多数腹部背板有较宽的黄色带,体形粗壮;工蜂多数为黑色,少数为花色;雄蜂为黑色。

3.生物学特性

蜂王产卵力较强,蜂群发展平稳,分蜂性弱,维持群势同于美意蜂;采集力强,能利用大宗蜜源,也能利用零散蜜源;节省饲料,耐寒性比其他意蜂强,耐热性比卡蜂强;定向力一般,盗性中等;同其他品种蜜蜂杂交后优势明显,适合南北方各地饲养。

4.生产性能

在本地区同等条件下,采蜜量高于其他意蜂,低于卡蜂;产王浆量高于卡蜂,低于其他意蜂;采花粉量与其他意蜂相同。

（七）澳意蜜蜂（见图 2-15）

图 2-15　澳意蜜蜂

（图片由吉林省养蜂科学研究所提供）

1.蜂种来源

澳意蜂是意大利蜂的一个品系，于 20 世纪 70 代从澳大利亚引入我国。吉林省养蜂科学研究所 1988 年首次引进，2000 年再次引进。

2.外观特征

蜂王腹部背板为棕黄色或黄色；工蜂为黄色，尾节有黑带，绒毛为淡黄色；雄蜂为黄色，体形粗壮。

3.生物学特性

蜂王产卵力较强，蜂群发展平稳，维持群势同于其他意蜂；耐热性强，分蜂性弱，能维持大群；善于利用大宗蜜源，饲料消耗多于美意蜂；泌浆性能较好，耐寒性不如美意蜂；泌蜡能力较强，采胶较多，盗性较强，性情较温驯；同其他品种蜜蜂杂交优势明显。

4.生产性能

在本地区条件同等下，产蜜量低于原意蜂，王浆产量高于原意蜂，花粉产量同其他意蜂。

（八）原意种蜂王（见图 2-16）

图 2-16　原意种蜂王

（图片由吉林省养蜂科学研究所提供）

1.蜂种来源

原意蜂原产于地中海北岸意大利的亚平宁半岛，在 20 世纪 70 年代引入我国。吉林省养蜂科学研究所 1984 年引进。

2.外观特征

蜂王为黄色，尾节为黑色；工蜂为黄色，后缘有黑色环带；雄蜂为黄色。

3.生物学特性

蜂王产卵力较强，春季育虫早，群势发展平稳，维持群势低于美意蜂；采集力强，善于利用大宗蜜源；产浆、采胶较多，泌蜡能力强，造脾快，耐热，分蜂性弱；饲料消耗量高于美意蜂，越冬性能强于澳意蜂、浆蜂，低于美意蜂；性情温驯，盗性较强，定向力差；与其他品种蜜蜂杂交后优势明显，适合长途转地饲养。

4.生产性能

在本地区同等条件下，产蜜量低于美意蜂，产王浆量高于美意蜂，低于浆蜂，产花粉量、采胶能力高于卡蜂。

三、蜜胶型蜂种

蜜胶型蜂种的代表为蜜胶一号蜜蜂(见图 2-17)。

图 2-17 蜜胶一号蜜蜂

(图片由吉林省养蜂科学研究所提供)

(一)蜂种来源

蜜胶一号蜜蜂是吉林省养蜂科学研究所应用高新技术将蜂蜜和蜂胶的高产基因集中到一体,通过多代定向选育而成的蜜胶高产蜜蜂。

(二)外观特征

蜂王、工蜂为黑色,腹部背板有明显棕黄色环节;雄蜂为灰黑色,腹部有黄斑。

(三)生物学特性

在外界蜜粉源丰富时,蜂王产卵积极,子脾密实度高,蜂群发展快,繁殖力比本地意蜂高 19.7%;既善于利用大宗蜜源,也能利用零散蜜源;采集力强,大流蜜期压缩子圈,节约饲料;抗逆性好,抗病力强;越冬性能好,较本地意蜂越冬削弱率低 27.3%;采胶能力强,在阴冷天或晚间较暴躁;与其他品种蜜蜂杂交后具有较强的杂种优势。

(四)生产性能

在本地区同等条件下,同意蜂相比,蜂蜜产量提高 41.5%,蜂胶产量提高 81%,产浆量一般。

第三节 科学使用良种蜂王

随着养蜂科学技术的发展和广大养蜂场(户)科技文化水平的提高,引进优良蜂种已成为现代养蜂生产中的一项重要工作。在饲养技术水平相当的基础上,获得养蜂高经济效益的决定因素就是所饲养的蜂种(见图 2-18)。引种的方法很简单,但引种后如何应用、扩繁则是该蜂种能否在当地立足的关键环节。

图 2-18 良种蜂王(居中体形大者)

一、引进种王外表观察

养蜂场(户)收到种蜂王后,首先要确定邮寄王笼内的蜂王是否存活。如已死亡,应按育种场的有关规定处理,不要拆开王笼,需将其退回,以便补寄。对存活的种王要仔细观察肢体是否健全、个体大小等。在邮寄过程中,王笼的通风铁纱很容易将蜂王的足刮断或将翅膀刮残破,虽说这不影响种王后代的任何性能,但对种王的产卵性能及维持群势能力会有一定的影响,养蜂场(户)也不认可接受这样的蜂王。种蜂王个体大小也是养蜂场(户)要观察的一项内容。一般来说,邮寄到养蜂场(户)的种蜂王个体远比在正常产卵蜂群内的蜂王小。因在邮寄过程中,种王无处产卵,得不到王浆饲料,腹部自然收缩,故个体略小。另外,黄王(如黄环蜂、美意蜂、原意蜂、澳意蜂、松丹 2 号蜂等)的个体比黑王(如黑环系蜂、卡蜂、松丹 1 号蜂等)大,这是由其自身的生物学特性所决定的,不能放在一起来比较它们个体的大小。种蜂王的个体大小只能表明其自身的发育状况和产卵力,不能代表其后代的繁殖和生产性能。

二、安全介绍种蜂王

(一)喂水

引种场(户)收到种蜂王后,首先给其喂清水少许,用手指沾水,在铁纱上滴几下,不要过多,更不能将蜂体淋湿,以满足蜜蜂对水分的需要。

(二)组织诱王群

选晴暖天气,在蜜蜂飞翔采集正常时,从强群中分别抽取正在出房的老蛹脾2张,另放1箱,抖入幼蜂2~3框,将该箱放在新位置即组成诱入群。该群应有蜜粉脾1张,饲料充足。新组成的蜂群经1~2天充分飞翔后,即可诱入蜂王。若收到种王后正值阴雨天气,组织诱王群则较困难,可采取以下方法:抽取正在出房的老蛹脾1张、蜜粉脾1张,另组一群,然后从大群内抓新羽化出房的幼蜂1000只左右,将蜂群单独放一新址,当天即可介绍蜂王。

(三)诱王

诱王时要考虑蜜蜂的数量、蜂龄、外界气候和蜜源条件。若诱王群全部为新羽化的幼蜂,外界气温适合,蜜粉源条件俱佳,有经验者不妨将王笼打开,放入箱内,让蜂王自行爬出上脾,1 h后轻轻提脾检查是否被接受。如蜂群或外界条件不理想,认为直接放王无100%把握,则将王笼用框线挂在蜂路间,王笼与诱入群应提前30 min混合气味。为防止蜂王在放出过程中飞逃,最好在室内进行操作。

三、种王产卵力观察

种蜂王介绍成功后,一般应在7日内开始恢复产卵,速度由慢到快,卵圈集中连片。此外,蜂王的产卵力与蜂群群势、外界气候、蜜源条件密切相关。群势弱、蜜源条件差、温度低等都可影响蜂王的产卵力。

四、种王后代体色观察

蜂王产卵21天后,后代工蜂陆续出房,应通过观察后代工蜂来考察该蜂王的纯、杂程度。以吉林省养蜂科学研究所的种蜂王为例:松丹1号(白山5号)蜂王本身为黑色,其后代雄蜂为黑色,工蜂为花色,黄体色蜂偏多,极少数工蜂为黑色,培育新王时也是如此,这是其正常的体色遗传表现型;松丹2号蜂王为黄色,雄蜂多为黄色,极少数为黑色,工蜂为花色;黑环系(卡尼鄂拉)等黑色种王,蜂王、工蜂、雄蜂均为黑色,只有少数为提高其生命力进行嵌合授精的蜂王后代出现花色工蜂,少数出现黑色雄蜂和工蜂。养蜂者应对这些种王的遗传特性有准确的认识,以免造成误会,影响该蜂种的使用。

五、培育新王

养蜂场(户)引种的目的就是培育新王,以更换本场蜂王。培育优质蜂王是一项技术性较强的工作,养蜂场(户)应联合所在地附近蜂场,集中培育优质种用雄蜂,削除劣质雄蜂或患病蜂群的雄蜂,待种用雄蜂封盖后再着手培育蜂王。也可利用时间差或地域差进行育王,其最终目的是保证优良的处女蜂王与优质的种用雄蜂交尾。若控制不了非种用雄蜂,处女蜂王与劣质或染病雄蜂交尾,其后代表现效果必然较差,如繁殖力差,经济效益低,发病率高,造成引种染病的误导。

六、后代观察

引种后,一般不宜大面积推广,应先培育一部分新蜂王更换原有蜂王,并和原有蜂种在同等条件下对比,考察种王后代在繁殖力、生产力、抗病力、抗逆性、越冬越夏性能等方面有无优势,能否适应当地的气候和蜜粉源条件。如差异显著,说明该品种适合在当地大量扩繁推广,反之应再引进其他品种。

七、轮回换种

从蜜蜂遗传育种的实践看,一般杂交一代优势最为明显,第二代有所下降,三代以后只有在组配特别适当的前提下才有优势,因此,生产上的用种最好每年更换 1 次,以避免累代使用造成优势衰退。有部分养蜂者在 1～2 年内向育王场购买 1 只种蜂王,用这只种蜂王所产的卵虫移虫育王,并和本场的雄蜂交尾用于生产,此举比自繁自育的蜂种增产明显,但最多只能发挥良种蜂王基因在提高蜂产品产量和质量方面 60% 的作用。因为雄蜂未做改良,而优良雄蜂基因在提高蜂产品产量和质量方面能起到 40% 的作用,因此要定期换种,以提高效益。自繁自用的蜂场要每年从种蜂场买 1 只与自己原来蜜蜂不同血统的纯种优质蜂王作母本,然后自己再育王,并利用当地原有的蜂种雄蜂作父本,育出蜜蜂杂交种,每 1～2 年换一次母本蜂王。由这些蜂王发展起来的蜂群有杂种优势,最好每年购入 1 只种性不同的蜂王作母本蜂王,通过第一年的引种杂交后,在第二年换种时,前一年的蜂王所产的雄蜂是上一只蜂王的纯种雄蜂,第二年重新引进不同血统的优良蜂种所产的处女蜂王与前一年蜂王所产的雄蜂杂交产生的杂交优势就会更加明显,性状也更一致。如此这般,轮换育王育出的杂交王优势会比较明显。

第四节　人工移虫培育蜂王技术

蜂王是一个蜜蜂种群的核心,蜂王的产卵能力强不强关系到种群是壮大还是衰落。当蜂王衰老,产卵能力下降或者要对蜜蜂进行分蜂时,我们都需要培育新的蜂王。在自然情况下,当需要新蜂王时,工蜂会在蜂巢中筑造一个临时性巢房,也就是王台,里面的幼虫吃蜂王浆长大就变成了蜂王。但是在正常情况下工蜂是不会主动筑造王台的,所以人工培育蜂王的方法就是放一个人工王台进去。只要获得了蜜蜂的认可,它们就会把人造王台中的幼虫抚养成新的蜂王。

一、时间和条件

蜂群在当年培育的新蜂完全更换了越过冬的老蜂,进入发展壮大时期以后,就可以准备进行人工育王了。在北方地区,当初夏白天气温稳定在 20 ℃ 以上,且有蜜源特别是有丰富粉源时进行人工育王。这样既可以保证蜂王的质量,又可利用新蜂王及早更换衰老的蜂王。有当年蜂王的蜂群不会发生自然分蜂。利用早期培育的新蜂王实行人工分蜂,经过一个半月的增殖,就可以发展成强群,采集中、晚期蜜源。初秋,在最后一个主要蜜源初期培育蜂王,新王群则可以培育大量越冬蜂,这对于蜂群安全越冬以及下一年蜂群的发展都有利。

培育优质蜂王需注意两点。

(一)天气温暖、气候稳定

在处女蜂王交尾期间,白天气温应在 20 ℃ 以上,力求避开连阴雨天气。处女蜂王的试飞交尾在午后的 14 时至 16 时进行。处女蜂王飞出巢外交尾,称为"婚飞",每次飞行15~50 min,距离 5~10 km。遇到雄蜂后,即被追逐交配。交配后,雄蜂生殖器拉断脱落,堵塞蜂王阴道口,阻止精液外流。第二只雄蜂交配时将其拔掉,以此类推。每次飞行可与数只雄蜂交尾,最后带着雄蜂黏液排除物形成的白色线状物飞回巢中,这种线状物称为"交尾标志"。在 1~2 天内,蜂王共和 7~15 只雄蜂交尾,并把精子储存在受精囊中,有精子 500 万个以上,供其一生之用。每产 1 枚卵,要释放出 10~12 个精子。蜂王的交尾期为 1~2 周,过期不再交配。蜂王交尾成功后,腹部膨大,行动稳重,2~3 天后开始产卵,除分蜂逃亡外,再也不出巢。

(二)外界蜜粉源丰富

育王期间自然界应有良好的蜜粉源,能有充足的粉源更好。处女蜂王只有吃了王浆,才能发育良好,身体健壮,才能顺利交尾开产。每日傍晚还要对种蜂群和育王群进行不间断地奖励饲喂。

二、准备工作

在进行人工育王前,还需要认真做好下列准备工作。

(一)选择父母群

通过考察,选择蜂蜜或蜂王浆产量超过全场平均产量、分蜂性弱、群势发展快、健壮无病的蜂群作父母群。以父群培育雄蜂,用母群的幼虫培养蜂王。在人工培育蜂王时,1 个母群可以提供成千上万只雌性幼虫;同样,1 个父群也可以哺育出数千只雄蜂。如果每年都使用一两群种群培育处女蜂王和雄蜂,全场蜂群就会形成近亲繁殖,导致生产力和生命力下降。因此,要选择和使用多个蜂群作父群和母群,并且定期从种蜂场引进同一品种不同血统的蜂王(或者蜂群)。

(二)培育种用雄蜂

雄蜂的数量和质量不仅直接关系到处女蜂王的交尾成功率,还关系到受精效果,进而影响子代蜂群的品质。因此,必须在着手人工育王的 20 天前开始培育雄蜂。为培育种用雄蜂,需事先准备好雄蜂脾,也可将巢脾下部切除一部分,插在强群中修造成雄蜂脾。为保证交尾质量,按 1 只处女蜂王对应 50 只雄蜂的比例培育雄蜂。蜂王的发育从卵到羽化成虫约需 16 天,达到性成熟需 5 天左右,共计 21 天。而雄蜂从卵到羽化成虫为 24 天,出房到性成熟约需 12 天,共计 36 天。因此,必须在人工育王前 20 天左右开始培养雄蜂,才能使雄蜂和处女蜂王的性成熟期相重合。通常可在种用雄蜂开始大量出房时着手移虫育王,同时将场内其他蜂群的雄蜂和雄蜂蛹全部消灭。

(三)准备育王群

育王群是用来哺育蜂王幼虫和蛹的强壮蜂群。应选择无病、无蜂螨,群势强壮,至少有 15 框蜂以上的蜂群作育王群。在移虫育王前一天把其蜂王和全部带蜂未封盖子脾提入新蜂箱,放在原群旁;原群有 6~8 个脾(包括封盖子脾和蜜脾、粉脾),组成无王的育王群,做到蜜蜂密集,多余的巢脾抖落蜜蜂,加到分出的有王群。对育王群每晚饲喂 0.5~1 kg 糖浆。也可以用有 18~20 框蜂加继箱的有老蜂王的蜂群作育王群。在巢箱和继箱之间加上隔王板,把蜂王限制在巢箱内产卵,继箱中央放 1 框小幼虫脾,一侧放一花粉脾,其余放封盖子脾,外侧放蜜脾。有王群没有无王群对移植幼虫的接受率高,但是对于封盖王台照护得较好。

三、移虫育王的工具

移虫育王的工具有移虫针、育王框、蜡碗等。

移虫针是将小幼虫移植到王台碗内的工具。弹性移虫针由牛角或羊角角片、塑料管、推虫杆、钢丝弹簧及塑料绳构成,是育王和产浆最常用的移虫工具(见图 2-19)。

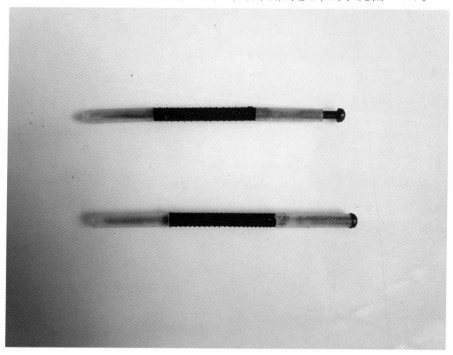

图 2-19 角质弹性移虫针

育王框是安放王台的框子,可用标准巢框改制,其上、下框梁和侧板的宽度相等,为 13 mm 左右。框内等距离地横着 3 条宽 10 mm 的板条(见图 2-20)。

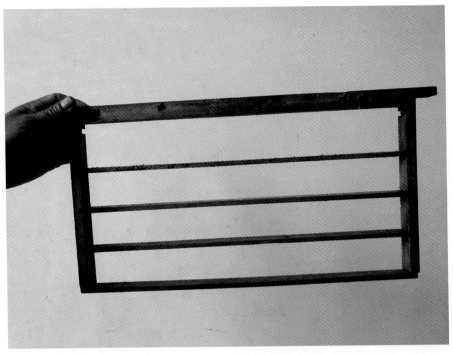

图 2-20　育王框

王台棒(见图 2-21)是蘸制蜡碗的木棒,长 100 mm,蘸蜡碗的一端十分圆滑,底端部 10 mm 处的直径为 8~9 mm。

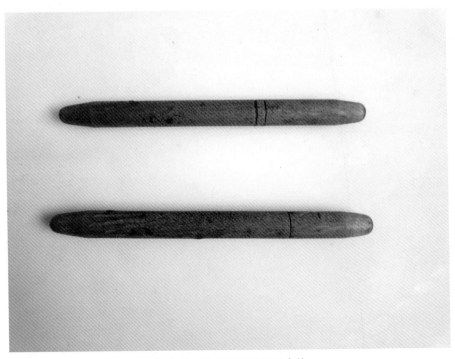

图 2-21　蘸制蜡碗用的王台棒

蜡碗是培育蜂王的王台基,由用王台棒蘸熔化后的蜂蜡制成。把蜡碗棒放入冷水泡一段时间,取出甩去水,垂直插入熔蜡中约 10 mm 深处,取出稍停,如此反复蘸 2～3 次,一次比一次蘸得浅一些。然后将蘸好的蜡碗放入冷水冷却后取下。制成的蜡碗口薄底厚,里面光滑、无气泡。此外,移虫育王时还要准备毛巾、面盆、蜂王浆等。蜂王浆可临时从自然王台取得,也可预先收集后保存在冰箱内,使用时加一倍的温水把蜂王浆调稀。

四、移虫方法

移虫育王可以有计划地培育出需要数量的、成熟期一致的处女蜂王。

在育王框的板条上按相等距离用蜡烛熔蜡,粘上 10～16 个蜡碗,3 条共粘 30～48 个蜡碗(见图 2-22)。

图 2-22　将蜡碗粘到育王框的板条上

将粘好蜡碗的育王框放入育王群中(见图 2-23),让蜜蜂修整 2～3 h。

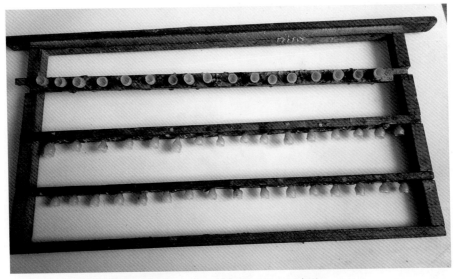

图 2-23　粘在育王框上的人工台基

　　从蜂箱中取出育王框,用蜂扫扫去蜜蜂,在每个蜡碗内滴上 1 滴稀释的蜂王浆,即可进行移虫(见图 2-24)。最好在清洁、明亮的室内移虫,室内温度保持在 25 ℃～30 ℃,相对湿度为 80%～90%。如果湿度不够,可在地面洒水。气温在 25 ℃以上且没有盗蜂时,可在室外的阴凉处移虫。

图 2-24　移虫操作

从母群提出1框小幼虫脾,扫净蜜蜂,拿去移虫(见图2-25)。先把粘有蜡碗的板条并排放在桌上,用清洁的圆头细玻璃棒或者细竹棒,在经过蜜蜂清理的蜡碗里滴上米粒大小的稀蜂王浆,然后移虫。移虫必须一次成功,移虫针尖上也可蘸少许王浆,这样容易操作成功。

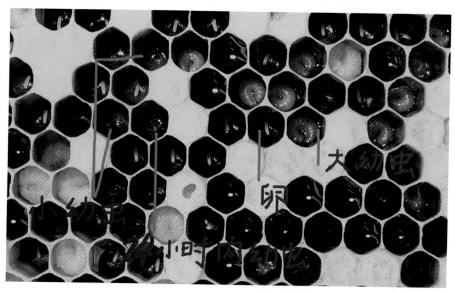

图2-25 移取24 h内的幼虫

移虫要从幼虫的背部(凸面)一侧下针,把针尖插入幼虫和房底之间,将幼虫挑起,放在蜡碗里的蜂王浆上。幼虫十分娇嫩,所以移虫的动作要轻稳、迅速。1只幼虫只允许用移虫针挑一次。移完虫的板条用湿毛巾盖上,再移第二只。把移完虫的板条装到育王框上,加在育王群内的幼虫脾和花粉脾之间。

五、移虫后的管理

育王群中加入移虫的育王框后,连续在傍晚奖励饲喂,符合有粉、有蜜、有子、小群等硬性指标,第二天检查幼虫是否被接受。已被接受的幼虫,其王台加高,王台中的蜂王浆增多,幼虫浮在蜂王浆上;未被接受的,其王台被咬坏,王台中没有幼虫。如果用无王群育王,这时把育王框转移到有王育王群的继箱中,同时把无王育王群与原群合并。如果用有王育王群育王,第6天王台已经封盖时检查封盖王台情况,淘汰小的、歪斜的王台(见图2-26)。统计可用王台的数量,以便组织需要数量的交尾群。移虫后经过11~12天,处女蜂王就会出壳了,可以提前2天取下王台,移入无王交尾群,让处女蜂王出房后进行交尾。对于介入王台的交尾群,蜂群的排异性使原幼虫脾上极易起王台。起台时,需在摘掉台基的同时,将台底幼虫一起消除,否则隔日台基又起。调入封盖子脾就没有条件造新王台了。

图 2-26 即将成熟的王台

六、培育蜂王技巧

使用大卵可以培育出更强壮的蜂王。可以将蜂王关在产卵控制器中,或者把母群饲养在 3～5 框的小群内,限制其产卵,7 天后就能得到较大的蜂卵了。另外,无王蜂群对于幼虫的接受度要比有王蜂群高得多,所以在进行移虫的前一天可以将蜂王或蜂王连同小部分蜂脾移出蜂箱,造成无王状态,第二天移虫蜂群就更容易接受幼虫了。

第三章　蜜蜂多王群饲养管理技术

第一节　多王群饲养的意义

蜜蜂是社会性昆虫,而蜂王是蜂群中唯一生殖器官发育完全的雌性蜂,其主要职能是产卵。蜂王通过其产卵力和分泌信息素直接影响蜂群的生殖力和生产力。在蜂王诸多生物学特性中有一个奇特的现象,那就是性好妒,敌视别的蜂王。它不能容忍蜂群内有其他蜂王存在,如果出现2只以上的蜂王相遇,则会互相咬杀。蜂王咬斗时,先用上颚钳住对方,通过其产卵器特化成的螫针刺入另1只蜂王体内,排出毒液将其杀死,或相互厮杀至重伤而死,直到剩下1只蜂王。如发现王台,蜂王会用上颚咬穿王台侧壁,弯曲腹部,用螫针将王台内的新王刺死。所以,除了自然交替外,一群只有1只蜂王。

为了提高蜂群繁殖速度,培养和维持强群,需要提高王蜂指数。但由于在自然状态下,同一蜂巢内不能长期存在2只健壮蜂王,所以在生产上只能通过闸板或隔王板将蜂箱分隔成蜂王不能互相通过的两区进行饲养(双王群饲养)。近年来,浙江一些蜂场采用生物诱导与环境诱导相结合的技术,人工组成4~6只,最多11只蜂王长期在同一产卵区自由活动、正常产卵的多王群,并创下了多王(共6只)同巢越冬的成功先例。

多王群具有产卵快、产卵量大、产卵集中等优势,宜作为生产群的副群饲养。在多王群蜂王正常产卵后,应充分发挥多王群的优势,为蜂群快速繁殖、维持强群和获得高产服务。

第二节　多王群的组建技术

通过生物诱导与环境诱导相结合的技术组建多王群,概括地说,就是通过生物诱导来解决蜂王与蜂王之间的"敌对"关系,通过环境诱导来解决蜂王与工蜂之间的"群界"关系。

图 3-1 是意蜂多王群组建技术路线图。

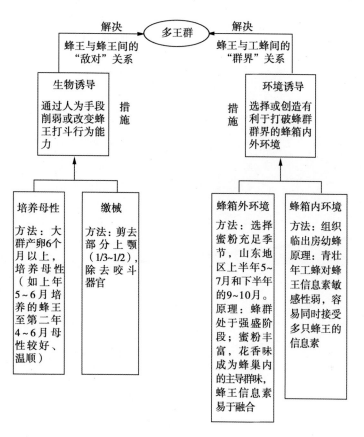

图 3-1　意蜂多王群组建技术路线图

一、生物诱导

所谓"生物诱导"，就是通过人为的手段削弱或改变蜂王的打斗行为。具体采取以下措施：

（一）大群产卵

蜂王介绍成功后，让其在大群里产卵 6 个月以上。一般在上一年 5~6 月培育的蜂王到当年 4~6 月组建多王群比较容易。此时蜂王的"母性"较好，"咬斗"的性格相对减弱。

（二）剪去部分上颚

先将蜂王捉住，用拇指、食指和中指轻轻捏住蜂王的胸背部，口器向上，再用小剪刀或指甲钳剪掉蜂王两侧上颚的 1/3~1/2（见图 3-2）。剪上颚时应十分小心，注意不能伤及喙和触角。剪掉部分上颚后，放回原来的蜂群内饲养几天，以待伤口愈合后组建多王群，或直接放入幼蜂群中组建多王群。

图 3-2　剪去蜂王部分上颚

二、环境诱导

多王群蜂王间的相互关系以及蜂王和工蜂间的相互关系与蜂箱的内外环境关系密切。选择并创造良好的蜂箱内外环境,也是组建多王群至关重要的条件。所谓"环境诱导",就是选择或创造有利于打破蜂群群界的蜂箱内外环境。

(一)蜂箱外环境

选择蜜粉充足、气候温和的季节,如日照市以上半年的 5～7 月和下半年的 9～10 月比较适宜。因为这段时间的蜂群处于强盛阶段,同时外界的蜜粉源丰富,花香味成为蜂巢内的主导群味,使来自不同蜂王之间的信息素易于融合(见图 3-3)。

图 3-3　蜜蜂在采集槐花蜜

(二)蜂箱内环境

　　工蜂是蜂箱内环境的主角。不同日龄的工蜂对蜂王信息素的敏感性有显著差异。通常幼龄工蜂防卫能力脆弱,对蜂王信息素的敏感性差,容易同时接受多只蜂王的信息素。组建多王群的蜂箱内环境诱导需从集中幼蜂开始。从原群中提出即将出房的2张封盖脾和1张蜜粉脾带蜂集中放在空蜂箱内,并抖入2框蜂,敞开巢门让外勤蜂返回原巢。待箱内只剩幼蜂(一般需要2～3天)时,即可把经过生物诱导的蜂王放到一起,组成多王群。多王群中的蜂王体形较工蜂长1/3,腹部较长。图3-4中红圈所示即为蜂王。

图3-4　多王群中的蜂王

第三节　多王群的饲养管理技术

　　意蜂多王群的饲养管理与单王群、双王群的饲养管理有相同点,也有不同点,只要掌握基本要点,灵活地根据季节、气候、蜜粉源与蜂群内部情况等的变化,及时地采取科学有效的管理措施,充分挖掘和发挥多王群的优势,就能获得优质、高产。

一、多王群组建初期的管理

　　意蜂多王群组建初期,蜂群群势还比较弱小,蜂王因生物诱导处理和多只蜂王之间相互"磨合"而受到刺激,处于应急状态,腹部会收缩变小,产卵数量下降甚至停产。蜂王恢复至正常产卵约需1周时间。

在蜂王恢复产卵阶段，多王群饲养管理的主要工作是千方百计地扶持多王群及时达到蜂脾相称的群势，为多王同时产卵创造条件。

在这一阶段的管理中，可采用从大群中抽出中间少量出房、外围大量临出房的子脾加给多王群，以满足多只蜂王同时产卵的需要。群势的大小以5～6框足蜂为宜。

这种补充幼蜂的措施有双重好处：一方面，新蜂刚出房的巢脾能刺激蜂王恢复正常产卵；另一方面，多王产下的卵有足够的工蜂哺育。

二、多王群组建后的管理

多王群蜂群结构特殊，对蜂箱内外环境敏感，日常管理上要求勤查勤看；需保证花粉饲料充足，蜜糖饲料适量，恰到好处；及时清理王台，防止分蜂；注意保温，防止盗蜂等。

另外，多王群的日常管理还应该特别注意蜜蜂的偏集现象。多王群在蜂场内的摆放位置应尽量靠后。蜂场应根据小区域气候的特点，因地制宜地设置防风屏障和便于蜜蜂辨认的标记物，以防蜜蜂偏集。如果多王群内偏入一定数量的蜜蜂，会打乱已建立的蜂王与蜂王、蜂王与工蜂的相互关系，引起围王、工蜂斗杀，造成组织多王群工作前功尽弃。所以，多王群宁可偏出，绝不能偏入蜜蜂。多王群作为蜂场生产的副群，饲养管理方法主要有两种。

（一）多王群为单王群提供卵脾（补群）——单重利用法

从多王群中抽取卵脾，补给需卵脾的蜂群，同时给多王群加进1张空脾供多王产卵（见图3-5）。由于多王群箱内只有五六张脾，可供产卵的巢房相当紧张，一般加入空脾后，几个蜂王会自然集中到1张脾上产卵。使用这种方法可以利用多王群产卵快的优势，加快蜂场春繁的速度，同时也可用于平时生产中维持强群（见图3-6）。

图 3-5　多王群在空脾集中产卵

每天定时将卵脾输送给生产群，
同时换进一张空脾供产卵

此三脾视情况补给生产群

图3-6 多王群为生产群补充卵脾

（二）多王群为生产蜂王浆提供1日龄幼虫——双重利用法

具体做法是：把分别为1日龄、2日龄、3日龄的3框卵脾和1日龄幼虫脾作为孵化区（见图3-7），用隔王栅分隔在靠蜂箱壁一侧，而另一侧用1张空脾作为产卵区。每天从孵化区抽出1张1日龄幼虫用于生产王浆（见图3-8），同时将产卵区内的1日龄卵脾放入孵化区孵化，在产卵区放入1张空脾供蜂王继续产卵。移虫后的卵脾放到产卵区（脾）边上补产12 h卵，再放入大群孵化（见图3-9）。

根据多王群群势的需要，适时地从大群中抽出即将出房的封盖子脾补充给多王群，以保持一定的群势。此方法所提供的幼虫日龄十分一致，能明显提高移虫的效率。

图 3-7　多王群为生产蜂王浆提供 1 日龄幼虫脾

图 3-8　多王群幼虫脾蜂巢中的 1 日龄幼虫

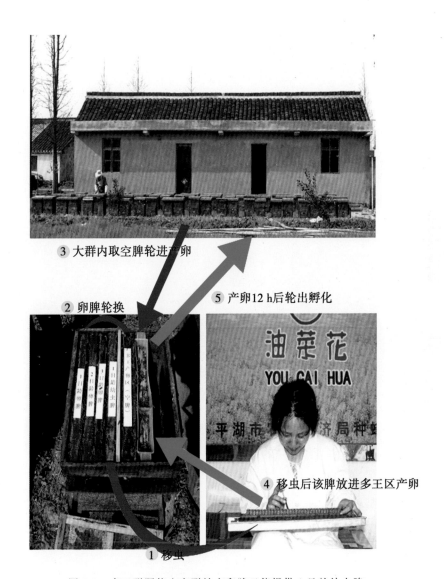

图 3-9 多王群既能生产群补充卵脾又能提供 1 日龄幼虫脾

第四节 多王群的越冬管理技术

一、多王群越冬需具备的基本条件

意蜂多王群的越冬管理与单王群一样。多王群安全越冬也需要具备四个方面的基本条件:一是要以适龄越冬蜂为主体组成强群;二是越冬饲料充足,质量优良;三是蜂群健康

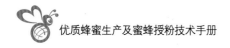

无病;四是越冬环境适宜。

二、意蜂多王群越冬应特别注意的事项

(一)蜂脾要相称

越冬开始前,多王群管理工作应由以利用多王产卵并抽取虫卵为蜂场生产服务为主,转到以多王群自身繁殖为主。如果多王群群势弱、蜂脾不相称,要从大群中抽取老熟的封盖子脾补之,达到蜂脾相称,有新的越冬蜂过冬。

(二)饲料必须充足

多王群越冬饲料必须充足,进越冬场地后要检查一次。若饲料不足,视情况补充1~2张封盖蜜脾,以免因饲料短缺而饿死;在检查的同时注意适当扩大蜂路,迫使蜜蜂结团、蜂王停产,减少工蜂活动和饲料消耗。

(三)不可关王

多王群越冬不可关王,应保持蜂王自然养成的越冬习惯,否则会产生失王等严重后果。由于多王群能集中几只蜂王在同一巢脾上产卵,蜂场可从多王群中获得整齐一致的子脾,既可常年为生产群提供子脾补群,维持生产群采蜜、产浆、采粉能力,是提高王蜂指数、维持强群的有效手段,也可为生产王浆提供日龄一致的幼虫脾。此外,多王群在生产雄蜂蛹方面也很有潜力。但是,养蜂生产本身是一门灵活多变的学问,多王群的饲养管理技术需要结合蜂场实际情况,灵活应用。

第四章 蜂群的基础管理

第一节 蜂群的标准化养殖

养蜂生产中经常而普遍运用的某些管理措施包括养蜂场地的选择与布置、蜂群的检查、蜂群的饲喂、蜂群的合并、人工分群、蜂王和王台的诱入、盗蜂的防止、巢脾的修造和保存、蜂团的收捕及蜂群的近距离迁移等事项。

一、养蜂须符合法律规定

(1)场址不得位于《中华人民共和国畜牧法》明令禁止区域,并符合相关法律法规及区域内土地使用规划。

(2)具备县级以上畜牧兽医行政主管部门颁发的《动物防疫条件合格证》,两年内无重大疫病和产品质量安全事件发生。

(3)具有县级以上畜牧兽医行政主管部门备案登记证明(养蜂证);按照农业部《畜禽标识和养殖档案管理办法》要求,建立养殖档案。

(4)符合《畜禽规模养殖污染防治条例》要求。

二、养蜂场地的选址与布局

(一)选址

(1)场址应选择地势高燥、背风向阳、排水良好、环境幽静、小气候适宜、交通便利、水电供应稳定的场所。

(2)距离居民区和主要交通干线 1 km 以上,蜂场周围 3 km 内无大型蜂场,以蜜、糖为生产原料的食品厂、化工厂、农药厂以及经常喷洒农药的果园。

(3)蜂场附近 3 km 范围内应具备丰富的蜜粉源植物。一年内至少有两种主要蜜源植物和多种花期相互交错的辅助蜜粉源植物。5 km 内无有毒蜜粉源植物。

(二)布局

(1)生产区、生活服务区分区布置,两区之间的界限明显。

(2)生产区包括饲养场、蜂机具和饲料存放室等;生活服务区包括工作人员的生活设施、办公设施等。

三、养蜂设施与设备

(一)蜂场

(1)场区与外界应有专门道路相连通。饲养场要求无杂草,土地平整,场地干净。蜂箱摆放左右应保持平衡,后部稍高于前部2~3 cm。蜂箱由支架承托,离地面20 cm以上。

(2)西蜂蜂箱的排列可单箱排列、双箱排列、多箱排列、圆形排列、矩形排列、U字形排列。具体排列方法可根据场地面积和地形而定。中蜂蜂箱的排列应根据地形适当地分散排列,各蜂群的巢门方向应尽可能地错开。中蜂和西蜂不能同时摆放在同一场地饲养。

(二)生产设施

(1)饲养西蜂应选用郎氏十框标准蜂箱;饲养中蜂应选用中蜂活框饲养蜂箱,如南川中蜂箱、中华蜜蜂十框蜂箱、GN式中蜂箱等。

(2)蜂箱、隔王板、饲喂器、脱粉器、集胶器、王台条、移虫针等应选用无毒、无味材料制成。

(3)巢础要求蜂蜡纯净,巢房的六角形准确,规格、大小整齐一致。

(4)饲料、药物等不同类型的投入品分类、分开储藏,设施设备完善。

(5)分蜜机应选用不锈钢或全塑无污染分蜜机。割蜜刀应选用不锈钢割蜜刀。蜂产品储存器要求无毒、无异味。

(三)防疫措施

(1)应保持蜂场清洁卫生,及时清理蜂尸、杂物,将清扫物深埋或焚烧,并在蜂场地面撒生石灰消毒。

(2)蜂箱、蜂具应定期进行消毒,及时淘汰霉变、被巢虫蛀咬和传染病发生后的巢脾。

(3)饲喂蜂群的蜂蜜、糖浆、花粉或花粉代用品应经灭菌处理。受重金属污染或发酵的蜂蜜、变质的糖浆、生虫的糖浆和花粉、霉变的花粉或花粉代用品不应用作蜂群饲料。

(4)场区入口远离蜂群摆放区,生产区入口有洗手消毒设施。

四、管理与防疫

(一)制度建设

(1)有生产管理、投入品使用、卫生防疫等管理制度,并上墙,严格执行。

(2)有不同阶段的蜂群生产管理规程。

(二)档案管理

(1)有生产记录档案,包括蜂蜜、蜂王浆、花粉、蜂胶及蜂王幼虫、雄蜂蛹的生产记录。

(2)有种王来源记录。

(3)有防疫档案,有消毒记录,记录保存三年以上。

(4)有病死蜂处理档案,包括病死蜂掩埋、焚烧无害化处理记录,记录保存三年以上。

(三)防疫管理

(1)进入生产区严格执行更衣、冲洗。

(2)饲喂蜂群的蜂蜜、糖浆、花粉或花粉代用品应经灭菌处理。受重金属污染的蜂蜜、霉变的花粉或花粉代用品不应用作蜂群饲料。

（3）患病蜂群不应用于蜂产品生产，根据病敌害监测结果制定防治计划，严格执行。

五、环保要求

（一）环境卫生

应保持蜂场清洁卫生，无蜂尸、杂物。蜂箱、蜂具应无霉变、被巢虫蛀咬和传染病发生后的巢脾。饲养人员应保持良好的个人卫生。

（二）废弃物管理

对病死蜂处理要能够达到国家、行业或地方标准规定的无害化要求；对病死蜂处理设施运行及效果进行定期监测，并真实、完整地记录。

（三）病死蜂无害化处理

配备有焚烧、掩埋等病死蜂无害化处理设施，或者委托当地畜牧兽医部门认可的集中处理中心统一处理，且有正式协议。有病死蜂无害化处理记录，记录要真实、完整。

第二节　蜂群的检查

一、全面检查

打开蜂箱的大盖及副盖，逐一提出巢脾进行检查，全面了解蜂群的内部情况，以便于采取相应措施。全面检查一般在越冬定群、春季检查越冬效果及转地前后进行，具体步骤有四步。

（一）开箱

检查蜂群时要手上、身上无特殊气味，最好穿浅色工作服，戴上套袖、面网，准备好起刮刀、蜂刷、割雄蜂蛹刀、检查记录本等。人站在箱侧或箱后，背对阳光，解开大盖，置于箱侧或反放地面上；手持起刮刀撬起副盖，反放箱前，副盖的一角搭在巢箱起落板上。

（二）提脾

用起刮刀的弯刃轻轻松动框耳，隔板向外侧移1～2框的距离，垂直提出巢脾，尽量不与相邻巢脾摩擦。如果巢脾满箱，要先提出一张巢脾暂时放在空箱里或立于箱前侧。提脾的方法是：用双手的拇指和食指捏住巢脾上梁两侧的框耳，垂直提起来，看完一面需要看另一面时，一手升高、一手降低将上梁垂直地竖起来，以上梁为轴，使巢脾向外转动半圈，然后双手端平，使下梁向上，巢脾的另一面即翻转到前面，看完之后再逆着上述顺序恢复原状放回箱中。检查时，务必使巢脾在蜂巢上方活动，不可任意将脾提到别处去看，防止蜂王和幼蜂失落箱外。

（三）观察

检查蜂群时，心要平静，眼睛要准，手要轻、快，行动要稳，聚精会神地仔细查看，不要因手忙脚乱而压死蜜蜂惹怒蜂群。万一被蜂蜇刺也不必慌乱，应放稳巢脾之后再拔螫针或洗去蜂毒气味。

（四）覆盖

全群检查完之后依次放好巢脾，盖好覆布、纱盖和大盖，注意蜂路、隔王板、隔板的复原及摆放，做好记录。

二、局部抽查

局部抽查是通过检查巢内的部分巢脾，从而了解蜂群内部的某些状况。优点是时间短，节省劳力，对蜂群的惊扰少。一般在气温较低或容易出现盗蜂时采用局部抽查。检查内容有四项。

（一）蜂脾关系

副盖上的蜂多说明蜂多于脾；蜂少说明蜂少于脾，此时，边脾外侧一般无蜂。

（二）储蜜多少

边脾有蜜或隔板内侧第三个巢脾上角有封盖蜜，说明储蜜充足；反之蜜蜂惊慌不安，提脾有蜂坠落，说明储蜜短缺。

（三）蜂王在否

从巢脾中央提脾，仔细检查后一般能找到蜂王；若找不到蜂王，检查房内是否有子，有子王便在；若没有卵虫，蜜蜂不断振翅，巢房内有一房多卵现象，说明蜂王已经丢失。

（四）蜂子发育

从偏中部位提1～2脾，幼虫丰满、晶亮，发育良好；干瘪、变色、变形，发育不良。

三、开箱检查注意事项

（1）穿浅色工作服，最好戴蜂帽，身上不能有农药、化学药品等异味；一旦被蜇，切勿惊慌，初养蜂者首先不要怕蜇，逐渐锻炼得少挨蜇或者不挨蜇。

（2）盗蜂多的季节，少查或不查，必须检查的话可在早晚进行，并注意对洒落在箱外的糖汁、蜜汁立即进行水冲土埋处理。

（3）操作时做到"一短、二直、三防、四轻稳"：一短，时间短；二直，提脾、放脾直上直下；三防，防挡住巢门，防压死蜜蜂，防任意扑打蜜蜂；四轻稳，提脾、放脾、揭盖、覆盖轻稳。

（4）刚开产的蜂王易惊飞，此时应停止检查，并撤离蜂箱周围。蜂王会在工蜂招引激素的作用下返巢。

第三节　蜂群的饲喂

一、喂蜜

（一）补助饲喂

对缺蜜的蜂群喂以大量高浓度的蜂蜜或糖浆，使蜂群免受饥饿，从而维持正常生活。晚秋未采足越冬蜜，其他季节遇较长的断蜜期，而每个巢脾上的储蜜不足 0.5 kg 时都应进行补助饲喂。

补助饲喂方法如下：

(1)补蜜脾，每次 1～2 张。

(2)喂蜜，成熟蜜 2～4 份，水 1 份，灌脾或饲喂器，每次 2 kg 至喂足。

(3)喂糖，优质白砂糖 2：1，加 0.1％的酒石酸。

(二)奖励饲喂

当蜂群内有较多的储蜜时，再喂以少量稀薄的蜜水或糖浆，以刺激蜂王产卵、工蜂育虫。

方法：成熟蜂蜜 2：1 或优质白砂糖水 1：1，每次 0.5～1 kg。

二、喂粉

培育 10000 只蜜蜂，要消耗 1.2～1.5 kg 花粉。花粉可以提供给幼虫及幼蜂蛋白质、矿物质等营养物质，提高机体免疫力。喂粉可采取添加粉脾，也可将蜂花粉用少量温水泡开后做成花粉饼或搓成花粉条放在纱盖、框梁上，还可将花粉放在场地周围，于其上洒少许水，让蜜蜂自由采食。

三、喂水

箱内喂水可采取饲喂器饲喂，白天喂水，晚上喂蜜；高温天气可在纱盖上放浸水海绵或毛巾；转运途中可在箱内加水脾；在巢门喂水或在场地周围设喂水池。

四、喂盐及维生素

在喂糖和喂水的同时添加少许盐、维生素 A、维生素 B、维生素 C 等。

第四节　蜂群的合并

蜂群合并时，最大的问题是蜂群的气味问题。蜂群的气味是由花蜜、花粉和群体气味组成的。在蜜粉源丰盛的季节，花蜜和花粉味能掩盖群体本身的气味，所有蜂群的气味几乎相同，所以蜂群合并则比较容易；在非流蜜季节，蜂群的气味主要就是群体本身的气味，而每个蜂群的气味是不同的，所以蜂群合并比较困难。因此，应根据不同季节采取不同的合并方法。

一、直接合并

直接合并是将受并群蜜蜂调整到蜂箱的一侧，再将被并群蜜蜂带脾放到受并群蜂箱内的另一侧。两群之间隔一框的距离，或以隔板暂时隔开。次日，两群的群味混同后，即可将两侧的巢脾靠拢并抽出多余巢脾，盖好箱盖，合并即告成功。适用于刚搬出越冬室、大流蜜期间或者长途转地刚到场的蜂群。

二、间接合并

间接合并就是要人为地创造一个短时间内蜂群气味相同的环境,使蜂群顺利合并。

(一)铁纱盖或报纸法

在受并群蜂箱上加一个继箱,将被并群放在受并群的继箱内,中间以铁纱盖相隔,或以报纸(事先打几个小洞)相隔,等第二天合并成功后撤掉铁纱盖或报纸(已经被咬碎),抽出多余巢脾,撤掉继箱。

(二)白酒法

将受并群移至蜂箱一侧,在空隙处洒白酒 8～10 滴,将被并群蜜蜂带脾放到受并群蜂箱内另一侧。两群之间隔一框的距离,或以隔板暂时隔开。关巢门 1 h 后打开巢门。次日检查蜜蜂并抽出多余巢脾。

(三)喷烟法

类似白酒法,只是在被并群与受并群合并之前先用喷烟器在受并群内喷些许烟,以改变巢内气味。

三、注意事项

合并蜂群如果操作不当很容易引起两群蜜蜂互殴,所以在合并之前要注意以下几点:

(1)以弱群并入强群,以无王群并入有王群。如果两群都有蜂王,要先捉掉一只差的蜂王,留下好的蜂王。

(2)宜在傍晚进行,以免引起盗蜂。

(3)要合并的两群蜜蜂是相邻群。在合并之前要进行渐进移动,两群同时进行靠拢,直至两群相距很近时再进行合并。

(4)失王很久的蜂群,巢内老蜂多,卵和幼虫等子少,这样的蜂群不容易合并,合并之前最好先补 1～2 张虫脾,过 1～2 天再进行合并。

(5)安全起见,合并之前最好用王笼关起蜂王,合并成功再放出蜂王。

(6)无王群于合并前半天仔细检查有没有改造的王台,一旦发现尽量毁除。确有台型很好的改造王台也可以保留,作为新合并蜂群的蜂王,但要注意老蜂王的安全,新王出台之前一定移走老蜂王。

第五节　人工分群

从一个或几个蜂群中,抽出部分蜜蜂、子脾和蜜脾,组成一个新分群,叫"人工分群"。人工分群可增加蜂群数量,有效防止自然分蜂。但必须是强群分群,否则只能是愈分愈弱。人工分群可分为两种方式。

一、单群平分(均分)

将一个蜂群按等量蜜蜂子脾和蜜脾分成两群,其中一群保留原有蜂王,另一群次日诱入一只产卵蜂王。

优点:分开后的两群都由各龄蜂组成,不至于破坏蜂群的正常活动和工作,日后群势增长也较快。

缺点:蜂群由强变弱,生产力明显下降。因此,单群均分只能在流蜜期到来之前的45天左右进行。

注意事项:分群后的无王群不宜引入王台,因为待新王出房交尾至产卵,需11~12天的时间,而在此期间,新分群的哺育力得不到充分发挥,将影响蜂群的发展,万一处女蜂王交尾不成功或死亡,损失就会更大。根据群势强弱还可以进行单群偏分或单群多分。

二、混合分群

利用若干个强群中的一些带蜂成熟子脾搭配在一起,组成新分群。新分群可诱入产卵王或成熟王台。从具有2 kg蜂和7框以上子脾的蜂群各抽1~2框成熟子脾,组成一个具有4~6框带蜂子脾的新分群。

优点:可从根本上解决分群与采蜜的矛盾,还可改变强群内的环境条件,防止分蜂热的发生,使原群处于积极的工作状态。

缺点:容易扩散蜂病,因此只有当分群无病时才能用此法。

第五章　蜂群的四季管理

第一节　春季管理

早春气候寒冷,天气多变,能否做好早春蜂群的管理,直接关系到能否更加有效地夺取春季蜜源,使早春蜂蜜丰产。

一、适时进行越冬蜂早春排泄

(一)做好越冬蜂早春排泄的重要性

随着外界气温的逐渐回暖,要抓住有利时机适时进行越冬蜂排泄,尽快使越冬蜜蜂脱离越冬消耗进入勃勃生机的繁殖期。经过排泄的蜂群再通过一定的科学管理,便可提高繁殖效率。寒冷地区的早春气候变化无常,能够适合越冬蜂群排泄的气候条件不多,一定要时时关注天气变化,抓住有利时机,及时进行越冬蜂群排泄,解除越冬蜂肠道负担,使越冬蜂尽快脱离危险。只有根据天气变化情况来科学地管理蜂群,才能化被动为主动,降低蜂群越冬造成的损失。根据气候条件安排蜂群排泄,对于正常越冬的蜂群应以当地蜜源出现前的 20~30 天进行为宜,但对于越冬不正常的蜂群,排泄时间应该越早越好,以减少损失。

(二)室内越冬蜂群

室内越冬蜂群对外界气候适应性差,只有当外界气温在 7 ℃以上、风力 2 级以下,或外界气温在 10 ℃以上、风力超过 2 级的晴暖天气才能搬出排泄。在上午 10 时以前,把蜂群搬到场地上分散摆放。当蜂群陈列在场地上适应 30 min 以后,再依次打开蜂箱巢门,放蜂飞翔排泄。

(三)室外越冬蜂群

室外越冬蜂群对外界气候适应性强,当外界气温在 5 ℃以上、风力 2 级以下的晴暖天气就能排泄。排泄时,在原有蜂群越冬的基础上,要提前撤掉蜂箱前部、上部保温遮挡物,使阳光直接照射到蜂箱上,以提高越冬蜂对外界气候的感知。在打开蜂箱巢门或保温遮阴物前,要先在蜂箱前面铺上一层草帘或干草、棉毡等,用来隔离地面的凉气,防止蜜蜂飞回蜂巢时直接落到地面上而因冻僵致死,降低越冬蜂的损失。

（四）注意环境设施，以防造成蜜蜂损失

越冬蜂排泄环境附近如有不利设施也会给蜜蜂造成损失，像各家各户建有的房屋、塑料棚、彩钢房、仓房，如果封闭不严，极易造成蜜蜂进入后再飞出时飞到有光亮的塑料或玻璃上出不来，直至累饿而死。

二、早春蜂群的检查

（一）检查时间

一般情况下，应选择在当地气温达到 5 ℃～6 ℃而且相对稳定的时候开始准备春繁工作。蜂群检查须选择在晴天进行，白天气温达到 14 ℃左右就可以进行全面的检查（见图 5-1）。检查项目包括蜜蜂是否充足、蜂群是否失王、蜂群中的蜜粉是否还有剩余等。如果发现问题，要及时处理，同时别忘了保温。在温度还没有稳定下来的时候，蜂箱内的保温物不能撤除，并且保持蜂多于脾。

图 5-1 蜂群检查

(二)防止倒春寒流

由于春季气候不稳定,往往会出现已经暖和了一段时间又出现寒流天气的情况,所以要保持蜂群中的蜂多于脾(见图5-2)。由于部分蜜蜂在冬季死亡,造成蜂群内的蜂脾比例不对称,这可以通过减脾的方式来实现蜂群中的蜂多于脾,一般减少1个蜂脾即可。

图 5-2 蜂多于脾

(三)蜂箱内的布局

由于初春蜜源植物少,天气多变,我们还应该给蜜蜂提供足够的蜜粉脾,促进蜂王产卵。至少要有1张大蜜粉脾、1张空脾,主要供蜂王产卵,其余的可以用半蜜脾进行填充。如果天气突然寒冷,要注意补充喂养。布局好以后,蜂箱隔板外侧要用草把进行填充,以便于蜂箱内保温。

对于蜂箱的外部管理,早春的时候可以在巢框的上方覆盖一层薄膜或覆布,然后盖上纱网,网上盖两层报纸,以利于吸收水分,最后再盖上草帘,同时要注意避免保温物遮挡巢门。在早春时,如果不是很寒冷的地区,蜂箱的外保温可以不做;而在北方较为寒冷的地区,内保温和外保温都要做好。

对于春繁,一般根据具体的区域来确定春繁的蜜蜂数量。对于较为寒冷的地方,春繁蜂群要求蜂量大,四五框的蜜蜂开始春繁;对于比较暖和的地方,可以适当减小群势进行春繁。

(四)检查注意事项

在检查蜂群的时候一定要注意穿好特制的服装,戴上防蜂帽,将袖口与裤脚扎紧。在检查的时候,要注意所处位置,不要阻挡蜜蜂的巢门和飞行路线,否则容易激怒蜜蜂,出现蜇人现象。因此要在蜂箱两侧进行开箱，在蜂箱侧面进行检查，而且要保证有一定光照，以便能够更好地观察巢脾（见图5-3）。在开箱的时候，对于那些示威的蜜蜂不要管，要安静地站在那里，过一段时间后它们便会飞走，否则容易被蜇。如果被蜜蜂蜇了，要用手指甲刮出毒针，不要用手捏。刮出毒针后，涂抹上肥皂或洗洁精。

图5-3　检查巢脾

　　在检查时手脚要快，尽量缩短检查时间，防止出现盗蜂现象。在提出巢脾的时候，要注意轻拿轻放，保持稳定。检查完后放入巢脾盖盖子的时候，要注意避免挤压到蜜蜂，否则会激怒蜜蜂，导致被攻击。而且蜂群产卵孵化的温度在35℃左右，开箱时间越长，对幼蜂的生长越不利。如果被蜜蜂蜇到，要先轻轻放好巢脾，再拔毒刺，不可丢弃巢脾，否则也极易引起蜜蜂群攻。

三、促进蜂王产卵

（一）奖励喂养

在早春保暖工作准备好以后，可以进入春繁阶段，也就是促进蜂王产卵。促进蜂王产卵最简单的方式就是奖励喂养。在喂养的同时要保证蜂群内蜜粉充足，一般采用 1：1 的糖浆进行连续奖励，奖励 3～4 个晚上即可。如果早春气温过低，不便于巢内喂，可以采用巢门饲喂，尤其是遇上连绵阴雨的天气，更要注意饲喂工作。

早春巢门饲喂时，可以将饲喂器放在巢门口，将糖浆加进去喂养，大的一边加糖浆，小的一边加水，加水的时候可以加入少量食盐，一般 0.1% 左右即可。喂养的原则是少量多喂，避免蜜压子。

（二）避免潮湿

经过一个冬季，蜂箱中的保温物容易变得潮湿。对于早春来说，蜂箱内潮湿容易引发疾病，所以应该在晴朗的中午将保温物取出来进行晾晒，同时通过控制巢门开关大小来保温和散热。

（三）预防产卵不均

由于要促进蜂王繁殖，所以在早春季节应该保持蜂多于脾，同时将蜂路控制在 8 mm 左右，尽可能地在不加脾的情况下让蜂王在产卵的子脾上产卵。此时蜂王产卵的特点是在蜜蜂多的地方产卵和在中间产卵，这样就容易造成 1 张子脾上一边有卵、一边无卵的情况。对于这种情况，可以通过将子脾前后对调的方式来保证蜜蜂在整张蜂脾上产卵。如果子脾边角蜜太多，可以将边角蜜的封盖刺破让蜜蜂吃食，同时这也扩大了产子圈。

（四）扩大蜂群

扩大蜂群是在外界气温升高，已经有蜜源植物开始流蜜，而且蜂群中开始有幼蜂出房的时候进行。此时蜂群已经拥有一定规模，可以增加巢础造脾。缩小蜂路到 6 mm 左右，保持蜂多于脾，促进蜂王产卵。当气温达到 10 ℃以上且相对稳定，蜜蜂达到 5～6 框蜂量的时候，可以撤除保温物。撤除的顺序是先内后外。

四、蜂王及蜂群的管理

（一）育王

在当地气温达到 10 ℃以上，而且相对稳定时进行育王。先培育雄蜂，然后根据气候变化选择育王时间，一定要考虑到蜂王的交尾。对于流蜜期还在采蜜的蜂群，可以在流蜜期到来的七天进行育王。如果要在流蜜期结束以后育王，时间控制在流蜜期结束前的一周。对于换王后蜂群比较小的情况，可以通过提强补弱的方式来达到群势的均匀。

（二）换王

春季是最好的一个换王时间。春季温度暖和，蜜源植物丰富，此时育王不但质量高，而且成功率高，所以可以在此时进行一次育王，对蜂场内的蜂王进行整体更换。

五、蜂群春季逐月管理要点

（一）1月蜜蜂养殖要做的主要事情

本月平均气温为−4 ℃～5 ℃，极端最低气温为−20 ℃～−11 ℃，是全年最冷的月份。蜜蜂处于越冬期。

本月蜂群管理措施如下：

（1）前期保持蜂群安静，严防震动，保持蜜蜂处于冬眠状态。中旬开始打扫场地卫生，箱底垫 10 cm 以上的稻草等保温物（见图 5-4）。

图 5-4　春季蜂箱保温、巢门前放水容器

（2）细心观察、判断蜂群的内部情况，严防饲料蜜结晶后蜂群被饿死；蜂箱、蜂具清洗干净，并且进行严格的消毒处理。

（3）巢门前放水容器，内盛满 5‰ 的盐水，水面上放柏树叶或松针（叶），供工蜂采集并时常添加、长年不断。

（二）2月蜜蜂养殖要做的主要事情

本月平均气温为−1 ℃～8 ℃，暖日的中午可达 8 ℃ 以上，最低气温仍然在零下。本月主要任务是奖饲蜂群，促使蜜蜂排泄飞行，加速繁殖第 1～2 代子，扩大子圈，更替老蜂。

本月蜂群管理措施如下：

（1）密集蜂团、集中哺育力是早春繁蜂的重要原则。始终保持蜂多于脾，蜂路仍然保持 15 mm，不人为调子脾，不随意加脾，用密集的蜂护子脾，维持巢内恒定的温度、湿度，力争第一代子健康，为培养强壮的樱桃、油菜采集蜂打下良好的基础。

(2)2 月 4 日左右,在晴天的中午紧脾至 15 mm,放王。及时观察蜂箱内蜜粉脾的饲料是否充足,饲喂糖浆促使蜜蜂排泄飞行。此时外界无粉,气温极低,喂虫要少;阴天及气温在 12 ℃以下则杜绝奖饲促飞。紧框,使蜂多于脾,前后侧梁有蜂密集护严,这是 2 月繁蜂的主要措施。弱群应毫不犹豫地合并;撤除纱副盖,上梁横放 2 根直径 1 cm 粗的木棍(长度根据群内蜂脾多少来决定长短)做巢脾上梁的"过桥"棍,加盖覆布;覆布上面和隔板外边都安放草帘,做好内保温,促繁殖。

(3)合并失王群,淘汰产雄蜂卵的劣王。杀掉劣王 2 天后与邻近蜂群合并,2 月 4～14 日在中午气温达到 14 ℃以上,最好 15 ℃左右时进行普查。每群有 3 足脾蜂开繁。治螨治病,奖饲蛋糖混合营养液。缩小巢门,既要保持箱内空气对流,又要防止盗蜂入侵。

(4)2 月 10 日开始喂花粉。当花粉吃完后,立即补粉,一般间隔 7 天,把粉搓成条,放置在两框上梁之间,隔日一次(见图 5-5)。奖饲糖浆时看消耗了多少粉,酌情添加粉条。加粉条比加粉脾操作更简便。

图 5-5　蜂群饲喂花粉

(5)禁止在气温低于 14 ℃时提子脾查看,以免造成巢内降温及冻坏子脾。必须检查时,也只能把脾一端向外侧移出 10 cm 左右快速从侧面察看。提脾检查应选择晴暖天气、气温在 14 ℃以上的中午。当巢门前有蜂爽飞时,把脾快速提起查看,查子圈、查病、查储存饲料。

(6)不断更换隔板外侧消耗了的花粉脾,同时可加入蛋糖混合营养液。制法:500 g 白糖、300 g 水,加入 2 个事先调匀的生鸡蛋,可喂 4 群;奖饲要适量,隔日一次;过多压缩卵圈,过少繁蜂不健康或者子面少。

（7）若粉脾不足，还可用黄豆粉加花粉做成人工花粉脾，或饲喂代用花粉、发酵蜂粮等，同时饲喂蛋糖混合营养液的繁蜂效果会更好。人工花粉配比：黄豆粉3份、花粉1份、蜜或糖浆适量。先把黄豆炒熟打成粉，再把花粉浸泡在适量温蜜或糖浆中，花粉团散开后，加入3份黄豆粉拌匀，装入巢脾四周巢房，卵圈部分用报纸剪一椭圆形纸片盖住，用毛刷捣实，最后在粉面上涂上一层稀蜜水，放置在隔板内侧让工蜂加工、取食，也可直接搓成粉。

（三）3月蜜蜂养殖要做的主要事情

本月平均气温为6 ℃～16 ℃，樱桃、杏、桃、油菜等植物相继开花，是蜂王产卵的强盛时期。月初是蜂群更替结束后的增殖期，抓紧在晴暖日扩巢。隔板内侧边1脾上有王产卵后必须重加1张半蜜脾作边1脾，原来的边1脾作边2脾，依此类推，争取在本月10日前满箱，中旬普遍上继箱。樱桃花（见图5-6）一般在3月25日流蜜，最早年份是3月中旬。查看蜂箱内的蜜粉是否充足，及时加入上一年度储备的蜜粉脾。

图5-6 蜜蜂采集樱桃花蜜

本月蜂群管理措施如下：

（1）本月的粉源逐渐充足（见图5-7），气温也逐渐回升，可以把加在隔板外侧的饲料脾在适当的时候撤出，或加入隔板内侧让蜂王产卵。蜂路从3月18日（见群内有新粉进入，10只归来蜂有5只带粉时）开始由15 mm缩小到10 mm。继续饲喂蛋糖混合液和花粉条，加快繁殖速度。

图5-7　春季蜜粉源植物——油菜

（2）3月中旬越冬蜂基本交替结束，樱桃、桃等植物粉源丰富。下旬从25日开始，当蜂在隔板外侧的粉、糖饲料脾上达2/3时，就把这框粉、糖饲料脾调入群内作边1脾，进行首次扩巢加脾。隔离板外侧另放一粉脾，仍然隔日一次灌糖浆至此脾中，奖励饲喂蜂群。待隔离板外侧饲料脾上的蜂又达2/3时，可加第二框脾，进行第二次扩巢，第二框脾加入隔板内侧作边2脾。当然，也可以按《数控养蜂法》中介绍的加脾公式加脾：12－脾数＝加脾间隔日。

（3）始终保持蜂多于脾，防止因护脾不力冻伤卵、虫，边脾不足7成蜂的群暂缓加脾。

失王群、不产卵和产雄蜂卵的群仍然杀掉劣王后合并。

（4）当在 3 月底满箱时，可抽 1 张蛹脾与弱群的卵、虫脾对换，使强、弱群均衡发展。3 月 31 日至 4 月 5 日选择晴暖天气，在 10 时至 16 时调整群势统一上继箱，每群达 9 框蜂、7 框子后组织生产群，加上继箱成双箱体群势，抽 3 框蛹脾、2 框粉脾上继箱，形成上 5 下 6 的生产群，巢、继箱之间加隔王板，脾数不足的用蜜脾或空脾补充，蜜脾或空脾应加在子脾边上。上、下隔板外边再加草帘作保温板，继箱覆布上面加盖草帘。6 天后当巢箱隔板内边 1 脾有 5 成蜂，并且边 1 脾产有少量卵后，再加 1 张蜜脾作边 1 脾，顺便提 1 蛹脾上继箱，形成上 6 下 6 的生产群。当边脾蜂量充足时，巢、继箱各在箱壁侧的边 2 脾位置各加 1 空脾或巢框，形成上 7 下 7 的生产模式。从 3 月 25 日开始，每日脱粉 2 h，直至大流蜜止，同时可提 1 框小虫脾上继箱取浆；每隔 6 天用巢箱子脾与继箱中基本出尽蜂的空脾对换。继箱中单王群保持 2～3 张蛹脾，双王群最多不超过 4 张蛹脾。做到脱粉、取浆、取蜜、蜂群加脾同时进行。大流蜜期（约 3 月 25 日）可在继箱隔板内侧边 1 脾位置放穿丝空框架收取蜂蜡；放宽蜂路，巢箱 12 mm、继箱 18 mm，弱群不能作生产群的可保持 4～6 框作繁殖群，同时加巢框造脾，因小群造脾雄蜂房少，待造成半成品后提出备用；也可用蛹脾补强生产群，繁殖群可留全场总群数的 1/3。

（5）若因越冬蜂群势普遍弱，在春天开繁时每群不足 3 框，则 3 框以下的蜂群抖掉多余的空脾后合并，组织成每边有两足框的双王群，多余的优质王储存起来备用；4 框的群要蜂多于脾，适当保温。每次奖饲要少，防止伤力、伤热，杜绝急于求成。在樱桃大流蜜前 15 天，达到 7 框足蜂而没有满箱的单王群可以用来作生产基本群，上继箱并加上隔王板。继箱中从不足 7 框的弱群调 2～3 框带蜂的蛹脾，两边各加上带蜂的 1 框蜜粉脾，组织成双箱体生产。以后每隔 6 天从巢箱提 1 张蛹脾上继箱，与出尽了的空脾对换，继箱中始终保持 2～3 框蛹脾。被提走子脾后而剩余的弱群可以组织双王群继续繁殖。纱盖上面加盖报纸，报纸上面再放大草帘继续保温。

（6）在强群开繁的年份里，下旬子脾较多，蜂量可达到 16 框以上。在本场继箱和空脾有空余的情况下，可上第二继箱，组织成春季双王三箱体采集群（巢箱放 8 框供双王产卵）。上面放隔王板，隔王板上面放第一继箱，继箱内放 2 框子脾，边上放 4 框空脾，中间下浆框取浆。第二继箱放在第一继箱上面，继箱内放 1～2 框子脾，边上放 5 框空脾，中间也下 1 浆框。这样，双王三箱体采集群就有 10～20 条浆条取浆，9 框空脾取蜜，拥有 11 框子脾、22 框足蜂的强大采集群势。大约在 4 月 15 日（也就是刺槐开花的前 10～20 天），彻底关王无虫化取刺槐蜜，可以达到事半功倍的效果。双王三箱体采集群蜜、浆产量是双箱体的 3～4 倍。单王群也可以上三箱体；巢箱 6 张脾、第一继箱 6 张脾，第一继箱上面放隔王板，隔王板上面放第二继箱，第二继箱放 6 张空脾，中间下浆框。除继箱 6 张空脾可取蜜外，巢箱、第一继箱边上的空脾仍然可以取蜜。蜂王在巢箱和第一继箱中上下自由产卵。

（7）樱桃流蜜的最佳气温在 20 ℃以上。气温达到 23 ℃以上时蜜蜂采集最积极。

（四）4 月蜜蜂养殖要做的主要事情

本月平均气温为 12 ℃～23 ℃，是蜂群迅速发展时期，也是蜂群迅速发展的关键时期。梧桐、桃、蓝莓（见图 5-8）等多种植物蜜源流蜜。

图 5-8　蜜源植物——蓝莓

本月蜂群管理措施如下：

（1）刺槐开花前的 10～20 天适当控制蜂王产子数量，保持 5 个封盖子，可以达到事半功倍的效果（见图 5-9）。

图 5-9　检查蜂群

（2）巢脾不足时加础造脾，巢脾足够时加空框收蜡。空框加在隔板内侧边1脾位置。在从巢箱向继箱调子脾时，注意选择造雄蜂房的劣质脾及老巢脾，把优质新脾加入巢箱产子，待5月刺槐流蜜结束后把继箱内的老巢脾和劣质脾提出化蜡。

（3）流蜜后期仍然要下浆框取浆，或者有计划地抽脾带蜂组织新分群，以防怠工或自然分蜂。

第二节　夏季管理

夏季是华北地区蜂群的主要产蜜和产浆季节，蜜粉源丰富。刺槐、枣树、板栗、荆条、玉米、芝麻、党参、向日葵、棉花等相继开花，蜜涌粉足，应集中力量夺取丰收。

一、强群采蜜产浆

5月上、中旬，华北地区的刺槐飘香，要组织强群采蜜产浆。双王群的将闸板换成隔板，将1只较差的蜂王幽闭起来。单王群的将旁边的弱群移走，让采集蜂飞回原址附近的强群中。该强群应加上继箱（见图5-10）。加脾时的总原则是蜂脾相称，或蜂略多于脾。

图5-10　继箱生产

二、流蜜阶段蜂群管理要点

主要蜜源花期蜂群管理应根据不同蜜源植物的泌蜜特点以及花期的气候和蜂群的状

况采取具体措施。流蜜期蜂群的一般管理原则是：维持强群，控制分蜂热，保持蜂群旺盛的采集积极性；减轻巢内负担，加强采蜜力量，创造蜂群良好的采酿蜜环境；努力提高蜂蜜的质量和产量。此外，还应兼顾流蜜期后下一阶段的蜂群管理。

（一）维持强群

1.处理采蜜与蜂群发展的矛盾

主要蜜源花期的蜜蜂群势下降得很快，往往在流蜜阶段后期或流蜜结束时后继无蜂，直接影响下一阶段蜂群的恢复发展、生产或越夏越冬。如果流蜜阶段采取加强蜂群发展的措施，又会使蜂群中蜂子哺育负担过重，影响蜂蜜生产。在流蜜阶段，蜂群的发展和蜂蜜的生产相矛盾。解决这一矛盾可采取主副群的组织和管理，即组织群势强的主群生产和群势较弱的副群恢复和发展。在流蜜期，一般用强群、新王群、单王群取蜜，用弱群、老王群、双王群恢复和发展。

2.适当限王产卵

蜂王所产下的卵约需40天才能发育为适龄采集蜂。在一般的主要蜜源花期中培育的卵虫，对该蜜源的采集作用很小，而且还要消耗饲料，加重巢内的工作负担，影响蜂蜜产量，因此，应根据主要蜜源花期的长短和前后主要蜜源花期的间隔来适当地控制蜂王产卵。

在短促而丰富的蜜源花期，距下一个主要蜜源花期或越夏越冬期还有一段时间，就可以用框式隔王栅和平面隔王栅将蜂王限制在巢箱中仅2~3张脾的小区内产卵，也可以用蜂王产卵控制器限制蜂王。如果主要蜜源花期长，或距下一个主要蜜源花期时间很近，在进行蜂蜜生产的同时，还应为蜂王产卵提供条件，兼顾群势增长，或由副群中抽出封盖子脾，来加强主群的后继力量。长途转地的蜂群连续追花采蜜，则应边采蜜边育子，这样才能长期保持采蜜蜂群的群势。

3.断子取蜜

流蜜阶段的时间较短，但流蜜量大的蜜源可在流蜜阶段开始前5天去除采蜜群蜂王，或带蜂提出1~2脾卵虫粉蜜和蜂王另组小群。第二天给去除蜂王的蜂群诱入一个成熟的王台。处女蜂王出台、交尾、产卵需要10天左右。也可以采取囚王断子的方法，将蜂王关进囚王笼，放在蜂群中。这样处理可在流蜜前中期减轻巢内的哺育负担，使蜂群集中采蜜；而流蜜后期或流蜜期后蜂王交尾成功，蜂群便有一个产卵力旺盛的新蜂王，有利于蜂群流蜜期后的群势恢复。断子期不宜过长，一般为15~20天。断子期结束，在蜂王重新产卵后、子脾未封盖前治螨。

4.抽出卵虫脾

流蜜阶段采蜜主群的卵虫脾过多，可将一部分的卵虫脾抽出放到副群中培育，还可根据情况同时从副群中抽出老熟封盖子脾补充给采蜜主群，以此增加蜂蜜的产量。

5.诱导采蜜

在流蜜阶段初期，可能会有一部分蜂群不投入主要蜜源的采集，仍然习惯性地采集零星蜜源，从而影响流蜜初期的蜂蜜产量。可采取诱导的措施，尽早地促使蜂群积极地投入到主要蜜源的采集当中。当主要蜜源花期开始流蜜时,应及时地从先开始采集主要蜜源的蜂群中取出新采集的蜂蜜,饲喂给还没有开始采集的蜂群。

6.调整蜂路

在流蜜期,采蜜群的育子区蜂路仍保持 8～10 mm。储蜜区为了加强巢内通风,促使蜂蜜浓缩和使蜜脾巢房加高、多储蜂蜜、便于切割蜜盖,巢脾之间的蜂路应逐渐放宽至 15 mm,即每个继箱内只放 8 个巢脾。

7.及时扩巢

流蜜期及时扩巢是蜂蜜生产的重要措施,尤其是在泌蜜丰富的蜜源花期。流蜜期间蜂巢内的空巢脾能够刺激工蜂的采蜜积极性。及时扩巢,增加巢内储蜜空脾,保证工蜂有足够储蜜的位置是十分必要的。流蜜阶段采蜜群应及时加足储蜜空脾。若空脾储备不足,也可适当加入巢础框,但是在流蜜阶段造脾会明显影响蜂蜜的产量。

8.添加继箱

扩大蜂巢应根据蜜源泌蜜量和蜂群的采蜜能力来增加继箱。采蜜群每天进蜜 2 kg,7～8 天加 1 个标准继箱;每天进蜜 3 kg,4～5 天加 1 个标准继箱;每天进蜜 5 kg,2～3 天加 1 个标准继箱。在一些养蜂发达的国家,很多养蜂者使用浅继箱储蜜。浅继箱的高度是标准继箱的 1/2～2/3。浅继箱储蜜的特点是储蜜集中、蜂蜜成熟快、封盖快,尤其是在流蜜后期能避免蜜源泌蜜突然中断时储蜜分散。浅继箱储蜜有利于机械化取蜜,割蜜盖相对容易;由于体积小,储蜜后重量轻,可以减轻养蜂者的劳动强度。我国生产分离蜜的蜂场很少使用浅继箱,这与我国目前的养蜂生产方式有关。如果要严格区分育子区和储蜜区,只采收储蜜区的成熟蜂蜜,提高蜂蜜产量,就需要使用浅继箱。储蜜继箱的位置通常在育子巢箱的上面。根据蜜蜂储蜜向上的习性,当第一继箱已储蜜 80% 时,可在巢箱上增加第二继箱,当第二继箱的蜂蜜又储至 80% 时,第一继箱就可以脱蜂取蜜了,取出蜂蜜后再把此继箱加在巢箱之上。也可加第三、第四继箱,流蜜阶段结束再集中取蜜。空脾继箱应加在育子区的隔王栅上。

9.加强通风和遮阴

花蜜采集归巢后,工蜂在酿造蜂蜜的过程中需要使花蜜中的水分蒸发。为了加速蜂蜜浓缩成熟,应加强蜂箱内的通风,具体措施包括流蜜阶段将巢门开放到最大限度、揭去纱盖上的覆布、放大蜂路等。同时,蜂箱放置的位置也应选择在阴凉通风处。

在夏秋季节的流蜜阶段应加强蜂群遮阴(见图 5-11)。在阳光暴晒下的蜂群,中午箱盖下的温度常超过蜂巢的正常温度范围,许多工蜂不得不在巢门口或箱壁上扇风,加强采水,因而降低了采蜜出勤率,甚至蜂群采水降温所花费的时间比采蜜所花费的时间还多。

10.取蜜原则

流蜜阶段的取蜜原则应为初期早取、盛期取尽、后期稳取。流蜜初期尽早取蜜能够刺激蜂群采蜜的积极性,也有利于抑制分蜂热;流蜜盛期应及时全部取出储蜜区的成熟蜜,但是应适当保留育子区的储蜜,以防天气突然变化,出现蜂群拔子现象;流蜜后期要稳取,不能将所有的蜜脾都取尽,以防蜜源突然中断,造成巢内饲料不足和引发盗蜂。在越冬前的流蜜阶段还应储备足够的优质封盖蜜脾,以作为蜂群的越冬饲料。

11.花期前治病治螨

处于流蜜阶段时,不能在蜂箱中用各类药物治病治螨,应杜绝蜂蜜受到抗生素及治螨药物的污染。流蜜阶段前在蜂群中使用药物,在摇取商品蜂蜜前必须清空巢内储蜜,以防残留的药物混入商品蜂蜜中。

图 5-11　蜂群遮阴

(二)防止分蜂热

流蜜阶段初、盛期应防止分蜂热,以保持蜂群处于积极的工作状态。在流蜜期,应每隔 5~7 天全面检查一次育子区,一旦发现王台和台基就全部毁除。在流蜜阶段需要兼顾群势增长的蜂群,还需要把育子区中被蜂蜜占满的巢脾提到储蜜区,在育子区另加空脾供蜂王产卵。

1.选育良种和适时换王

在人工育王时,选择不爱分蜂、能维持强群的蜂群作为种群和哺育群。老蜂王容易引起分蜂,应 1~2 年更换一次蜂王。

2.调入卵虫脾

老王继箱群在大流蜜期出现自然分蜂预兆时,不宜采取直接换新王的办法,而应通过毁除王台后突然调入卵虫脾的方法解除分蜂。具体做法是将蜂群内的王台除尽,从双王群中抽出 2 张不带蜂的卵虫脾加入,同时从老王继箱群内抽出 2 张蜜脾,放入摇蜜机摇出蜂蜜后,加入双王群中供蜂王产卵,以后隔 3～4 天调整一次。由于老王继箱群突然得到了大量卵虫脾,所以很快即消除了分发热。

3.对调蜂箱位置

将发生分发热蜂群的巢箱(带蜂而不带继箱),与 6 框蜂以下的平箱群对调位置。对调之前,应先将有分发热蜂群内的王台除尽。巢箱对调后,由于巢内状况突然改变,即可消除分发热。

4.夏季防止分发热

适时取蜜、加入巢础框造脾、破坏自然王台、驱杀雄蜂、加强通风、注意遮阴、不断取蜜、加入水脾等。

(三)预防敌害和农药中毒

流蜜阶段后期泌蜜量减少,而蜂群的采集冲动仍很强烈,使蜂群的盗性增强。因此,在流蜜后期应留足饲料、填塞继箱缝隙、缩小巢门、合并调整蜂群和无王群,还要减少开箱,慎重进行取蜜操作。

1.预防蜜蜂敌害

华北地区的夏季是各种敌害为害蜜蜂最严重的时期。白天有胡蜂、蜻蜓等,夜间有青蛙、茄天蛾等,应根据其习性进行捕杀。

2.预防农药中毒

夏季也是大量使用农药的时期,故场内应设喂水器,给以甘草绿豆汤,以利于消暑解毒。

(四)喷水降温增湿

在酷热的夏天,常用喷雾器在蜂箱上和蜂箱周围的场地上喷水,以降低温度,增加湿度。

(五)调整蜂群

(1)在流蜜期快结束时,采蜜蜂群与繁殖蜂群可互相调整。

(2)可再组织部分双王蜂群,使群势保持最佳状态,以免生产蜂群群势削弱,影响下一个花期的生产。

三、蜂群夏季逐月管理要点

(一)5 月蜜蜂养殖要做的主要事情

5 月平均气温为 19 ℃～29 ℃。刺槐(见图 5-12)初花期在 4 月底至 5 月 5 日,所以本月是收刺槐春蜜的黄金季节。5 月 10～20 日是采集槐花蜜的关键时期。同期还有其他槐花、丹参、梧桐、瓜花等蜜源。

图 5-12　蜜源植物——刺槐

本月蜂群管理措施如下：

(1)本月上旬在采蜜的同时要注意留足本月下旬及 6 月上旬约 20 天的饲料。防毒害，包括防采集有毒植物花粉、花蜜及农药中毒。若蜜蜂发生农药中毒，可 3～4 个蜂群喂 1 小片阿托品。

(2)强群中的蛹脾和小群中的卵虫脾对换(见图 5-13)，使新分小群迅速发展。合理利用平箱群，因为其在繁殖期可用生产群的子、蜂补强，形成生产群。流蜜期前逐步用平箱群的子、蜂反过来补助生产群，换王季节平箱群又可以作交尾群。流蜜前 15 天可以把 2～5 个平箱群合并为 1 个生产群进行生产。

(3)本月下旬无蜜源，缺粉，但又是培养枣树、荆条采集蜂的关键季节。为了繁殖出优质采集蜂，必须喂粉，奖饲糖浆或加鸡蛋的蛋糖混合液，保证有强壮的生产群采集枣花、荆条蜜。

(4)5 月 20 日左右挂螨扑 21 天。每挂一次螨扑，药效只能在 5 天内下螨。在 21 天中，至少挂 4 次螨扑才会有杀螨效果。也可用药剂喷蜂脾杀螨。彻底断子的治螨方法是：在 4 月 4 日蜂群还没有达到上三箱体的标准，而不能关王的年份，就在 4 月 14 日用王笼暂时先关王。4 月 15 日移虫，16 日复移当年第一批新台。4 月 24 日把每群王提出，集中关入储王框的同时剔除改造王台。27 日分配王台。在 5 月 5 日工蜂出尽时割去雄蜂蛹，用药剂喷洒 3 次，隔日一次。新王 29 日出房，杀螨即将结束时，新王最早开产的卵则刚开始孵化。没有换成功新王的群这时放出老王产卵。

图 5-13　强群生产

（5）巢脾不足时加础造脾，加雄蜂脾，防治大蜂螨。5月刺槐流蜜结束后把继箱内老巢脾和劣质脾提出化蜡。

（6）流蜜后期仍然要下浆框取浆，或者有计划地抽脾带蜂组织新分群，以防怠工或自然分蜂。

（7）在刺槐花结束前10天移虫，分群生产枣花、荆条蜜。

（8）自分交尾群开始，每6天育一批王。用小交尾群已产10天以上卵的新王更换生产群老王，直至全场全部换上优质蜂王为止。第一批处女蜂王交尾产卵10天以上后，介绍给生产群中因交尾失踪了处女蜂王的群。隔 2 天后重新给小交尾群介绍王台,并且建立蜂王档案,做好性能记录。

（二）6 月蜜蜂养殖要做的主要事情

本月平均气温为 23 ℃～32 ℃。6 月 1～15 日是本地的枯花期,自 5 月下旬至 6 月 15 日及时饲喂,部分地区有板栗花、野枣花等;中下旬有丹参、荆条等开花,开始流蜜到 7 月。

本月蜂群管理措施如下:

(1)6 月上旬继续喂花粉或奖饲加鸡蛋的糖浆,群内保持 8～9 框子脾。

(2)6 月 6 日左右,板栗(见图 5-14)、枣树开始开花,在此时抓紧脱粉 5 天。当 6 月 20 日荆条、丹参开花流蜜时收回脱粉器,以免因蜜蜂腹部膨大进不了脱粉器,影响采集和造成伤蜂。

图 5-14　蜜源植物——板栗

(3)在 6 月 5 日左右,限制蜂王产卵。单王群巢箱放 6 框脾、双王群巢箱每边放 3 框脾让蜂王产卵,其余的巢脾放入继箱。在流蜜早期及时取蜜。同时下浆框取浆。6 月 15 日后丹参、枣花、荆条相继流蜜,7 月下旬结束。

(4)在这期间视蜂场具体情况而定,可加础造脾,也可加空框收蜂蜡。

(5)箱盖开窗,以促空气流通。不要频繁开箱检查,以免影响群内繁殖温度及工蜂正常的工作秩序。检查蜂群时,不仅冬、春季要防子脾受冻,夏季还要防子脾受热。在四季管理中都要注意防止人为地破坏巢内恒定的温湿度。比如检查的时间过长,或者在检查中把脾距临时放得过大,脾与脾之间不能互相"保温"。还有的把继箱放在翻过来的大盖上,脾与脾之间放的间距不仅太大,而且蜂群在巢箱中有"干不完的活",继箱总不能及时回位。更有甚者,把子脾立起靠在箱外边,慢吞吞地去检查巢、继箱的其他蜂脾。这些都会影响子脾的等级质量,其结果是造成蜂场内四季"爬蜂",致使蜂群增殖缓慢,生产能力极度虚弱。

(6)在丹参(见图 5-15)、荆条流蜜后期中,拉宽继箱蜂路,每群平均留足 4 框封盖蜜作越夏饲料,其余酌情取出。荆条流蜜即将结束时,单王群巢箱仍然放 7 框,双王群巢箱放 8 框,让其产卵。

图 5-15　蜜源植物——丹参

(三)7 月蜜蜂养殖要做的主要事情

本月气温是全年最高的月份,可达 38 ℃以上,平均气温为 25 ℃～34 ℃,而且荆条等蜜源丰富(见图 5-16),是培养越夏蜂的最佳时期。

本月蜂群管理措施如下:

(1)蜂群遮阴防晒,在蜂箱周围洒水降温、增湿。

(2)流蜜期工蜂伤亡较重,故不能忽视繁殖;保持上 8 下 7 的群势,每隔 6 天可以提 1 框蛹脾上继箱与空脾对调,继箱保持 2 框(指单王群)子脾,强群度夏。

(3)在准备扩大蜂场规模的年份里,可适当奖饲、加础造脾(见图 5-17),多余子脾用来分蜂或者补助平箱群。每群留 6 框子脾,多余的子脾带蜂提出,每 3～4 足框组成 1 个新的分群,3 天后介绍王台。当新群产卵后,用强群多余子脾补助成 8 框群,每日不断奖饲。6 天后又从强群中提出多余子脾带蜂组织新蜂群,依此类推,以达到蜂场计划规模时的群数为止。

图 5-16　蜜源植物——荆条

图 5-17　夏季生产

　　(4)荆条蜜在 7 月下旬就基本结束了。这个时期的花粉丰富,玉米花粉也是主要的花粉源。如果是定地养蜂,且是在没有大面积益母草蜜源的地区,那就只能以繁殖蜂群为主了。

　　为了保持强群越夏,防止卷翅病发生,培养出强健的越夏蜂必须做到以下七点:

　　(1)蜂多于脾。

　　(2)狠治蜂螨,每隔 3 天一次,连续 5 次喷洒杀螨药或者挂"螨扑"片。

　　(3)留足越夏饲料,每继箱中要留有 4～5 框封盖蜜脾,不足此数时要补助饲喂。

　　(4)消灭胡蜂,白天蜂场不能无人,一见胡蜂就用蝇拍打死。

　　(5)一般少开箱检查,以免惊扰蜂群,多消耗饲料,或因改变蜂群中正常的温湿度而使出房后的幼蜂不健康,加重卷翅病的发生。

　　(6)本月底关王(见图 5-18)21 天(7 月 15 日至 8 月 5 日)。时间可以灵活掌握。假若中途蜂群有意外损失,可提前放王产卵。

　　(7)若遇某种疾病流行,或者受胡蜂严重为害、中毒等原因造成全蜂场蜂群普遍不壮,除对症治疗、彻底治螨外可以不关王,并且不断奖饲粉、蜜。至 10 月上旬要达到全场复壮,安全越冬。

图 5-18　关王

（四）8 月蜜蜂养殖要做的主要事情

本月最高气温可达 37 ℃以上，平均气温为 23 ℃～32 ℃。酷暑中度夏的蜂群比越冬更难管理，繁殖出的幼蜂常常发生较严重的卷翅病。通常的方法还是关王断子度夏，使蜂群减少活动，保存实力，安静越夏，断子后又可在秋繁前彻底治螨。

本月蜂群管理措施如下：

（1）关王后的第 6 日和第 10 日割除改造王台和雄蜂蛹。在 10 时前和 17 时后气温降低的时候快速进行。

（2）加强通风，打开全部巢门，遮阴，并结合喂水使脾降温；不允许太阳直晒蜂箱，使蜂群安全越夏。

（3）淘汰老王，合并弱群。

（4）防盗蜂，并且扑杀大小胡蜂。

（5）8月6日放王秋繁，在放王的同时削除还没有出尽的蛹。从本日起每晚奖饲不断：继箱群每次奖饲1∶1糖水250 g；平箱群每次150 g；如果群内严重缺蜜，可用2∶1糖水加倍饲喂。

（6）8月6~10日，用杀螨剂喷洒，提脾斜喷，至蜂身上有雾珠方可。隔日一次，连续3次。本月治螨彻底与否是培养越冬蜂成败的关键之一。

（7）8月1日至9月1日，这30天的玉米、益母草、五倍子（见图5-19）等粉源丰富，少雨年份也会流蜜。秋蜜色泽碧绿，略带苦味，为秋繁的蜂群提供了充足的蜜粉源。

图5-19　蜜源植物——五倍子

第三节　秋季管理

一、秋季蜂群管理要点

秋季是越冬的准备期，秋季管理的好坏直接影响能否安全越冬，也是翌年增产的关键，应围绕三个方面采取措施。

(一)培育越冬适龄蜂

越冬适龄蜂是秋季羽化出房,经过了爽身飞翔,未参与采集活动,保持了生理青春,最适宜越冬的蜂。

9月上旬奖饲——9月底扣王——扣至10月23日霜降——当蛹全部羽化出房,晴天20℃出巢爽飞。由于这些蜜蜂未参与采集活动,生理上较年轻,寿命较长,最长可达7个月,直到翌年枣花开花时,尚有10%左右的越冬蜂。

(二)喂足越冬饲料

霜降前后,对饲料不足的在几天内将其喂足,一个6框足蜂的越冬蜂应存蜜10~12 kg。注意:在傍晚喂蜂,以防盗蜂。

(三)彻底防治蜂螨

秋季气温下降,子脾减少,晚秋是治螨的最佳时期。晴天傍晚进行治螨,每隔3天一次,连续3次。有封盖子的应挑出单独处理。

二、蜂群秋季逐月管理要点

(一)9月蜜蜂养殖要做的主要事情

本月气温稳定下降,平均为19℃~28℃,益母草(见图5-20)、五倍子等野生零星植物从8月1日至9月1日流蜜,少雨年份可取部分蜜、花粉作饲料。繁殖适龄越冬蜂是本月的主要任务,下旬开始饲喂,储备越冬饲料。

本月蜂群管理措施如下:

图5-20 蜜源植物——益母草

1.培育越冬蜂

培育优质越冬蜂,是一年周期的开始。越冬蜂的质量直接影响翌年早春的生产及全年的总产值。在全年的繁殖周期中,秋繁及春繁都是相当重要的。尤其是在秋繁越冬蜂期,要注意幼虫的全营养饲喂,每日一次,可在傍晚及夜间进行奖饲。外界蜜粉源丰富时,可以只用糖浆奖饲。即使群内不缺饲料,也要用1∶1的糖水每晚奖饲,平箱群酌减,以蜜不压卵圈为准。用老蜂酿制奖饲过剩的蜜,并逐渐封盖、积存于继箱中,可逐步抽出留作越冬饲料。虽然在10月中旬后,黄花草(也称"千里光")、野菊花流蜜(见图5-21)时可以采足越冬饲料,但是有的年份若寒流提前来到时,10月底或11月初的一夜霜冻就可以把还未来得及流蜜的菊花全部冻死,越冬饲料便没有了保障,此时再补喂越冬饲料将严重消耗越冬蜂。另外,有的年份是暖冬,虽然可储足越冬饲料,但是往往伴随而来的是冬旱,蜜蜂会采集大量的甘露蜜混入其中,影响蜂群的正常越冬秩序,"爬蜂"遍地。本月超前喂足越冬饲料,是近几年来养蜂业中的一大改进,待继箱蜜脾封盖后,提出用硫黄熏蒸后另外封存。蜂群内剩余脾在11月甘露蜜结束后抽出取蜜,并且用快刀削除甘露蜜结晶部分,待来春樱桃等多种果树花期放入群内让工蜂修补,同时在12月1日前换入储存的越冬饲料脾。

图5-21　蜜源植物——野菊花

2.越冬蜂群势标准

繁殖越冬蜂一般在 45 天内,但应根据群势及气候情况灵活掌握。一般不加础造脾,不用新脾秋繁。

培养越冬蜂的标准:在秋繁结束关王时,每个双王群继箱群应达 14 足框蜂,子脾达 8 框以上,单王双箱体群至少达 7 框子脾。隔离板外及巢门踏板上要有多余的蜂结团栖息。

培育越冬蜂复壮的方法:单王群当蜂满箱且子脾达 6 框以上后,调 1 框蛹脾放入继箱脾中间,隔 5～7 天再调 1 框蛹脾放入继箱,巢箱用空脾补充,也可以从强壮的双王群中连蜂带蛹补强弱群。使继箱保持 3 框蛹脾、5 框蜜脾的上 8 下 7 的秋繁模式。

3.越冬蜂培育技术处理

秋繁越冬蜂时,因药害、胡蜂为害等原因造成蜂数下降的蜂群,低于 6 框的蜂群拆开与其他群合并。有 7 框以上的群可以不撤继箱,因本月气温较平稳,不会因为气温过高及过低影响繁蜂。可紧缩巢箱的脾,空脾放至继箱中,使巢箱繁殖区蜂数密集,继、巢箱之间仍然加隔王板。巢箱满粉的脾与继箱的空脾对调,不允许在子脾中间加空脾。群内有多大哺育能力就让蜂王产多少子,顺其自然。当蜂群壮大巢箱加至 7 框并产足 6 框子后,再把巢箱蛹脾与继箱空脾对调 1 框,同时用卵虫脾与强群蛹脾对换 1 框,以利弱群尽快强大起来。关王时每群仍然要达到 8 框子脾以上(见图 5-22)。

图 5-22　秋繁越冬蜂

4.培育优质健壮越冬蜂的总体原则

繁殖优质健壮蜂的总体原则是掌握好蜂、虫、脾的比例,调整哺育力、护脾力、产卵力三者之间的关系。每个养蜂技术员要明白蜂群内护脾力(包括保持巢内恒定温湿度,防盗、防敌害能力等)及哺育力是首要的,蜂王产卵力是其次的。这里面有个相对的问题,不是说不需要培养高产王,而是只有在蜂、脾比例不失调的情况下,发挥蜂王产卵的积极性才是重要的。高产王乃是蜂群的动力,决不可忽视。假如蜂、虫、脾比例失调,脾多于蜂,不仅会造成幼虫哺育力不足,而且打破了适应幼虫正常生长发育的温湿度,培育出来的蜂即使完全可以出房,在第一次试飞后就回不到蜂群中了,形成一种"爬蜂"现象。但和爬蜂病有本质的区别,即使试飞后可以还巢,也是短命的低能儿。其结果是增加了饲料的投入,并且增殖缓慢。因此,提高护脾力、集中哺育力、控制产卵范围是繁殖优质蜂的重要原则。

5.秋繁壮群

(1)适时秋繁。在 10 月 1 日后,由于野荆芥(俗称"皮狐骚",见图 5-23)及菊花相继开花,在这些晚秋蜜源的刺激下,蜜蜂仍然要出巢采集,所以这时要控飞是很难的,然而因采集会损失近半的蜜蜂。如果推迟繁蜂时间也不行,因 11 月上旬气温已在 10 ℃左右,排泄飞翔的幼蜂会被大量冻僵。10 月上旬后气温越来越低,卵圈越来越小。若延迟繁蜂时间,最后出房的健康幼蜂更少,越冬后的蜂群更弱。

图 5-23　蜜源植物——野荆芥

(2)保证群势。早春第一个蜜源——樱桃等多种果树花流蜜的最早月份是 3 月 20 日左右,春繁近 2 个月,因气温又极不稳定,所以要在 2 月 4 日保证有 3 框足蜂开繁最好;低于 3 框足蜂开繁,在樱桃花流蜜时不能复壮,因此在寒露前关王断子时要有 5 框子脾、8 框蜂才能保证樱桃花期稳产。

6.奖励饲喂

奖饲要在天黑进行,注意不要蜜压卵圈,特别是平箱群,上梁有两指宽的蜜即可,继箱群每晚 250 g 糖浆,平箱群酌减,并要缩小巢门,注意防盗。

(二)10月蜜蜂养殖要做的主要事情

本月气温稳定下降,平均为12℃～22℃,下旬降到15℃以下。蜜源植物有皮虎草、山花、茶花。本月是收取秋蜜的旺盛期,也是关王断子后彻底治螨、为蜂群稳定度过寒冬的准备时期。缺乏蜜源植物的地区在本月上旬及时补喂,储备足够越冬饲料和春繁饲料。

本月蜂群管理措施如下:

(1)10月10日前关王断子,10月16日清除王台。当观测到凌晨最低气温达10℃时关王(见图5-24),间隔10天后清除王台。若蜂场规模小或者有富余人员时,以在关王后第2天、第6天、第10天按常规清除3次王台较佳。

图5-24 关王断子

（2）在关王断子后第10天清除最后一次王台时，调整全场子脾。不足5框的群（这时已经出完约3脾蜂）可杀掉劣王，合并弱群。关王10日时，全场总子脾数÷5＝应留群数。

（3）保持箱内温度。关王第10天把空脾调两边，子脾调中间，保证最后一批子脾健康出房。

（4）适时关王。因为幼蜂从卵到羽化出房需21天，关王后的最后一批幼蜂要到10月31日方可出完，这时还有调整蜂群及连续治螨3次等大量工作。如果时间拖后，根据经验，大部分年份在11月初气温就会剧降，并且阴雨连绵，最高气温往往在12℃以下。假如10月底以前治螨工作不结束，到11月初来治螨的话，就会因此而冻死很多蜂，所以要在10月10日前关王，10月31日割开未出完的蛹，且彻底用杀螨剂喷第一次药，11月2日治第二次螨，11月4日治第三次螨。拉宽蜂路至20 mm，调蜜脾至中间，少蜜的脾调两边。王笼吊在脾靠前1/3的地方（王笼上栓一细铁丝，铁丝约7 cm处绑一小棍，小棍横于两脾之间），使王笼左右的脾数基本相等。挂王笼的蜂路可拉至25 mm。粉脾调入继箱，待蜂把剩余的蜜搬尽抽出另外保存。

（5）如果蜂场规模较大，10月10日关不完场中蜂王时，10月5日就可以开始进行分批关王、分批清除王台、分批治螨等各项工作。把全场蜂群按位置分成4～6组，每组10～20群。这样就不会把应关王及应清除王台的日期搞混淆。当然，更重要的是要做好工作记录。

（6）如果在10月以前因特殊原因没有储备足越冬用的封盖蜜脾（见图5-25），应该在10月16日开始喂越冬饲料。在最后一批幼蜂出完前，就应该结束喂越冬饲料。

图5-25 越冬封盖蜜脾

(7)10月31日之前要做到：每群蜂蜂路放宽至17～20 mm。每张脾应有一掌宽的封盖蜜。王笼应吊挂在蜂团中间。群内没有大、小蜂螨,没有疾病。本月不撤继箱,严防伤热。

第四节　冬季管理

一、冬季蜂群管理要点

华北地区的冬季气温一般在－15 ℃左右,只要做好越冬准备工作,饲料充足,保温适宜,群势强壮,蜂王年轻健康,环境洁净,无病敌害,蜂群就能在室外越冬。好的越冬场地要背风向阳、地势高燥、环境安静,远离粮仓草垛,不断子的蜂王幽闭起来,强迫其停产,以利于蜜蜂结团越冬。布置好越冬蜂巢,布置原则是蜂多于脾,每脾上至少有2500只(0.25 kg),巢脾用一年以上的,保温效果好。排列时双王群蜜脾轻的放在内侧,紧靠闸板两侧,蜜脾重的放于外侧,让两群结成一个团,尽量保持安静,以免散团。搞好越冬定群,越冬群势不应少于5框蜂,来年能剩3～4框,能组织强群采到刺槐蜜。越冬蜂群忌光、怕热、怕冷、怕震、怕异味刺激,前期易伤热,后期易挨饿,因此要注意遮阴,根据天气变化调节巢门大小。另外,还要防止鼠害。老鼠一般通过巢门进入或咬坏蜂箱壁,所以巢门应设有钉的巢门挡,仅供1～2只蜂进出。

(一)管理要点

1.防热

蜜蜂越冬的适宜气温是－2 ℃～8 ℃。这时蜜蜂在蜂箱内结团,靠食蜜糖维持生命,处于休眠状态。但整个越冬期气温在8 ℃以上的天数较多,蜜蜂活动量大,饲料消耗多,工蜂老化快,不易春繁,会推迟生产期。防热的方法可采用通风、洒水,或电风扇降温。

2.防寒

越冬的蜜蜂处在－2 ℃以下的气温中时,活动量也会加大。这主要是蜜蜂加大了食量,不停地摆腹,靠活动产生热能以抵御严寒。这样既消耗了大量饲料,又使工蜂老化,缩短了寿命。防寒的方法是:小群蜂应在白天多晒太阳,夜晚尽量把巢门关小,填实箱缝和孔洞。

3.防干燥

在长期无雪雨的干燥冬季,在蜂场内适当喷水,增加湿度,可防止蜜蜂燥渴。

4.防潮湿

冬季蜂箱内的湿度以70%～80%为最佳。80%以上时饲料易变稀、变质,蜜蜂食后易患大肚病和拉痢。如果湿度较大,蜂箱下应放一层塑料薄膜,或在蜂箱周围撒生石灰和干炉渣。在10 ℃上的晴朗天气,可有计划地让蜜蜂进行排泄、爽飞。

5.防闷热

蜜蜂时刻离不开新鲜空气,所以要防止杂物堵塞巢门,闷死蜂群。当大雪天时,更要防止雪将巢门封闭。

6.防病害

蜂箱要保持清洁卫生,注意消毒。冬季老鼠会啃箱、吃蜂毁脾。如在蜂场发现老鼠活动,要利用毒饵、器械捕杀。

7.防震动

蜜蜂喜欢安静,怕震动。尤其在越冬后期,蜜蜂体质很弱,腹内积粪难以忍受,若受震动往往落脾而冻僵死亡。因此,在蜂场内严禁敲击剧烈发声的器械和燃放鞭炮。

8.防饥饿

越冬期的饲料是否质优量足,是越冬成败的基础。蜜蜂采食优质饲料后,可以消化大部分,蜂群安静稳定,寿命长,春繁迅速。蜜蜂采食劣质饲料后,消化少,粪便在肠内容纳不下,易形成大肚病,轻者部分病死,重者全群死亡。优质饲料应为秋末成熟的封盖蜜脾。如流蜜过后,应早喂优质糖浆,让蜜蜂充分酿造。

9.防光照

蜜蜂具有趋光性。冬季蜂场如在室外,要予以遮盖避光,尽量减少蜜蜂空飞。

10.防饲料结晶

蜜蜂没有牙齿,所以无法食用结晶饲料。

防结晶的方法:一是用优质蜜作饲料,如槐花蜜、枣花蜜;二是用白糖液作饲料。

(二)定期检查蜂群

1.听诊法检查

把听诊器的胶管插进巢门内,有微弱的"嗡嗡"声,表示温度正常;有强的"嗡嗡"声,表示温度偏高;没有"嗡嗡"声,表示温度偏低(这种情况很少)。

2.蜂尸诊断

用铁丝钩从巢门钩出蜂尸,蜂尸断裂破碎说明蜂群遭鼠害,蜂尸腹部干瘪说明蜂群饥饿缺蜜。

二、蜂群冬季逐月管理要点

(一)11月蜜蜂养殖要做的主要事情

本月平均气温为 5 ℃～13 ℃,月初气温剧降,可见初霜,阴雨连绵。有的年份气温偏高,野菊花甚至在下旬也不会被霜冻死,蜜蜂若出巢采集,回巢途中会因气温下降而被冻僵、冻死,控飞比较难。养蜂技术员在管理工作中有任何疏忽都会造成全场蜂群"冬衰"。

本月蜂群管理措施如下:

(1)在初冬干旱的年份里,气温往往高于往年 10 ℃以上,蜜蜂可以采回很多的蜜。但是其中有大量甘露蜜混入,因此本月初应将蜂箱中的越冬蜜脾全部取出,用硫黄熏蒸后另外保存,放入适量空脾让蜜蜂储蜜。待没有甘露蜜进巢后,再抽尽蜜脾取出甘露蜜,按蜂量定脾。蜂路始终保持 20 mm,放王笼的蜂路可适当增大点,并换入储备的饲料脾。

(2)超过 9 足框的群,继箱中可保持少量的脾;9 框以下的群,应把继箱中的脾全部抽出另外保存,巢可放 8 框以内的蜜脾。本月继箱中原则上不留巢脾,用空继箱降温。使蜂群早日结团,减少飞翔,实行"冻蜂"。

(3)抽出的空脾、蜜脾、粉脾分类装箱,箱内放樟脑球或卫生球 2～4 粒。有条件的还应有专门的巢脾储存室。定期用硫黄熏脾,以防蜡螟为害。

(4)检查、调整越冬饲料脾,每框脾内应有不低于 1 kg 的封盖蜜。

(5)在月底的一个清晨,当蜂群尚未散团时,再把蜂群普遍检查一遍,凡是蜂少的边脾都把蜂抖净后抽出,使每群内的蜂密集;空继箱纱盖上不盖覆布,大盖开窗,并且大开巢门,但巢门高度不超过 8 mm,以免敌害钻入,这是控飞的关键措施之一。暖天不散团是蜂群安全越冬的前提,定脾以后少开箱检查,保持群内安静。

(6)如果不是定地饲养,又准备来年到油菜丰富的地方采集的蜂场,可在本月中旬选择晴天的中午,上好蜂卡,钉牢纱盖,用车把蜂运到油菜较多的场地,选择背风、背阴、干燥、安静的地方落场,当天晚上打开巢门让蜜蜂安定。待蜂认巢飞行后,过一两天拆卜蜂卡,仍然架起继箱、支起大盖,继续"冻蜂"。

(7)普查一下王笼是否在蜂团中间。

(二)12 月蜜蜂养殖要做的主要事情

本月平均气温为 -2 ℃～6 ℃,极端最低气温可达 -10 ℃～-7 ℃,进入寒冻期。一般年份在本月上、中旬,继续架空继箱"冻蜂",并防止蜂群受闷、散团。

本月蜂群管理措施如下:

(1)12 月 1～3 日抽出多余边脾,看饲料是否充足;找出蜂群不安定的原因,采取相应措施使其正常。

(2)上、中旬仍然用空继箱"冻蜂",并且仍然要支起大盖通气。蜂箱踏板与地面之间用草帘及其他物体"搭桥",以免出巢的蜜蜂不能返回巢门而落地后被冻死。

(3)有盗蜂侵扰可用细草掩盖巢门,较严重的要缩小巢门,供 2～3 只蜂通过即可。

(4)12 月 20 日后,当最低气温在 -2 ℃以下时,可撤下继箱。5 框以下的群加草帘隔板保温,撤去纱副盖,盖上覆布,上梁框上横放 2 根"过桥"棍,使各脾中工蜂通过"过桥"取得联系。6 框以上的群不加草帘,不撤纱副盖,纱副盖上面盖覆布(见图 5-26)。

(5)在秋旱、气温偏高的年份,蜂群根本无法控飞,工蜂数量急剧下降。普遍只有 4 框以下的蜂时,除杀王合并外,可在 12 月 1 日放王,任其自然产卵育虫。管理方法可参照 1、2 月的管理方法。

(6)防潮湿,防鼠害,保持蜂群安静(见图 5-27)。

(7)防冬季蜂王冻死,时常检查王笼是否在蜂团中间。从纱盖上面检查,如果有的蜂团已经转移,可轻轻撬动纱副盖或揭起覆布,待蜂群安定后,把王笼移到蜂团中间就可以了。检查时尽量不动脾。有的蜂场越冬时冻死蜂王较多,而且多年如此,也不知原因。那是因为他们只注意了王笼是否在蜂团中间,而没有注意到王笼是否离蜂团太低,也就是说挂王笼的铁丝太长,当气温极低时,蜂团缩小上移,王笼被暴露在蜂团外面后蜂王就被冻死了。

(8)总结一年的经验教训,整理养蜂笔记,制定来年的工作计划以及蜂机具的修补、消毒工作。

图 5-26　越冬蜂群

图 5-27　越冬蜂群
（图片由北京天宝康高新技术开发有限公司提供）

第六章 蜂产品的生产

在通常情况下,当主要流蜜期到来时,就可组织蜂群生产蜂蜜、蜂王浆、蜂花粉、雄蜂蛹等产品。每一产品的生产过程都要按一定的要求和操作程序进行。

第一节 蜂蜜的生产技术与管理

一、蜂蜜的化学成分

(一)营养成分

蜂蜜除含有大量的糖类、水分外,还含有氨基酸、矿物质、维生素、酶类等营养物质(见图 6-1)。

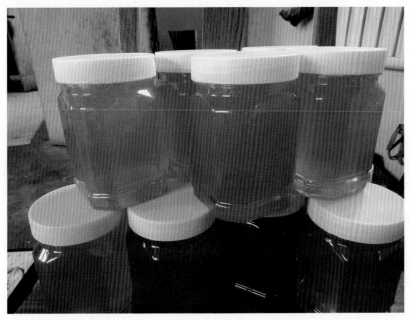

图 6-1 蜂蜜

1.糖类

蜂蜜富含糖类成分,是过饱和糖溶液,其含量占蜂蜜干物质的 $95\%\sim99\%$。蜂蜜主要以果糖、葡萄糖等单糖为主,两者总含量占蜂蜜糖类总量的 $85\%\sim95\%$,且均可以被人体直接吸收利用。此外,蜂蜜也含少量的低聚糖,如麦芽糖、蔗糖、异麦芽糖等。

2.水分

蜂蜜中的水分来自花蜜,是花蜜在酿造成蜂蜜时残留下来的,其含量为 $12\%\sim27\%$。蜂蜜含水量的高低标志着蜂蜜的成熟度:含水量越低,蜂蜜等级越高,成熟度也越高。成熟蜂蜜的含水量一般低于 18%,也常被用作衡量蜂蜜成熟度的指标。

3.氨基酸

蜂蜜中的氨基酸多以游离氨基酸为主,占蜂蜜总量的 1% 左右,主要包括 20 种蛋白质氨基酸以及部分非蛋白质氨基酸。目前,被研究较多的是蛋白质氨基酸,包括 8 种必需氨基酸和 12 种非必需氨基酸,其中绝大多数蜂蜜中的脯氨酸占总游离氨基酸量的 50% 以上。

4.矿物质

蜂蜜中的矿物质种类和含量与人体血液中的矿物质十分相近,且不同种类的蜂蜜中矿物质含量各不相同,差异很大,与各自蜜源植物有一定关系。蜂蜜包含 54 种矿物质,主要是 Na、K、Ca、Me 等。此外,蜂蜜还含有 Mn、Cu、Fe、Ni 等各有独特生理功能的微量元素。如 Mn、Cu、Fe、Zn 对人体的生长发育、智力、造血系统、骨骼、心血管及神经系统具有重要作用。

5.维生素

蜂蜜中的维生素主要包括 B 族维生素(维生素 B1、维生素 B2、维生素 B5、维生素 B6)、维生素 C 和维生素 K 等。在医学上,B 族维生素主要参与神经传导和能量代谢等过程,具有维持免疫功能、预防机体衰老、提高机体活力和增强记忆力等作用;维生素 C 具有促进伤口愈合、抗疲劳和提高抵抗力等作用;维生素 K 可参与骨骼代谢并且具有凝血功能。

(二)活性成分

1.酶类

蜂蜜中含有多种人体所需的酶类。蜂蜜中的酶类是在蜂蜜酿造过程中混入蜜蜂唾液分泌物而形成的,主要有蔗糖酶(转化酶)、淀粉酶(DN)、葡萄糖氧化酶、过氧化氢酶、酸性磷酸酯酶等。这些酶在机体新陈代谢过程中具有十分重要的作用,也是蜂蜜的主要活性成分之一。蔗糖转化酶又称"蔗糖酶",是蜂蜜中最重要的酶。在酿造过程中,它能将采集来的二糖转化为具有旋光性的单糖,且在蜂蜜储存过程中继续作用,使蔗糖含量持续下降,转化糖含量相应升高。蜂蜜中的过氧化氢酶含量越低,葡萄糖氧化酶含量越高,则其过氧化氢的含量越高,抗菌作用也就越强。

2.酚酸类化合物

酚酸类化合物是蜂蜜中的又一重要活性成分,其中以苯甲酸和肉桂酸及它们的酯这两种酚酸类化合物最为常见。根据蜜源植物的不同,蜂蜜中的酚酸含量为 $1\sim100$ mg/100 g。蜂蜜所含酚酸的种类有很大差异,有些酚酸化合物则是某种蜂蜜所特有的,因此,蜂蜜中的酚酸类化合物常用来鉴别蜂蜜的蜜源植物。

3.黄酮类化合物

蜂蜜中的黄酮类化合物主要来自植物花蜜、花粉和蜂胶,含量一般为 20 mg/kg 左右。蜂蜜中的黄酮类化合物主要是以配基和糖普形式存在的黄酮醇、黄烷酮,现已鉴别出有芹菜素、异鼠李素、高良姜素、槲皮素等 32 种黄酮类化合物。由于蜜源植物不同,蜂蜜中黄酮类化合物的含量和种类也有所差别。

4.其他活性物质

蜂蜜在储存和热加工过程中,会产生大量美拉德产物,如羟甲基糠醛,使蜂蜜的颜色加深,抗氧化能力增强。热加工对蜂蜜抗氧化活性的影响较大,在一定的温度范围内,随着加热温度的升高和加热时间的延长,蜂蜜的抗氧化活性增强。将蜂蜜在 50 ℃、60 ℃和 70 ℃条件下分别加热 12 天,发现蜂蜜的抗氧化活性均显著增强,且温度越高,抗氧化活性增强越快。而储存时间对蜂蜜抗氧化活性的影响与蜂蜜种类有密切的关系。柑橘蜜和草莓蜜随着储存时间的延长其抗氧化能力有所上升,鼠尾草蜂蜜、大豆蜜和蓝果树蜜经过一年的储存,其抗氧化能力反而降低了 10% 左右。

(三)其他成分

蜂蜜中的挥发性化合物是决定蜂蜜香气的主要成分,分为醇类、酮类、醛类、环状化合物、糖类以及氯化化合物等七大类。经研究发现,某些挥发物质仅存在某种单花蜜中,其他花蜜中根本不存在或者含量极少,则可认为此挥发物是该种蜂蜜特有的挥发物质,并且可作为鉴定该种蜂蜜的标记物质。

二、蜂蜜生产技术与管理

(一)取蜜时期

在主要蜜源开始流蜜时,蜜蜂就大量出巢采集,内勤蜂积极酿蜜。当巢房中的蜂蜜酿造成熟时,工蜂就会用蜂蜡将蜂蜜封盖,以利于长期保存。封盖后就说明蜂蜜已成熟,也就可以取蜜了。如果只有一部分蜜脾封盖,其他巢脾已储满蜂蜜,此时如等待封盖取蜜,就会影响产量。一般每隔 3 天检查一次,将封盖的蜜脾抽出,换空脾继续储蜜。如果过早采收未成熟的蜂蜜,其含水量大,易发酵酸败,味道差,营养成分少,不能长期储存。

取蜜时间安排在每天蜂群大量进蜜之前。有的主要蜜源是上午 10 时之后流蜜,则在 10 时前取蜜;有的主要蜜源是下午流蜜,则在上午取蜜;有的主要蜜源整天流蜜,则在早晨蜜蜂出巢前进行取蜜。如蜂群比较多,可分 2~3 组进行取蜜。这样可以保证每天在新蜜进巢前取完蜂蜜,保证蜂蜜的质量。原则上只取生产区的蜂蜜,不取繁殖区的蜜,以免将幼虫分离出来,影响蜂群的繁殖和蜂蜜的质量。到流蜜后期,要给蜂群留足饲料。为了获得单一花蜜酿造成的蜂蜜,在大流蜜期开始时将蜂箱所有巢脾内的储蜜全部摇出,即"清脾",此蜜称为"清巢蜜",也可作杂花蜜处理。此后所取的成熟蜜即为该蜜种的单一蜂蜜,如荔枝蜜、刺槐蜜、枣花蜜、椴树蜜、油菜蜜、荆条蜜等。

(二)取蜜过程

取蜜过程就是将蜂群中成熟的蜂蜜分离出来的过程,主要包括清洁场地、准备工具、脱蜂、切割蜜盖、分离蜂蜜等。

1.清洁场地

取蜜前要将蜂场周围环境打扫干净,取蜜的场所要保持清洁卫生,没有积水;消除所有苍蝇蚊虫滋生地及各类污染源。

2.准备工具

在取蜜前先用清水浸泡摇蜜机,然后清洗干净,尤其是第一次用摇蜜机时,要仔细清洗。割蜜刀清洗后要磨锋利,滤蜜器和盛蜜的盆、缸、桶等都用清水洗刷干净、晾干备用,必要时进行消毒。工作服、工作帽都要清洗干净,保持手和衣物的清洁,防止污染蜂蜜。

3.脱蜂

脱蜂就是把附着在蜜脾上的蜜蜂脱除到本群中的过程。如蜜脾数量不多,可用抖落蜜蜂的方法脱蜂,我国养蜂目前普遍采用这种方法。如果蜂场规模大,蜜脾数量多,就应采用脱蜂机、药剂或动力脱蜂。脱蜂的主要方法有四种。

(1)抖蜂。将蜂箱大盖打开,倒置在箱后,取下继箱放在大盖上。如巢箱有蜜脾,将其提出,两手握紧框耳,用腕力上下抖动几下,使蜜蜂猝不及防,脱落到巢箱内,蜜脾上剩余的少量蜜蜂,用蜂刷扫落,然后在巢箱上放一空继箱,继箱的两侧分别放1张空巢脾。将取下的继箱内的蜜脾逐一取出,将蜜蜂抖在巢箱上的空继箱内。抖完的蜜脾放在另一空继箱内,搬到取蜜的地方。在抖蜂时如蜜蜂比较暴躁,可先用喷烟器向蜂群内喷烟。

(2)脱蜂板脱蜂。脱蜂板按其上面所安装脱蜂器脱蜂孔的多少分二孔、六孔和多孔三种。脱蜂时将储蜜继箱撤下,放上1个带空脾的继箱,在其上放好脱蜂板,板上放置带有蜜蜂的储蜜继箱。最好在取蜜前一天的傍晚放上脱蜂板。脱蜂时间依脱蜂孔的多少而定,多孔的约2 h就能脱去1个继箱的蜜蜂,六孔的约6 h,二孔的约12 h。热天脱蜂板放置时间过长,蜜脾可能熔化或坠毁,需采取遮阴通风措施;天冷时,蜜蜂需要较长时间才能找到脱蜂孔到达下面的育虫箱。脱蜂板是在蜂多人少时用于生产蜂蜜或专门生产巢蜜。脱蜂板脱蜂不适合继箱产浆的蜂场。

(3)药剂脱蜂。药剂脱蜂比较适合大规模养蜂场。首先用22 mm厚的木板钉1个脱蜂罩,其外围尺寸相当于继箱的外围尺寸,在框上钉二三层粗布,再钉上1层薄木板。使用时,将药液均匀地倒在脱蜂罩的粗布上,药液浸湿后以滴不下来为宜。将需要取蜜的继箱箱盖取下,喷一点淡烟,让蜜蜂活动起来,放上脱蜂罩,几分钟以后,蜜蜂就会进入巢箱内。较好的脱蜂药剂有丙酸酐或苯甲酸。在应用时,将丙酸酐以等量的水稀释,在26 ℃~38 ℃时效力最好;苯甲酸在18 ℃~26 ℃时效力最好。使用时间以把蜜蜂驱逐到巢箱为止。放置时间过长或蜜蜂未被烟驱逐到下边巢箱,都会造成蜜蜂麻醉。因此,使用时应注意剂量和时间。药剂脱蜂不适合继箱产浆的蜂场。

(4)吹蜂机脱蜂。目前,吹蜂机多采用1470~2940 W的汽油机作动力,带动鼓风扇,通过蛇形管吹出低压气流。如有电源,用电动吹蜂机更为方便。取蜜时,将储蜜继箱放在吹蜂机的铁架上,用喷嘴顺着蜜脾的间隙吹风,将蜂吹落到该蜂箱的巢门前。我国养蜂产业化的进程比较快,蜂场规模越来越大,利用吹蜂机脱蜂会减轻劳动强度,所以吹蜂机的使用越来越普遍。

4.切割蜜盖

分离蜂蜜必须先将蜜盖切除。切割蜜盖的工具有普通割蜜刀、蒸汽加热割蜜刀、电热割蜜刀、自动切蜜盖机。我国养蜂者普遍使用的是普通割蜜刀。操作时,一手握住蜜脾的一个框耳或侧梁,把蜜脾的另一个框耳或侧梁放在割蜜盖架上,另一手拿着用热水烫过的割蜜刀紧贴蜜盖从下向上削去。割下的蜜盖和流下的蜜汁用干净的容器承接起来。割完一面,再割另一面,然后送到分蜜机里进行分离。剩下的蜜盖放在纱网上过滤,经过一昼夜的时间滤去蜜汁。如果蜜盖上的蜜汁滤不干净,可放进强群,让蜜蜂舔食干净后再取出,加热化蜡。在割蜜盖时要注意,当割蜜刀上沾满蜂蜜时,要用清水洗净,然后再继续切割,否则会破坏工蜂房口,蜜蜂将其改成雄蜂房。

5.分离蜂蜜

切割完蜜盖后即可用分蜜机分离蜂蜜。每次分离蜂蜜时要将重量大致相同的蜜脾一起放进分蜜机内的框篮两侧,这样可以保证分蜜机的重心平衡,不至于损坏分蜜机。在转动摇把时要由慢到快,结束时要由快到慢,逐渐停转,不可用力过猛或突然停转。一面摇完后需要换面,将另一面的蜂蜜摇出。如有较重的新蜜脾,第一次只能分离出一面的一半蜂蜜,换面后甩净另一面,再换一次面,甩净剩下的那一半,也就是蜜脾翻转两次,以免巢脾断裂。取完蜜的空脾要用快刀切去蜜蜂储蜜加高的部分,用起刮刀刮除框梁上的赘蜡。最后放回原群的原位置。各群之间的巢脾不宜串动。

6.过滤装桶

分离出的蜂蜜需要进行一次过滤。分离蜂蜜时的过滤分为两种情况:一种是分蜜机带出口的,要在分蜜机出口处安放一个双层滤器,把过滤后的蜂蜜倒进大口蜜桶内澄清;另一种是分蜜机不带出口的,需要制作一个双层较大的过滤器放在大口蜜桶上,分离出的蜂蜜先倒入一个小水桶内,再通过过滤器装入大口桶内。1天后,所有的蜡屑和泡沫都浮在上层,把上层的杂质去掉,然后将纯净的蜂蜜装入包装桶内。装得不要过满,留有20%左右的空隙,以防转运时震动受热外溢。贴上标签,注明蜂蜜品种、毛重、皮重、采蜜日期和地点。

第二节 蜂王浆的生产技术与管理

蜂王浆是由工蜂的王浆腺分泌的、用以饲喂蜂王及三型蜂幼虫的浆状物,类似哺乳动物的乳汁,又称"蜂乳"。蜂群强壮后,哺育力就过剩,蜂群就会筑造自然王台培育蜂王,准备自然分蜂。人们利用蜜蜂的这种习性,在蜂群产生分蜂情绪时,人为地给予人工台基,并移入12～24 h幼虫,蜂群接受后,工蜂就吐大量的蜂王浆饲喂幼虫,待王台内剩余王浆最多的时候,去除蜂王幼虫,将台基内的王浆收集起来,就获得了蜂王浆(见图6-2)。蜂王浆是养蜂的主要产品之一,也是养蜂的主要生产项目。

图 6-2　蜂王浆

一、蜂王浆的化学成分

（一）蛋白质

蜂王浆中的蛋白质约占干物质的 50％，其中 2/3 为清蛋白，1/3 为球蛋白，这和人体血液中的清蛋白、球蛋白比例大致相似。蜂王浆中的蛋白质包括多种高活性蛋白质，如类似胰岛素、多肽类活性物质、γ-球蛋白、超氧化物歧化酶（SOD）。类似胰岛素具有降低血糖的作用。多肽类活性物质具有增进食欲、促进钙吸收、降低血压和消除疲劳等作用。γ-球蛋白具有延缓衰老和抗菌、抗病毒作用，还可能与蜂王浆中的其他成分起复合作用。SOD 是人体体内一种重要的自由基清除剂，通过清除机体正常代谢过程中产生的过多自由基，可以延缓衰老，提高人体免疫力，增强对疾病的抵抗力。蜂王浆含有 21 种以上的氨基酸，其中包括人体必需的 8 种氨基酸和牛磺酸。牛磺酸是一种由胱氨酸转化而来的 β-氨基酸，能调节神经的传导作用，维持大脑的正常生理功能，促进婴幼儿的大脑发育，刺激骨髓产生血细胞，促进白细胞数量增加，提高人体免疫力。

（二）脂肪酸

蜂王浆至少含有 26 种游离脂肪酸,如壬酸、癸酸、十一烷酸、亚油酸等。其中,10-羟基-癸烯酸(10-HDA)是蜂王浆所特有的,因此被称为"王浆酸",具有抑制和杀伤癌细胞作用,以及抗辐射作用和抗炎、杀菌作用。蜂王浆还含有神经鞘磷脂、磷脂酰乙醇胺及 3 种神经甙等磷脂质。亚油酸是人体新陈代谢所必需而又不能自身合成的脂肪酸,对预防动脉粥样硬化和高脂血症有明显的降血脂效果。

（三）维生素

蜂王浆含有多种维生素,是一种天然维生素的浓缩物。其中以 B 族维生素最为丰富,包括维生素 B1、维生素 B2、维生素 B6、维生素 B12、叶酸、乙酰胆碱等。此外,含有的维生素 A、维生素 C、维生素 E 都有清除自由基、抗衰老、增强机体免疫力的功能。

（四）矿物质

蜂王浆含有多种矿物质成分,而且易被人体吸收。除钙、磷、钾、钠、镁等常量元素外,蜂王浆还含有人体所必需的且具有多种生理功能的多种微量元素,如具有防癌抗癌作用的硒、铁、钼、铜,与糖尿病有关的锌、铬、锰等。

（五）糖类

蜂王浆含有的核糖核酸(RNA)为 3.8～4.9 mg/g,脱氧核糖核酸(DNA)为 201～203 μg/g。蜂王浆含有干物质占 13% 左右的糖类,其中葡萄糖 45%、果糖 52%、麦芽糖 1%、龙胆二糖 1% 和蔗糖 1%。

（六）生物活性成分

蜂王浆中含有多种生物活性成分,包括类固醇激素(主要是 17-酮固醇、17-羟固醇、去甲肾上腺素、性激素、雌二醇等),对糖尿病患者有良好医疗作用的胰岛素样肽类,具有清除自由基、抗氧化、防癌抗癌等生理功能的黄酮类化合物,多种酶类和激素类物质(如葡萄糖氧化酶、磷脂酶、淀粉酶等)。蜂王浆对治疗风湿病、神经官能征、更年期综合征、性机能失调、内分泌代谢紊乱等有促进作用。

二、蜂王浆生产的基本条件

蜂王浆的生产同蜂蜜生产一样,具有一定的季节性,还需要具备一定的条件。

（一）强壮的蜂群

生产蜂王浆需要大量的哺育蜂,所以要求群势达到 8 足框以上。群内健康无病,各龄蜂齐全,各类子脾完整,可保证群势逐渐增长、不下降。

（二）充足的饲料

蜜蜂分泌蜂王浆需要消耗大量的蜂蜜和花粉,所以生产蜂王浆需要外界有丰富的蜜粉源。在有粉源的情况下,通过饲喂饲料糖也可以生产蜂王浆。如果短时间缺少粉源,则需要补喂花粉。如果长时间缺少粉源,就不能生产蜂王浆了。

（三）适宜的温度

生产蜂王浆对气温的要求并不十分严格,一般气温达到 15 ℃以上时较为有利。若气温高于 35 ℃,相对湿度在 80% 以上,则对生产蜂王浆不利。

（四）产浆工具

生产蜂王浆需要准备足够的工具,包括王浆框、移虫针、塑料台基、采浆用具、镊子、刀片、酒精、取浆舌或取浆器等。各种生产工具的数量要依据生产规模和人力而定。

（五）技术人员

要求生产人员熟练掌握养蜂管理和生产蜂王浆的操作技术。

三、生产蜂王浆的方法

生产蜂王浆的基本原理是不变的,但其生产方法会随着养蜂技术的提高和产浆机具的改进而变化。生产蜂王浆的操作程序如下:

（一）组织产浆群

当外界气温逐渐升高并趋于稳定、蜂群经过一段时间的繁殖群势已达到了生产蜂王浆的标准、蜜粉源植物相继开花时,即可组织产浆群。首先用隔王板将蜂群隔成两个区,继箱为生产区,巢箱为繁殖区。产卵蜂王放于繁殖区,适合产卵的空脾和老熟封盖子脾放于繁殖区,小幼虫脾和大幼虫脾放于生产区的中间,王浆框一侧要有小幼虫脾,以吸引哺育蜂。生产区和繁殖区的边脾要放饲料脾。在蜂脾比例上,气温较低的季节要蜂多于脾,气温较高的季节要蜂脾相称。

（二）准备适龄幼虫

生产蜂王浆的养蜂场为了提高移虫效率和移虫质量,必须要组织供虫群。供虫可利用蜂场中的弱群、新分群、蜂王产卵的交尾群等。所配备的比例以满足供应为妥,大约是生产群的10%。在移虫前4～5天加入适合产卵的空脾,移虫后的巢脾最好加到其他生产群中,继续向供虫群中加空脾。一般供虫群的群势需要控制在5张脾以内。如外界蜜源不好,需要进行饲喂,以促进蜂王产卵,同时也能保证小幼虫中的浆量,有利于移虫并提高接受率。也可用蜂王产卵控制器,在移虫前4～5天,将蜂王和适宜产卵的空脾放入蜂王产卵控制器。工蜂可以自由出入,蜂王被限制在空脾上产卵2～3天,定时取用适龄幼虫和补加空脾。

（三）安装王浆框

采用蜡杯台基生产蜂王浆的蜂场目前已不多见,如采用此法则需蘸制蜡碗、粘台,在采浆过程中还需要修台和补台或换台,比较费时。20世纪80年代后,人们广泛采用塑料台基条,可用细铁丝等把塑料台基条固定在王浆框的木条上,根据群势每框安装3～10条。在移虫前将安好台基条的王浆框放进蜂巢,让蜜蜂清理2～4 h。

（四）移虫

在第一次移虫前可用排笔给清扫好的王浆框的台基刷些王浆。找到供虫脾,将弹簧移虫针针端沿巢房壁直接插入幼虫体底部,连同王浆液一起提出,将其伸到台基底部,推压弹性杆,连浆带虫推入台基底部,依次将幼虫移入台基。尽快将移好虫的王浆框放入产浆群继箱的浆框位置。第一次移虫接受率不会很高,经过2～3 h后再补移一次幼虫。移虫前一晚给蜂群奖饲糖浆,以提高王台的接受率。移虫的速度和质量直接影响接受率和蜂王浆的产量,移虫快、虫龄适合一致则接受率高,产浆量也高。

（五）取浆

移虫后 68～72 h 即可取浆。先将取浆场所清扫干净,取浆用具和储浆器具用 75% 的酒精消毒。从蜂群中取出王浆框,台基口朝向侧面或上面,轻轻抖落工蜂,不能将幼虫抖落,以免割伤幼虫,否则其体液混入王浆中会影响质量。抖蜂后再用蜂帚扫落剩余的工蜂,把王台条取下或翻转一定角度,用锋利的割蜜刀顺台基口削去加高部分的蜂蜡,用镊子逐一轻轻夹出幼虫,然后用取浆舌取浆。在有条件的地方,可用真空泵吸浆器取浆。取浆后的浆框中没有接受的台基内壁常有较多赘蜡,先用刮刀旋刮干净后再移虫。在取浆的过程中,人员分工要明确。王浆框放置时要用干净的湿毛巾覆盖,以免王浆失水。取浆时要避免阳光直射。

（六）过滤

有条件的蜂场用 100～120 目的尼龙网袋过滤王浆,将王浆中的蜡渣等杂质过滤掉。经过过滤的王浆按一定量装进无毒塑料袋或专用王浆瓶中,切忌反复冷冻解冻,造成王浆酸的损失。王浆经过过滤后,去除了杂质,提高了商品价值,但也将失去以往的朵状。

（七）冷冻

过滤分装后的王浆要及时冷冻,其温度要控制在 −18 ℃。从采浆过滤分装到冷冻不要超过 4 h,以减少王浆中活性物质的损失。如蜂场无冷冻条件,采浆后不要过滤,保持王浆的原状,就近及时送交收购单位,收购单位可先过滤后冷冻。

四、蜂王浆的高产措施

影响蜂王浆产量的因素很多,如外界、蜂群、人员等因素,而为了提高蜂王浆的产量,可采取以下措施:

（一）延长产浆期

产浆期是从开始生产王浆之日起,到生产结束之日止的一段时间。产浆期主要受外界气候和蜂群状况两方面的影响。我国各地的产浆期南北差异很大,如河南省一般情况下从 4 月 1 日到 9 月中旬,有五个多月的产浆期;江浙一带约有七个半月的产浆期;台湾地区有九个半月以上的产浆期;黑龙江省只有约三个月的产浆期。所以要使蜂群在这段时间内都生产蜂王浆,就必须快速繁殖,使蜂群达到生产蜂王浆的群势标准。其措施就是以越冬强群繁殖,在产浆的后期延迟蜂群的衰弱。

（二）使用高产全塑台基条

目前,生产蜂王浆都用全塑台基条(见图 6-3),但台基条的种类比较多,每个蜂场都要通过试验选择适合自己的台基条以提高产量。有试验表明,ZNM 型高产全塑台基条比较好。

图 6-3　全塑王台基条

（三）按蜂定台

每一蜂群的一次产浆量取决于接受台数和台浆量。在接受台数和台浆量都达到了饱和时，就需要增加王台数。一是在每框上增加条数，一般可增加到 7 条；二是增加产浆框数。增加王台数的前提是不减少接受率和每台的台浆量。

（四）运用隔王栅分区管理

用多功能组合式隔王栅，即三框隔王栅和框式隔王栅，把蜂群分成产卵区、哺育区、产浆区三部分。产浆区在继箱上，哺育区在巢箱一侧，这两个区都没有蜂王，可各放一个王浆框生产王浆。由于这两个区相隔较远，哺育蜂工作时不会拥挤，加上蜂群组织结构比较合理，比同在继箱上的产浆区一个地方放两个产浆框在生产能提高 17％ 左右的产量。

（五）引进王浆高产蜂种

王浆高产蜂种在我国已经普遍使用，其提高了蜂王浆的产量。由于每只种王的价格较贵，买更多的种王使用是不太现实的，因此每次只能购几只。如何用好这些蜂王，使其后代能在较长时间内保持其王浆高产特性，是每一个蜂场所面临的问题。目前，我国出售王浆高产蜂王的育王场比较多。在引进高产蜂王时，要考虑两个性状：王浆高产特性和后代稳定性。当前，王浆高产蜂种的后代蜂王种性分化较为严重，优良的特性也只能表现出 60％，所以对其后代优选优育尤其重要。

选种时，在整个蜂场中至少要选 5 个种群，规模比较大的蜂场还应再多选几个种群。要求这些种群在其他性状表现良好的情况下，王浆产量最高。选其中的 1～3 群作母本，其余的作父本。要求母本产卵力强，因为产卵力是母本遗传性最强的性状之一。父本的产浆量高，产卵力也较强，清除非父本蜂群的雄蜂。后代蜂王要记录存档，以便精选。经生产试验证明确是优良的种用蜂王，要长时间保存，延长使用年限。在选育过程中，要多选几只种用蜂王，以防后代出现近亲现象。

选择父本后，在自然交尾的条件下，为了避免其他雄蜂干扰，应采用空间隔离、时间隔离的方法控制交尾，也可采用人工授精技术，如提前培育大批适龄雄蜂，造成强大的"空中优势"。

外界有蜜粉源时育成的蜂王体形大、体质好。采用移卵育王和复式移虫育王最好。初移后 10 h 左右进行复移。王台育成后，把过早封盖、过迟封盖、弯曲、扁短的除掉。王台成熟后，最后分配处女蜂王。办法是用小型铁线王笼放入成熟王台，每个交尾群可放入几个供选择，待出房后观察其体形、体色是否满意，大小是否够格，不满意的除掉，留下满意的放进巢内即可。作为生产王浆的蜂群，在蜂王介绍成功一个半月后，蜂王的种性就能反映出来，及时剔除王浆产量不高的蜂王。

我国南北气候差异比较大，引进和使用浆王的效果也会有所不同。如我国北方养蜂场在生产季节使用浆王，确实能够高产，但越冬效果不理想，这些蜂场在培育越冬适龄蜂时要换回本地蜂王。如果所有蜂场都使用浆王，它所生产的大量雄蜂很快就会使浆王基因扩散，适应越冬的性状就会丢失。所以在气候条件差异比较大的地区，在引进蜂种时要注意对当地蜂种的影响。

（六）保持蜜粉充足

蜜源丰富的大流蜜期，或有较好的辅助蜜源，且群内蜜粉比较充足，是生产蜂王浆的最佳时期。如果蜜蜂所采集的蜜粉不足或蜜源枯竭，对蜂群就要进行饲喂。

饲喂糖浆以喂蜜为好，其次是喂蜜和白糖混合，再次是只喂白糖。一般不用黄砂糖，以免影响王浆的色泽。糖浆的浓度一般是 500 g 糖兑 500～750 g 水，气候干燥时水可多些，天气潮湿时水可少些。无花期可连日饲喂或下浆框及取浆前一天的晚上饲喂，其量根据当时蜜源、群内存蜜和蜂子数量而定。一般每框足蜂 50～100 g，可用饲喂器饲喂。饲喂花粉时，最好是用新鲜花粉，可加入上一花期留下的花粉脾，或将花粉灌在空脾内饲喂，也可将花粉制成饼状饲喂。总之，在生产蜂王浆期间要保持蜂群内有足够的蜂花粉。

五、蜂王浆机械化生产

近年来，我国有关企业通过研发专用塑料子脾、移虫机、专用产浆框、王台基条、割台机、钳虫机、挖浆机等，实现了从移虫到挖浆的机械化生产，大幅减轻了养蜂者的劳动强度，提高了蜂王浆的品质和产量，促进了养蜂者收入的增加，为农业增产和生态农业发展做出了积极的贡献。

（一）专用组合式子脾

1.专用组合式子脾的作用

专用组合式子脾（见图 6-4）是为蜂王浆机械化生产配套研制的，能实现一次性地通过移虫机快速地将组合式子脾穴内的 64 只幼虫移到台基条穴孔内的目的，即实现快速机械移虫。

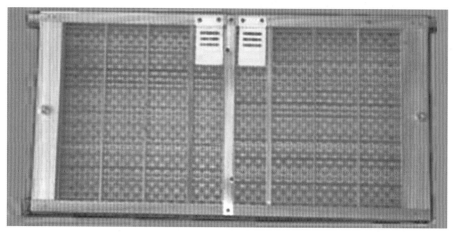

图 6-4　专用组合式子脾

（图片由浙江三庸蜂业科技有限公司提供）

2.专用组合式子脾的构成

专用组合式子脾主要包括抽屉式框架、抽屉式框架底板、两边侧板和上梁。其中底板与侧板间为滑槽，盖板装有隔王栅并开设有两个蜂王引入口，框架中间有 18 条供移虫机使用的专用组合式子脾条（见图 6-5）。专用组合式子脾不仅自身结构简单，而且能提高子脾单位面积的利用率，简化移虫机的结构，使移虫机容易操作，工作效率高。其特征在于多个上条和下条可拆装式连接组合，上、下条设有陈列式排列的产卵穴，与台基条上的穴孔排数相同，能快速产卵移虫。

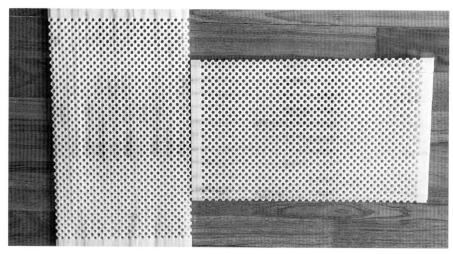

图 6-5　专用组合式子脾条

（图片由浙江三庸蜂业科技有限公司提供）

3.专用组合式子脾的安装

（1）将专用组合式子脾产卵孵化框架放平，将 9 条组合式条通过框架滑槽形成 1 张产卵脾。每根专用组合式子脾条设有两个小缺口,为安装组合的相同平面方向(见图6-6)。安装好9条子脾条后扣住下方挡条,使子脾不会脱落。

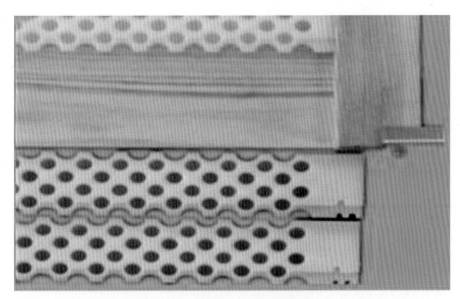

图6-6 缺口标记安装平面方向
(图片由浙江三庸蜂业科技有限公司提供)

(2)第一次使用时,盖好隔王栅,打开蜂王引入口盖板(见图6-7),左右各放入1只蜂王(有两个月以上优秀产卵能力表现的蜂王),扣好蜂王引入口盖板。将产卵子脾放在4足框以上、蜂多于脾、健康无病的蜂群中产卵,且需把产卵子脾放在蜂群中间位置,使蜂王在组合式子脾上产卵24 h后,从蜂箱中取出子脾,打开隔王栅,把蜂王放回原处。

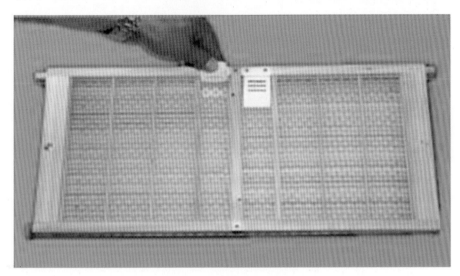

图6-7 蜂王引入口盖板
(图片由浙江三庸蜂业科技有限公司提供)

(3)蜂王在专用组合式子脾上第一次产卵需要一定的适应过程。第二次产卵时,可使用新鲜幼虫约20只,捣碎后放入小喷壶的清水中,摇匀,然后喷在子脾和框架上,扣好隔王栅,放入第一次产卵的2只蜂王产卵24 h,打开隔王栅,把蜂王放回原处后,在原产卵箱内孵化72 h,即可移虫(见图6-8)。此后产卵可不用隔王栅,也可根据实际情况自行决定是否使用隔王栅。第三次产卵可以用单王、双王或者多王产卵,24 h后,在产卵的本蜂箱内孵化74~78 h即可移虫。注意:最低气温在15 ℃以上时才可生产,否则可能因为气温过低造成无法孵化或者幼虫被拖掉。其他操作与现有蜂王浆生产技术一致。专用组合式子脾配备4张,1张为产卵子脾,2张为孵化子脾,1张为孵化完成可移虫的子脾。

图6-8 孵化子脾

(图片由浙江三庸蜂业科技有限公司提供)

4.主要注意事项

(1)蜂王在专用组合式子脾上产卵需要适应过程,第一次产卵率偏低,通过几次产卵之后会有明显提高。

(2)不同蜂王在专用组合式子脾上产卵的适应能力不同,尽可能选择产卵能力强的蜂王产卵。

(3)由于蜜蜂对异物的气味非常敏感,必须保持专用组合式子脾的清洁卫生。

(4)使用移虫机必须配套使用专用组合式子脾和台基条。使用配套的割台机割除台基条四周蜂蜡后方可移虫。

(5)严禁将专用组合式子脾放在阳光下暴晒。

(二)移虫机

1.移虫机的原理与作用

移虫机主要用于取代人工移虫生产蜂王浆,实现蜂王浆生产移虫的机械化,在减轻广大养蜂者劳动强度的同时,极大地提高了蜂王浆生产移虫的效率。移虫机利用空气泵吹气法移虫,结构简单,容易操作,速度快,且不伤虫。移虫机有机架、放置台基条的结构和放置专用组合式子脾的结构。机架上下部设置阀组用于控制上、下吹气管。移虫机由变压器(220 V变压24 V)、电路、气路和空气泵组成,每小时可移虫约600根双排台基条。

2.移虫操作

首先将孵化完成的专用组合式子脾从蜂箱取出(孵化时间为72 h),将专用组合式子脾每条分别分开从孵化框中拿出(见图6-9),放置在方便操作处。

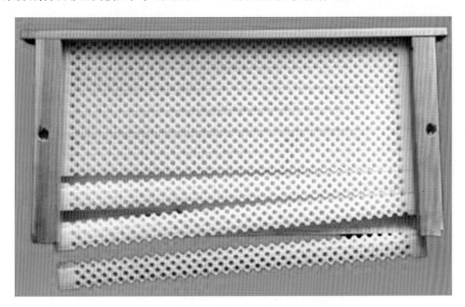

图6-9　从孵化框拆出单条专用组合式子脾
(图片由浙江三庸蜂业科技有限公司提供)

注意:专用组合式子脾每条可以移128只幼虫,即2根台基条。使用移虫机必须配套使用专用组合式子脾、割台机、王台基条。移虫机工作环境需保持干净卫生,不能暴露在尘土飞扬的环境中(见图6-10)。

图 6-10　养蜂者在移虫

（图片由浙江三庸蜂业科技有限公司提供）

3.移虫注意事项

（1）移虫机移虫时需边挖蜂王浆边移虫，每次挖蜂王浆 30～50 根台基条，挖净蜂王浆的台基条后立即移虫。

（2）移虫完成的台基条（见图 6-11）在蜂箱外不得超过 20 min，否则会影响接受率。天气炎热时，应控制在 10 min 内放入蜂箱。

（3）移虫机出气口一般在移虫 30～50 根台基条时需用毛刷蘸热水清洁一次。清洁完成后继续移虫。

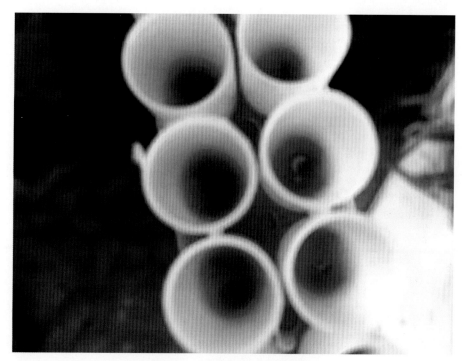

图 6-11　移入产浆台基的幼虫
（图片由浙江三庸蜂业科技有限公司提供）

4.移虫机使用主要注意事项

（1）不要误把未孵化完成的专用组合式子脾条当成已孵化的专用组合式子脾条去移虫。移虫时,确认专用组合式子脾条与台基条是否放置在正确位置。

（2）若在野外无 220 V 电源,须使用汽油发动机供电,不能使用太阳能电源。太阳能电源无法保证气泵正常工作,会导致气泵损坏。

（3）每次完成移虫后需用牙刷蘸热水清洁移虫机头部及出气口。严禁用硬物触碰和用手按压移虫机头部。

（4）严禁使用汽油或者其他有机溶剂清洗移虫机和设备的其他部件。

（5）严禁将机器放置在阳光下暴晒,严禁用水冲洗,严禁放置在潮湿或者雨淋处,严禁放置在高温环境中。

（三）产浆框、王浆台基条

1.产浆框

产浆框是用于安装人工台基生产蜂王浆的框架（见图 6-12）,形似巢框,高度和宽度与巢框相同,厚度为 13 mm,框内有 5 条台基条,每条可装 32 个人工台基。王浆挖浆机必须配套专用基条和专用浆框,王台基条是特种塑料产品,可直接使用,第一次使用时可点入少许王浆直接移虫进行王浆生产。一般王浆高产蜂群的第一次接受率能在 95％以上。

图 6-12　产浆框

（图片由浙江三庸蜂业科技有限公司提供）

2.王浆台基条

王浆台基条是为解决普通王浆台基条繁重的捆绑工序而设计的。它有两面王台,两面王台共用一个底面,王台开口向两侧(见图6-13)。王浆台基条可直接推入产浆框的卡槽内,直立放置。王浆台基条的主要优点如下:

(1)节省劳力,提高工效。由于取消了王台巢框的木条和捆绑王浆台基条这道工序,节约了资源,蜂王浆生产的工时降低了40％;在使用过程中,不易毁坏,不必补台,一次制成,可长久使用下去,减少了过去制台、粘台、修台、补台的麻烦。

(2)操作方便,浆质提高。塑料王台的大小规格一致,粘贴在采浆框上成一水平线。王浆台基条直立放置,增加了王浆台基条的稳定性,避免了变形。取浆前切除台口上的蜂蜡时,不仅速度快,而且还不易损伤幼虫。使用方便,操作简单,能大幅提高劳动效率,提高养蜂的经济效益。

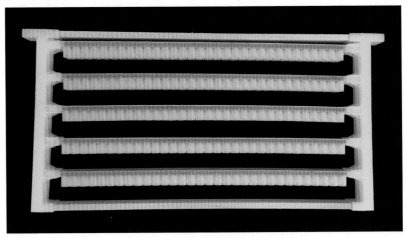

图 6-13　卡入王浆台基条的产浆框

（图片由浙江三庸蜂业科技有限公司提供）

（四）割台机、清台器

割台机是用于割除王台封盖及周边蜂蜡的机械（见图6-14）。将已泌满蜂王浆的台基条从蜂箱内取出，用割台机一次性割净台基条四周的蜂蜡。割台时先在割台机刀口上喷少许清水，然后将台基条放入割台处，快速割净台基条四周蜂蜡即可。割台机使用四面刀，一次性割净台基条四周的蜂蜡，是保障台基条顺利进入钳虫机、挖浆机、移虫机工作的保障。使用割台机能保护台基条台口不被损坏，是保证台基条高接受率，提高蜂王浆产量，减少养蜂者支出，实现蜂王浆生产机械化不可缺少的设备之一。

清台器是用于将没有接受的王台内的赘蜡清除干净的器械（见图6-15），可为王台基条进行移虫做好准备。

图 6-14　割台机

（图片由浙江三庸蜂业科技有限公司提供）

图 6-15　清台器

（图片由浙江三庸蜂业科技有限公司提供）

（五）钳虫机

钳虫机是取代人工钳虫的机械,可实现蜂王浆生产过程中的钳虫机械化,在减轻广大养蜂者劳动强度的同时,极大地提高了蜂王浆的产能(见图 6-16)。本机为手动式,适用性强,机械耐劳损,不易损坏。与王浆接触的部件均采用符合美国食品和药物管理局(FDA)标准的高强度、高弹性不锈钢,其余部件采用优质钢材、合金铝。该机操作简单,维修方便,工作效率高。本机能一次性钳取浆碗中的幼虫,且钳爪针基本不带浆,钳出的幼虫完整,手动机械钳虫每小时可钳虫约 600 根台基条。

图 6-16 手动机械钳虫机

（图片由浙江三庸蜂业科技有限公司提供）

（六）王浆挖浆机

该机主要用于取代人工挖取蜂王浆,可以实现蜂王浆挖取机械化,在减轻广大养蜂者劳动强度的同时,极大地提高了蜂王浆的产能。本机可分手动和电动两用,适用性强,机械耐劳损,不易损坏。与王浆接触的部件均采用不锈钢和符合 FDA 标准的高强度、高弹性体,其余部件采用优质钢合金、铝工程塑料。本机操作简单,维修方便,工作效率高,能一次性取净 32 个浆台,1 h 电动取净 600 条。所取王浆朵状保持完好,而且本机挖取的王浆干净、卫生、无污染。

(1)挖浆操作方法:将已处理干净的待挖台基条集中放在机器旁,有王浆的台口朝上放入机器两端的输入槽内,必须将王台口朝上(见图 6-17),其他方向不但不能挖浆,而且会损坏挖浆头。第一条台基条要平稳地放置在输送轮上,一定要放平,不然会卡住,然后逐条放入其他的待挖台基条。当输入槽内放满时,会有 6 条台基条。

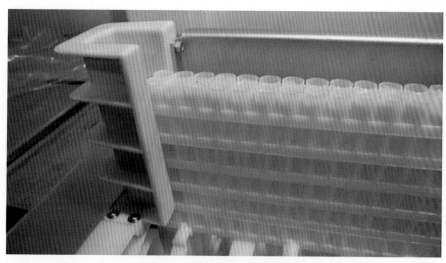

图 6-17 输入槽内的待挖台基条

（图片由浙江三庸蜂业科技有限公司提供）

（2）王浆挖浆机的安装：解开包装机箱的 4 只卡扣，向上提起箱体即可。将箱体平放在地上即是工作台，要使箱体放置平稳，无翘脚。然后连箱底板将王浆挖浆机抬起放置在箱体上，将集浆槽口端露出箱体边缘，以便在集浆槽的下方放置王浆瓶（见图 6-18）。王浆瓶的口端需与集浆槽口端尽可能接近，否则王浆易流到瓶外。当养蜂者转地饲养时，必须用包装箱包装好王浆挖浆机后再运输。

图 6-18 王浆挖浆机

（图片由浙江三庸蜂业科技有限公司提供）

第三节　蜂花粉的采收技术与管理

花粉是种子植物雄蕊所产生的雄性生殖细胞,含有极其丰富的营养物质,是蜜蜂及其幼虫生长繁殖所需的蛋白质、维生素、脂肪的主要来源。蜂花粉是指蜜蜂采集的花粉粒,即装在后足的花粉筐里带回蜂巢的团状花粉(见图6-19)。

图 6-19　蜂花粉

一、蜂花粉的化学成分

蜂花粉的化学成分相当全面、复杂。各种蜂花粉因植物来源不同,其成分种类及含量有所不同,不同季节生产的蜂花粉的成分和含量也有差异,但是不大。一般蜂花粉所含营养成分大致为:蛋白质 20%～25%,糖类 40%～50%,脂肪 5%～10%,矿物质 2%～3%,木质素 10%～15%,未知因子 10%～15%。

(一)蛋白质和氨基酸

蜂花粉中的蛋白质含量丰富,含有人类迄今发现的所有氨基酸,且组成和动物机体的组成非常相近,并多以游离态存在,可直接被机体吸收,在营养学上被称为"完全蛋白质"或"高质量蛋白质",且牛磺酸含量非常丰富。这种含硫氨基酸参与营养物质,特别是脂类物质的代谢,对幼畜的发育意义重大。

（二）糖类

蜂花粉中的糖类主要是葡萄糖、果糖、蔗糖、淀粉、糊精、半纤维素、纤维素等，都是机体内能量的主要来源，是心脏、大脑等器官活动不可缺少的营养物质。

（三）脂类

蜂花粉中类脂的含量较高，平均达到 9.2%，而且所含的脂类中 60%～90% 为不饱和脂肪酸，必需脂肪酸占到脂肪含量的 60% 以上，远比其他动植物油脂中的含量高。

（四）维生素

蜂花粉是天然的多种维生素的浓缩物，含有机体所需的绝大多数种类维生素。这些维生素在营养生理方面具有不可替代的作用。

（五）矿物元素

蜂花粉中含有机体所需的 28 种常量与微量元素，而且它们之间的比例十分符合机体的需要。

（六）活性物质

蜂花粉中含有 92 种人体消化吸收必不可少的酶类，主要有水解酶、转化酶、淀粉酶、脂肪酶、蛋白酶、果胶酶、过氧化氢酶、细胞色素酶和氧化酶等。这些酶类能够改善细胞的氧化还原能力，激活酶的活性中心，防止细胞中酶自身的破坏，从而控制某些疾病的发生。每 100 g 蜂花粉中含有超过 2100 mg 的核酸，是鸡肝、虾米的 5～10 倍。核酸具有生物催化、免疫和抗病等作用，能促进细胞再生、新老细胞交替，使肌肤充满活力。花粉中含有 6 种植物生长调节激素，分别是生长素、赤霉素、细胞分裂素、油菜素内酯、乙烯和生长抑制剂，对植物的生长、发育起着极为重要的作用。蜂花粉中含有丰富的生物类黄酮，具有多种生物活性，能抗动脉硬化、降低胆固醇、解痉、防辐射，是自由基的猝灭剂和抗氧化剂，能有效阻止脂质过氧化引起的细胞破坏，有增强非特异性免疫和体液免疫的功能。

二、采粉时期

花粉是蜜蜂繁殖所必需的营养物质，首先要满足蜂群本身的需要，然后才能采收。当蜂群所采回的花粉有了剩余，甚至限制了蜂王产卵、影响蜂群的发展时，可进行蜂花粉的生产。春季油菜、柳树的花粉量虽多，但由于蜂群正处于繁殖期，需要大量的花粉，只可少量生产商品蜂花粉。夏季以后的油菜、玉米、党参、芝麻、向日葵、荞麦和茶树等蜜粉源植物相继开花时，蜂群已强大，虽然消耗量并未减少，但蜂群的采集能力却大大增强，此时可以大量生产商品蜂花粉。我国南方山区夏秋季节的粉源植物繁多，也可生产商品蜂花粉。

三、采粉方法

采收花粉的方法基本分三种。一是用机械或人工直接从植物花朵中采收花粉。有些国家对大面积种植的玉米、向日葵的花粉已实现机械化采收。我国的松花粉、蒲黄采用人工采集。二是把一根稍短于巢房的空心管插进储满蜂粮的巢房里，转动一下后取出，用细棍将蜂粮捅出来。蜂粮不但营养价值高，且易被人体消化吸收。但是这种采收方法太费事，效率不高，推广有一定难度。三是用花粉截留器（脱粉器）截留蜜蜂携带回巢的花粉团。

脱粉器种类较多，大致可分为：箱底脱粉器，安装在巢箱的底部；巢门脱粉器，安装在巢门上。选择使用脱粉器要根据自己蜂场的经济条件、养蜂习惯及实际需求,自行选定。无论选择哪一种脱粉器,要求脱粉效率高,不伤害蜂体,保持粉团卫生整洁,不易混入杂质,容易操作,便于安装和携带。

脱粉器的主要部件是脱粉板。脱粉板上的脱粉孔对生产花粉的效率影响最大,如孔径过大,脱粉效率就低;孔径过小,蜜蜂出入困难,还会刮掉黏附花粉的绒毛,甚至蜜蜂的肢节,影响采粉。所以,脱粉器上的脱粉孔径大小应该是:不损伤蜜蜂,不影响蜜蜂进出自如,脱粉率达 90%左右。西蜂的脱粉孔径为 4.7~4.9 mm,中蜂的脱粉孔径为 4.2~4.4 mm。安装脱粉器时,要求安装牢固、紧密,脱粉器外无缝隙。如安装巢门脱粉器时,脱粉板应紧靠蜂箱前壁,堵塞巢门附近所有缝隙,蜜蜂只能通过脱粉器孔眼进入巢内,以免影响脱粉效果。同一排蜂箱必须同时安上或取下脱粉器,不然会出现携带花粉团的蜜蜂飞向没有安脱粉器的蜂箱,形成偏巢而导致强弱不均,严重时会出现围王现象。初安脱粉器时,蜜蜂会因不习惯而出现骚乱,一般经过 2~3 天采集后就会逐渐适应。

四、采收花粉蜂群的管理

(一)合理调整群势

生产花粉与生产蜂蜜一样,都需要大量的适龄采集蜂。要求在粉源到来前 45 天培育大量采集适龄蜂。如有弱群需在生产花粉前 15 天或进入生产花粉场地前后,从强群中抽出部分带幼蜂的封盖子脾补助,使其群势达到 10 框蜂左右。蜜蜂采集蜂花粉的目的是繁殖,所以在蜂群的繁殖盛期其采集积极性最高。生产花粉的蜂群以中等群势效率较高,不像生产蜂王浆、蜂蜜那样(群势越强越好)。当蜂群进入增殖期,蜂王产卵旺盛,工蜂积极哺育幼蜂,巢内需要花粉量较大,外勤蜂采集花粉的积极性较高。在这种情况下,气候正常,外界粉源充足,5 框以上的蜂群就可以生产花粉了,8~10 框群势的蜂群生产花粉的产量较理想。采用蜂箱前壁的巢门脱粉器一般不会出现骚乱。

(二)使用优良蜂王

优良蜂王产卵力高,蜂群的采集积极性也高。生产花粉的蜂群必须是有王群,所以在生产花粉前,应将产卵性能差的老、劣蜂王淘汰,换入新蜂王。蜂群内要长期保持较多的幼虫,以刺激蜜蜂积极采集花粉。双王群生产花粉时,两区同时安装脱粉器,以防蜂群发生偏集。

(三)保持饲料蜜充足

蜂蜜是蜜蜂能量的物质基础,蜜蜂的一切活动所消耗的能量都来自蜂蜜。缺蜜的蜂群,蜜蜂会寻找蜜源,群内无蜜是采不回花粉的。因此,在蜂群缺蜜时一定要补助饲喂,保持群内有充足的饲料。同时将群内的花粉脾抽出,妥善保存,留作缺粉时补喂蜂群用,使蜂群保持储粉不足,只够饲料用,并奖励饲喂,以刺激蜜蜂采集花粉的积极性。

(四)定时采收花粉

在大流蜜期,粉源也很丰盛时,脱粉要和流蜜时间错开。如 11 时以前一般是蜂群大量进花粉的时间,安装脱粉器收集花粉,11 时后取下脱粉器,让蜜蜂快速通过巢门采蜜。秋季是向日葵、荞麦的花期,易发生盗蜂,所以取下脱粉器时要缩小巢门,预防盗蜂。当外界粉多蜜少时,较弱蜂群的脱粉器可一直装在蜂箱上,以专门采收花粉,但要保证群内有一定的花粉,不能影响蜂群的繁殖。

(五)勤倒托盘内花粉

在蜂群大量进粉时,脱粉器托盘的花粉很快就会被装满,影响蜜蜂出入。同时,蜜蜂也经常将蜂群内的死蜂、蜡屑等杂质清除巢外,会掉入花粉托盘中。因此,要勤倒托盘中的花粉。在收集花粉时,及时去除花粉中的杂质。

在整个花期期间,采集花粉要连续不断地每天坚持2~3 h的脱粉,以增加花粉的产量。不要轻易迁场,以免影响蜂蜜和花粉的正常生产。为了保证花粉的质量,病群不能采收花粉,施过农药的粉源作物不能生产花粉。蜂场周围要经常洒水,保持清洁,防止沙尘飞扬。经常洗刷蜂箱前壁和巢门板,防止沙土污染花粉团。巢门宜朝西南方,避免阳光直射。

第四节　蜂胶的采收技术与管理

蜂胶是西方蜜蜂从植物幼芽及树干上采集的树脂,并混入其上颚腺分泌物和蜂蜡等加工而成的一种具有芳香气味的胶状固体物(见图6-20)。蜜蜂采集蜂胶的目的是补塞蜂巢的缝隙、增加巢脾的韧性以及保持巢内的清洁和防腐,在养蜂过程中可利用这一特性实施采胶。

一、蜂胶的化学成分

国内外的研究表明,根据蜂胶的植物来源,目前全世界已发现的蜂胶大体上可以分为五种类型:杨属型、酒神菊属型、克鲁西属型、血桐属型和地中海属型。中国蜂胶主要属于杨属型蜂胶,其化学成分以类黄酮、酚酸、萜烯类化合物为主,还含有如醇、醛类、氨基酸、维生素、多糖以及多种微量元素。

图6-20　蜂胶

（一）黄酮类

黄酮类化合物主要以 2-苯基色原酮类为母核,在蜂胶中的种类多、含量丰富,为蜂胶的重要组成成分。到目前为止,至少有 135 种黄酮类化合物从蜂胶中被鉴定出来。

（二）酚酸类

蜂胶中含有的酚酸类成分为多酚类和酸类。当前从蜂胶中已经分离鉴定出了 100 多种酚酸类化合物,主要有 C6-C1 的苯甲酸型和 C6-C3 的苯丙酸型。

（三）萜烯类

萜烯类物质是自然产物中数目最多且普遍存在,骨架庞大、复杂,具有多种多样的生物学活性,而且是蜂胶挥发油中最主要的活性成分,也是蜂胶独特香味的主要来源。

（四）氨基酸类

蜂胶中的氨基酸可能主要来源于植物的初级代谢产物。

二、收刮蜂胶

在检查蜂群时或日常管理过程中,随时用起刮刀刮取纱盖、继箱巢箱边沿、隔王板、巢脾框耳下缘或其他部位等处的蜂胶,捏成小团,日积月累,可取得一定量的蜂胶。

三、覆布取胶

覆布取胶是普遍使用的一种取胶方法,操作方便。在框梁上先横放几根木条,用白布做覆布,将覆布放在木条之上,与上框梁保持 0.3~0.5 cm 的空间,促进蜂胶的积聚。取胶时,把覆布平放在铁皮盖或干净的硬木板上,让太阳晒软后用起刮刀刮取。有条件的也可把覆布放进冰柜,使蜂胶冻结变脆,然后提出搓敲,蜂胶便自然落下。刮完胶后,把盖布有胶面向下盖回蜂箱,使无胶面始终保持干净。经过 10~20 天,又可进行第二次刮胶。另一种方法是在覆布下加一块与覆布大小一致的白色尼龙纱,同样使覆布、尼龙纱与框梁形成空间,蜜蜂就会采集树胶填塞空隙。在通常情况下,一个强群在 20 天里采集的蜂胶能把尼龙纱与覆布粘在一起。在检查蜂群时揭开箱盖,让太阳晒 2~3 min,软化蜂胶,轻揭覆布,黏结的蜂胶受拉力而成细条,然后再将覆布盖上,如此处理,黏稠的蜂胶丝柱使框梁与尼龙纱、尼龙纱与覆布之间又形成空隙,便于继续收集、存留蜂胶,也可在框梁上横放木条或树枝,加大空间,等尼龙纱两面都粘上蜂胶后,便可采收。

采收时,从箱前或箱后用左手提起尼龙纱,右手持起刮刀,刀刃与框梁成锐角,边刮边揭,使框梁上的蜂胶全部带在尼龙纱上,直至全部揭掉。尼龙纱两对角折叠,平压一遍,让蜂胶互相黏结,再一面一面地揭开,使蜂胶呈饼状,便于取下。再把覆布铺在箱盖上,用起刮刀轻轻刮取,尼龙纱上剩余的零星小块可用蜂胶捏成球,在尼龙纱上来回滚动几遍,胶屑便可全部黏结于球上。取完后,覆布和纱布再放回箱内,继续收集。如有条件的蜂场,把集满蜂胶的覆布和尼龙纱放进冰柜或冷库,冻结后,将覆布和尼龙纱卷起来用木棒轻轻敲打和揉搓,蜂胶可自然落下。如转地放蜂,可将取胶覆布和尼龙纱先集中起来,送回冰柜再取胶,然后拿回蜂场继续取胶。

四、网栅取胶

将网栅式集胶器(见图 6-21)置于蜂箱巢脾顶部,通常放 10～20 天,待蜂胶集聚到一定数量时,将网栅集胶器取下,放进冰柜内冷冻,使蜂胶变脆,然后取出敲击或刮取蜂胶(见图 6-22)。

图 6-21　网栅式集胶器

图 6-22　集胶器集合的蜂胶

无论采用哪种方法取胶,采收的蜂胶要认真处理干净,除去蜡瘤、木屑、死蜂等杂物,及时用无毒塑料袋包好,并密封,防止蜂胶中芳香物质挥发,并注明采收地点和日期。

第五节　雄蜂蛹的采收技术与管理

雄蜂蛹是指未受精卵在雄蜂房中生长发育成健全的、尚未出房的雄性个体(见图6-23)。在 20～22 日龄时,雄蜂蛹的蛹体附肢已基本发育完成,翅还未分化,体表几丁质尚未硬化,此时营养价值虽然不是最高的,但是为食用的最好时期,商品价值最高。雄蜂蛹是营养价值极高的天然营养食品,因此,生产雄蜂蛹的蜂群应健康无病,特别是不能有幼虫病。生产雄蜂蛹需要消耗大量的蜂蜜和花粉,要求群强,蜜粉充足。生产雄蜂蛹的时期应选择在分蜂期,在外界蜜粉源充足时进行。

图 6-23　雄蜂蛹

一、生产雄蜂蛹的准备工作

生产雄蜂蛹必须用专用雄蜂巢脾,且在生产雄蜂蛹前就要修好,造脾时按正常巢脾修造方法,选用普通的标准巢框,固定雄蜂巢础,利用主要流蜜期或充足的辅助蜜粉期,将雄蜂巢础框加入强群中修造。后期如果外界蜜源不足,则要适当进行奖励饲喂,要求修造好的雄蜂脾巢房整齐、牢固、平整。雄蜂脾的数量按每群蜂 1～4 张准备。在生产时,还需准备蜂王产卵控制器或框式隔王板、长条割蜜盖刀、承接雄蜂蛹的托盘(或竹筛)、纱布、聚乙烯透明塑料袋、消毒用的酒精、保鲜用具等。

二、控制蜂王产卵

（一）选择蜂群

选择群势强壮无病的双王群，将雄蜂脾放在蜂王控制器内，置于巢箱内一侧的幼虫脾与封盖子脾之间，放1天的时间，让工蜂将控制器和雄蜂脾打扫干净，第二天下午将此繁殖区内的蜂王捉入控制器。蜂王在控制器内的雄蜂脾上很快产卵，36 h后提出雄蜂脾放到继箱无王区里孵化、哺育，取出蜂王产卵控制器，把蜂王放回繁殖区。采取这种方法，蜂王集中在雄蜂脾上产卵，子脾整齐，面积大，日龄一致，简便易行。

（二）控制蜂王产雄蜂卵方法

如没有蜂王产卵控制器，可将框式隔王板和平面隔王板组合起来，将强群巢箱隔离成一个可容3个巢脾的小区。在小区内放1张已产满卵的卵虫脾、1张刚封盖子脾，雄蜂脾放在中间。次日将蜂王捉入小区，蜂王在雄蜂脾上产卵36 h后，将雄蜂脾提出放到无王区孵化、哺育。拆除框式隔王板，让蜂王回到繁殖区。也可把小区内靠框式隔王板一侧的工蜂子脾抽出，加入2个空脾，让蜂王在空脾上产卵，每周一换，直到第二次生产雄蜂蛹为止。

（三）专供蜂王产雄蜂卵蜂群

在蜂场内也可组织一部分蜂群，最好是平箱群，专供蜂王产雄蜂卵。其方法是将蜂群内多余的巢脾抽出，放入其他蜂群中，如外界气温高保持蜂脾相称，如外界气温低保持蜂多于脾。将蜂王产卵控制器放入蜂群中，按上述方法加入雄蜂脾1天后，将蜂王捉入控制器内产卵，同时将另一张雄蜂脾加入蜂群中边脾内侧，让工蜂清理。36 h后将控制器内产满卵的雄蜂巢脾提出，放入大群中哺育，将清理干净的雄蜂脾放入控制器内产卵，再向蜂群内加1张雄蜂脾，这样可连续不断地提供雄蜂卵脾。当蜂群中封盖子全部出完时，将蜂王放出，取出控制器，使蜂王产工蜂卵。当所有巢脾产满卵后，再加入控制器产雄蜂卵，这样能保持蜂群后期群势不下降。

三、采收雄蜂蛹

（一）采收前的准备工作

采收雄蜂蛹之前，要将采收场地打扫干净，保持采收现场的卫生；采收所用的长割蜜盖刀和托盘等用75％的酒精消毒；采收人员要穿干净的工作服，操作前先将手洗净，用酒精消毒，防止第一次污染。

（二）采收方法

雄蜂蛹达21~22日龄时，把封盖雄蜂蛹脾从蜂群内提出，抖去蜜蜂并用蜂扫将蜜蜂清扫干净。如蜂场有冰柜，可将封盖雄蜂蛹脾放入冰柜冷冻5~7 min，取出保持脾面呈水平状态，用木棒在上梁上敲几下，或将脾的上梁和下梁在桌子边沿磕几下，使脾内的蛹下沉，与封盖有一定的间隙。然后用锋利的长条割蜜盖刀削去雄蜂房封盖，注意不要伤害雄蜂蛹的头部。将已削去封盖的一面翻转朝下，对准托盘或竹筛，用木棒敲击框梁，使雄蜂蛹脱落至托盘或竹筛中。一面取完后，用同样方法再取另一面。如有少量未脱出的雄蜂蛹，可用竹镊子夹出。生产雄蜂蛹的巢脾可重复使用。如不再生产，需将雄蜂巢脾放入蜂群中进行清理，然后储存。

第七章　优质蜂蜜生产技术

第一节　优质蜂蜜

蜂蜜质量堪忧是我国行业内的基本共识。在长期的紧缺经济环境下和特殊的蜂蜜市场环境下,我国形成了高产低质的蜂蜜生产技术。蜂蜜成熟应该是蜂蜜的基本特征,然而在养蜂者长期的追花夺蜜以及加工企业对蜂蜜浓缩加工等因素的影响下,成熟蜂蜜价格上不去,养蜂者生产不成熟蜂蜜成为常态,且整个行业习以为常。但是,随着人们对优质天然成熟蜂蜜需求量的增加、蜂蜜检测的科技发展以及蜂蜜产品追溯体系的健全,消费者和市场不会一直容忍蜂蜜产业的乱象长期存在。

一、蜂蜜

国际食品法典委员会是联合国粮农组织(FAO)认可的、国际上公认的食品标准制定者。其关于蜂蜜的定义是:"蜂蜜是指蜜蜂采集植物花蜜或植物活体分泌物或在植物活体上吮吸蜜源的昆虫排泄物等生产的天然甜味物质,是由蜜蜂采集、与其自身分泌特有物质混合,经过转化、沉积、去水、储藏并留存于蜂巢中直至成熟。"

(一)成熟蜂蜜

成熟蜂蜜的成熟度不同。花蜜转化为蜂蜜有两个过程:一是物理过程,水分减少;二是化学过程,在酶的作用下蔗糖转化为葡萄糖和果糖。封盖后的蜂蜜水分继续减少,酶继续将蔗糖转化为葡萄糖和果糖。成熟蜂蜜具有以下标志:

1.不能发酵

成熟蜂蜜是蜜蜂为蜂群采集酿造的、便于长期保存的食物储备。蜜蜂采集回巢的花蜜或蜜露的含水量较高,极易发酵,必须经过主动和被动脱水,并添加分泌的酶、胃酸和其他蜜蜂特有的成分且充分酿造,降低蜂蜜pH。低水含量、高糖浓度、低pH以及包含多种抗菌物质,使蜂蜜成了不会发酵且可长期储存的食物(见图7-1)。在成熟转化过程中,蜜蜂也会添加一些酶,例如葡萄糖氧化酶可以催化葡萄糖产生葡萄糖醛酸和过氧化氢,这两种成分可以有效地抑制蜂蜜发酵。

图 7-1 成熟蜜脾

2.生产需添加继箱

从花蜜到蜂蜜的转化过程中,非采集蜂在蜂巢内用它们的口器不断地加工以及再分配花蜜,使花蜜持续地转化成蜂蜜。蜂蜜在蜂巢中具有主动和被动脱水两种机制。主动脱水是通过蜜蜂的"舌囊回流"实现的,即工蜂通过口器反复地将花蜜从蜜囊吐到伸出的吻,然后再吞回到蜜囊;被动脱水是花蜜储存进蜂巢后水分直接蒸发的过程。被动脱水取决于蜂巢内部环境,巢内花蜜体积越小,表面积越大,水分蒸发越快。在最后储存之前,在蜂巢之间不断地转移花蜜是蜂蜜成熟过程的重要组成部分,这就要求蜂巢必须有足够的空间,因此生产成熟蜂蜜需不断在巢箱上添加储蜜继箱(见图7-2)。蜜蜂用蜂蜡封住装满蜂蜜的巢房,以保护成熟中的蜂蜜。至此,巢房被蜂蜡封上盖。在一个蜂群内部,蜜蜂会有采集和储存食物的分工,并且可以通过刺激使非采集蜂成为采集蜂,来增加花蜜的采收率。如果养蜂者在蜂蜜成熟前收获蜂蜜,会导致非采集蜂更早地变成采集蜂,从而提高蜂群的采蜜能力。但是,这种生产方式违反了蜂蜜的生产准则,会改变最终产品的成分组成。

图7-2 开展成熟蜂蜜生产试验

3.完全由蜜蜂完成

花蜜转化为蜂蜜的过程必须完全由蜜蜂来完成。人类不仅不得干预蜂蜜成熟或脱水的过程,而且也不允许去除蜂蜜中的固有成分。蜂蜜的固有成分是蜂蜜中天然存在的物质,如糖、花粉、蛋白质、有机酸以及其他微量物质,当然也包括水。

4.高温高湿地区可使用干燥屋

在某些气候条件下,如热带气候,即使蜂蜜被存储在封盖的蜂巢中,其含水量可能依然超过要求。为了避免蜂蜜从环境中吸收更多水分,可以将超标的蜜脾存放在干燥的房间中,直到蜜脾中的蜂蜜水分达到标准要求值,然后再提取蜂蜜。此做法类似于蜂巢中常见的被动脱水。

(二)合格蜂蜜

合格蜂蜜是一般质量的蜂蜜。蜂蜜是否合格的界定依据通常有两种:一种是现实行业生产水平,一种是商品本身的属性。按蜂业界的现实生产现状,只要是不掺杂、药残不超标就是合格的蜂蜜。从商品属性看,合格的蜂蜜应该是天然成熟、不发酵、药残和农残不超标、安全卫生。

（三）优质蜂蜜

优质蜂蜜是高质量的蜂蜜，是高出一般质量的蜂蜜。优质蜂蜜在质量上仍可再划分出档次，至少可以划分出基本优质蜂蜜和特别优质蜂蜜。

1.基本优质蜂蜜

在合格蜂蜜的基础上，基本优质蜂蜜应具备色香味属性稳定，成熟度高，含水量不高于18％，药残和农残不得检出。蜂蜜的色香味特征与花蜜来源的蜜源植物有关。色香味特征稳定的蜂蜜多来自单一蜜源植物。

2.特别优质蜂蜜

在基本优质蜂蜜的基础上，特别优质蜂蜜是来自单一蜜源的蜂蜜，成熟度要求更高，含水量低于17％。特别优质蜂蜜的生产受限于蜜源环境。在主要蜜源花期，只有单一蜜源植物开花泌蜜是难得的特别优质蜂蜜生产的资源，可遇不可求。

第二节　优质蜂蜜的生产技术

一、蜂场环境

蜂场周围的空气质量应符合《环境空气质量标准》（GB 3095—2012）中城镇规划确定的居住区、商业交通居民混合区、文化区、一般工业区和农村地区的二类区要求。蜂场场址应选择地势高燥、背风向阳、小气候适宜、排水良好、远离噪声的场所。蜂场周围3 km内无大型蜂场，以蜜、糖为生产原料的食品厂，垃圾处理场，化工厂，农药厂及经常喷洒农药的果园。蜂场正前方要避开路灯、诱虫灯等强光源。蜂场附近无高压线、发射源或转播塔。

二、水源

蜂场附近应有便于蜜蜂采集的良好水源，水质符合《无公害食品　畜禽饮用水水质》（NY 5027—2008）中幼畜禽的饮用水标准。

三、蜜粉源植物

蜂场周围3 km以内有丰富的蜜源植物。定地蜂场全年至少要有两种以上主要蜜粉源植物和种类较多、花期不一的辅助蜜源植物，蜜源不足的需转地养蜂。蜂群最好放在比成片蜜源地势略低的下风方位，以利于蜜蜂逆风空腹而去，顺风下坡满载而归。蜂场位于蜜源正中也可以。

四、养蜂机具

饲养西方蜜蜂选用郎氏标准蜂箱，饲养中华蜜蜂选用符合当地饲养习惯的各式蜂箱。蜂箱、隔王板、饲喂器、脱粉器、集胶器、取毒器、台基条、移虫针、取浆器具、起刮刀、蜂扫和脱蜂器具等都必须无毒、无异味。选用不锈钢割蜜刀、不锈钢或全塑无污染分蜜机。蜂产品储存器具无毒、无害、无异味。

五、蜂种

选择国内比较好的育种场引用健康良种,选用产卵力强、维持强群、抗病能力强、抗逆能力强、产蜜量高、节省饲料的蜂种。蜂王买回来后要实际养一段时间看看效果,效果满意后才能用来育王。

六、饲料

用蜂蜜作为蜜蜂的饲料,用蜂花粉作为蜜蜂的蛋白质饲料。饲喂蜂群的蜂蜜、花粉应经灭菌处理。被重金属污染、发酵的蜂蜜和生虫、霉变的花粉不能喂蜂。

七、人员

蜂场工作人员至少每年进行一次健康检查。传染病患者不应从事蜜蜂饲养和蜂蜜生产工作。

八、蜂群管理

(一)春季管理

对蜂群做全面检查,清除箱底死蜂、蜡渣、霉变物,保持箱体清洁。蜂场设置喂水器并定期清洗消毒。蜜集群势,保持强群繁殖。蜂群治螨,用药应符合《无公害食品 蜜蜂饲养兽药使用准则》(NY 5138—2002)关于双甲脒条、氟氯苯氰菊酯条、氟胺氰菊酯条和甲酸溶液的规定。根据蜂场所在地气候特点进行箱内或箱外保温。适时补饲或奖饲,低温阴雨天气要给蜂群巢门喂水。适时扩大蜂巢,加速蜂群群势增长。不要过早提前繁殖,10 ℃以下易冻僵,提前繁殖容易缩短蜂群寿命。群势不强,可将自己的蜂群合并,或买蜂合并,买笼蜂合并或扶壮。及时添加继箱,蜂群复壮后,加继箱可以一次性加 1 个或 2 个浅继箱。浅继箱内放 8 个巢脾或巢础框。第一个浅继箱装蜜 70% 左右时,在隔王板之上的位置加第二个浅继箱,依此类推。

(二)夏季管理

定期全面检查,毁净自然王台,加强通风,防止自然分蜂。采用遮阴、洒水等措施为蜂群生产和繁殖创造适宜的温湿度条件。采取转场等措施防止蜜蜂农药中毒和农药污染蜂蜜。

(三)秋季管理

养强群要从夏秋开始。把"春繁"变"秋繁",强群越冬。换新王培育越冬蜂。用蜂蜜而不用白糖繁殖越冬蜂。白糖繁殖的越冬蜂营养不良,寿命短,群势相差 47%。用蜂蜜饲喂的强群越冬蜂死亡率为 0.85%,用白糖饲喂的弱群越冬蜂死亡率可达 40% 左右,且寿命短。留足越冬用蜜脾(不是集中突击喂越冬饲料),弱群合并至 8~15 框。

(四)冬季管理

做到强群越冬。5 框蜂以下的蜂群合并,合并或调成 8 框蜂以上的强群。冬天不保温,尽量让蜂箱内温度低,用 3～4 箱体越冬。70%的饲料蜜脾放在最上面箱体内,中间箱放半蜜脾和空脾,最下面箱体内只放 1 张供蜜蜂上下用的空脾,

把蜂箱架起来 15～20 cm。成熟蜜脾直接留足,供蜜蜂自由食用。

九、蜂场、蜂机具、巢脾的卫生消毒

(一)蜂场环境的卫生消毒

每周要清理一次蜂场死蜂和杂草,清理的死蜂应及时深埋。蜂场每季应用 5%的漂白粉乳剂喷洒消毒一次。

(二)蜂机具的卫生消毒

木制蜂箱、竹制隔王板、隔王栅、饲喂器可用酒精喷灯火焰灼烧消毒,每年至少一次。塑料隔王板、塑料饲喂器、塑料脱粉器可用 0.2%的过氧乙酸、0.1%的新洁尔灭水溶液洗刷消毒。起刮刀、割蜜刀可用火焰灼烧法或 75%的酒精消毒。蜂扫、工作服经常用 4%的碳酸钠水溶液清洗和日光暴晒。

(三)巢脾的卫生消毒

选用 0.1%的次氯酸钠、0.2%的过氧乙酸或 0.1%的新洁尔灭水溶液中的一种浸泡12 h 以上对巢脾进行消毒,消毒后的巢脾要用清水漂洗晾干。储存前用 96%～98%的冰乙酸,按每箱体 20～30 mL 密闭熏蒸,以防止大、小蜡螟对巢脾的为害。保存巢脾的仓库应清洁卫生、阴凉、干燥、通风,以避免巢脾霉变。

十、病敌害防治

坚持常年饲养强群和保持蜂机具清洁卫生,减少蜜蜂疾病的发生。蜜蜂病敌害防治药物使用应符合《无公害食品 蜜蜂饲养兽药使用准则》(NY 5138—2002)的规定。优先选用日光、烘烤、灼烧、洗涤和铲除等机械的或物理的消毒方法,必要时使用消毒药物对饲养环境、蜂箱、巢脾和器具等进行消毒。允许使用乳酸、草酸、醋酸、蚁酸、硫黄、天然香精油(如薄荷醇、桉油精或天然樟脑等)防治疾病。严格执行休药期的相关规定。

十一、生产

(1)在蜂蜜生产期,生产群不应使用任何蜂药。

农作物及其他栽培作物蜜源施药期间,不应进行蜂蜜生产。取蜜场所应清洁卫生。商品蜜生产前,应取出生产群中的饲料蜜。

(2)在主要蜜源流蜜期前 40 天开始培育适龄采集蜂,蜜源不充足时可奖励饲喂。

在流蜜期 15 天前,从辅助群提出封盖子脾,调入生产群。在流蜜期开始前调整蜂群,将未封盖子脾放入巢箱,适当加入空巢脾、卵虫脾、粉脾和巢础框。其余封盖子脾放入继箱,补加空脾。当主要蜜源流蜜期在 12 天左右,且以后没有主要蜜源时,要在流蜜期前10 天开始限制蜂王产卵,直至蜜源结束为止。当主要流蜜期在 30 天以上仍有主要蜜源流蜜时,适当限制蜂王产卵,采取采蜜繁殖并举的饲养方式。采收的蜜脾应有一半以上的蜜房封盖。

(3)饲养强群、多箱体(见图 7-3),是成熟蜂蜜优质高产的关键。

图 7-3　三继箱生产成熟蜂蜜

　　研究表明,6～8 框蜂适合繁殖,9～14 框蜂蜜有结余,15～20 框相对丰收,21～27 框大丰收。强群产量高,一个 6 kg(22 框左右/群)蜂群的蜂蜜产量超过 3～4 个 3 kg(11 框左右/群)的蜂群。流蜜期强群蜂巢内的湿度为 55%,弱群蜂巢内的湿度为 65%。强群蜂巢内蜂蜜成熟得快。强群抗寒能力强,在蜂蜜充足情况下,可以度过 −40 ℃ 的严冬。强群比弱群抗病能力强,不容易生病。强群更节省饲料。4～5 框蜂的蜜蜂越冬,平均消耗的饲料是 1.9 kg,而 8～9 框蜂的蜜蜂越冬,平均消耗的饲料只有 1 kg,一半稍多点。强群越冬死亡率更低,4～5 框蜂的蜂群越冬蜂死亡数是 32.2 g,而 8～9 框蜂的蜜蜂死亡数却是 9.4 g,只有相当于 25% 左右。强群蜜蜂出勤率高,流蜜期强群蜜蜂出勤率为弱群蜜蜂出勤率的 3 倍左右。强群蜜蜂比弱群蜜蜂吻长 4%。强群蜜蜂蜜囊重 28.1 mg,弱群蜜蜂蜜囊重 16.7 mg,相差 11.4 mg。强群蜜蜂单次采蜜 38.7 mg,弱群蜜蜂单次采蜜 13 mg,相差 25.7 mg。强群蜜蜂的飞翔能力比弱群蜜蜂强两倍以上。流蜜期时,强群蜜蜂比弱群蜜蜂的寿命长 15.2%。

十二、储藏

　　储存容器为食品级塑料桶或无破损的蜜蜂专用桶,储存场地清洁卫生,防暴晒,不得与有毒、有害、有异味物质同处储存。

十三、记录

　　建立并保持记录。记录内容为蜂场基本情况、蜂场场地环境情况、主要蜜源情况、蜂群养殖情况、病虫害防治情况、蜂蜜采收和储运情况。记录应真实、清晰。

第三节　巢蜜的生产技术

巢蜜又称"蜂巢蜜"或"子蜜",保留了蜂蜜的风味和香味,可直接食用。巢蜜集蜂胶、蜂王浆、花粉、蜂蜜、幼蜂于一体,不仅营养丰富,还具有保健功效(见图7-4)。巢蜜生产成本高且生产工艺较复杂,在世界市场上备受青睐。

图 7-4　巢蜜

一、生产具备条件

(一)蜜源充足

养蜂场周围 3 km 范围内具有 1 种以上的主要蜜源植物和多种花期相互交错的辅助蜜粉源植物,且开花泌蜜稳定,没有受到农药、有毒有害物质的污染。山东境内用于生产巢蜜的植物主要有荆条、洋槐、枣树等,泌蜜稳定且酿成的蜂蜜不易结晶,色泽浅,气味芳香。

(二)设备良好

需配备一定数量的巢蜜继箱、巢蜜格、巢蜜盒和巢蜜框架等。

(三)蜂群强壮

要选择 12 框蜂以上健康无病、具有优质蜂王的蜂群生产巢蜜。当主要蜜源开花时撤去原来的继箱,将蜂王和面积大的子脾留在巢箱里。多余的巢脾(包括部分虫卵脾)将蜂抖落后调给其他蜂群,最后在巢箱上加已安好巢蜜格的巢蜜继箱。

二、生产格子巢蜜

(一)加巢蜜格造脾和储蜜

有 2 个蜜源衔接的地区,可利用前一蜜源造脾而后一蜜源储蜜;只有 1 个主要蜜源的地区,在主要蜜源未流蜜之前,宜先用蜜水喂足蜂群促使其加速造脾。用巢蜜框架生产巢蜜时采用 2 个巢蜜继箱(浅继箱),每层巢蜜继箱放 3 排巢蜜格框(见图 7-5),上下相对与封盖子脾相间放置。当巢蜜格框储一半蜂蜜后将封盖子脾放回巢箱,将巢蜜框架集中在 1 个巢蜜继箱内,撤走空的继箱的同时加第二个巢蜜继箱。第二个巢蜜继箱加在第一个巢蜜继箱的上面,等到第二个巢蜜继箱内的巢蜜格脾造好时将第二个巢蜜继箱移到第一个巢蜜继箱的下面即巢箱之上。第二个巢蜜继箱充满一半以上蜂蜜时再按照上述方法添加第三个巢蜜继箱,依次类推。

图 7-5　格子巢蜜

(二)控制分蜂热

用于生产巢蜜的是经过选择的强大蜂群,生产期间把 2 个箱体减为 1 个箱体,上面只加 1 个巢蜜继箱时,容易促成分蜂热,发生自然分蜂。控制分蜂可采取两种方法。

(1)生产巢蜜的蜂群必须采用当年培育出的优良蜂王,每隔 5～7 天检查蜂群一次,及时毁除所有发现的王台,同时让蜂群生产王浆,扩大巢门。必要时将巢蜜生产群刚封盖的子脾与一般蜂群幼虫脾交换。

(2)生产巢蜜的蜂群内如发现王台则立即毁除,以后每隔三四天进行一次检查。在第二次检查时可能会找到更多的王台,这时应将蜂王杀死并毁掉所有王台。除去蜂王后的第8天在毁掉所有王台后,诱入1个成熟王台或1只新产卵的蜂王。

(三)平整封盖

蜜蜂习惯在同一方向造脾,把蜂蜜装在巢脾后半部则前半部储蜜较少,或因外界流蜜量大或饲喂量忽多忽少容易出现封盖不平整的现象。为此,生产巢蜜的框架时应设计带有控制蜂路的薄板,以免蜜蜂任意加高蜜房;每次检查和调整巢蜜继箱时,将巢蜜继箱前后调头放置,促使蜜蜂造脾、储蜜均匀;主要蜜源流蜜量大时及时添加装有蜜格的继箱;饲喂时根据储蜜情况掌握适宜的饲喂量和饲喂时间。当主要蜜源即将结束、蜂箱内有部分巢蜜格尚未储满或尚未完成封盖时,可用同一品种的蜂蜜饲喂,早晚各一次,每次1.5 kg。如果蜜格内已储满蜜但未封盖,可于每晚酌量饲喂促使封盖。如果巢蜜格中部开始封盖,周围仍不满则限量饲喂,且饲量不可过大。为便于加强通风,饲喂期间不宜盖严覆布。

第八章 山东省中华蜜蜂的饲养与保护发展情况

第一节 中华蜜蜂

山东省中华蜜蜂个体小,飞行敏捷,抗寒抗敌害能力强,出勤早,对零星蜜源植物采集力强、利用率较高,喜欢筑巢于山区的枯树洞和岩洞中,对维持山区生态平衡功不可没,其缺点是产品单一(仅产蜂蜜)、产蜜量少、群势小(单群内工蜂数量少)、对大宗蜜源(短期内大量开花的蜜粉源)的利用能力较差、爱咬牌、爱盗蜂、易飞逃、容易感染具有"蜜蜂癌症"之称的中蜂囊状幼虫病,且人工饲养难度比西方蜜蜂大。

一、分类

中华蜜蜂是我国珍贵的蜜蜂种质资源,2006 年被列入《国家级畜禽遗传资源保护名录》。中华蜜蜂,简称"中蜂",是我国境内东方蜜蜂的总称,是我国土生土长的蜂种。在被人类饲养以前,它们一直处于野生状态,广泛分布于除新疆以外的全国各地,特别是南方的丘陵、山区。在长期自然选择过程中,中蜂为了适应当地的生态条件,其形态特征和生物学特性随着地理环境的改变而产生了差异,形成了特有的生物学特性。近年来,国内外的研究将中华蜜蜂初步分为北方中蜂、华南中蜂、华中中蜂、云贵高原中蜂、长白山中蜂、海南中蜂、阿坝中蜂、滇南中蜂和西藏中蜂九个类型。山东省中华蜜蜂作为典型的北方中蜂的代表,千百年来与泰沂山脉的植被生态协同进化,形成了独特的形态特征和优良的生产性能。

二、起源

1983 年,山东山旺地区发现了距今 2500 万年中新世的蜜蜂化石——新蜜蜂,其与近代生存的中华蜜蜂的各种形态特征非常接近,特别是后翅中脉分叉完全一致,可认为是中蜂的祖先。几千万年来,中蜂就在中国广袤的大地上生息,是我国各种被子植物的主要传粉昆虫。在与被子植物互相适应的过程中共同进化,这不仅塑造了现代的中蜂种群,还形成了中国独特的自然生态体系。由于中蜂的吻总长在 5 mm 以内,所以我国多数被子植物的花筒较短,80% 以上显花植物的花筒深度在 6 mm 以内。丰富的植物多样性与丰富的昆虫种类多样性、鸟类种类多样性相伴而生,构成了互相依存、互相制约平衡的生态体系。几千年来,我国的山林中很少发生大规模的虫害及其他生物灾害。山东饲养蜜蜂的历史悠久,历代都有人饲养中蜂,过去主要是传统的土法养殖方式,如缸、桶、笼饲养,历史最高存养 3 万多群。中华蜜蜂被列为 2009 年 4 月山东省畜牧兽医局公布的《山东省畜禽遗传资源保护名录》(鲁牧畜科发〔2009〕16 号)。近年来,山东省人民政府和蜜蜂产业主管部门对全省的中华蜜蜂实施了一系列保护措施,并建立了六个省、市保护区,蜜蜂数量稳步增长。2017 年以来,为了进一步加强对中华蜜蜂的保护力度,日照、潍坊等地又在探索建立风景区与中华蜜蜂保护区相结合的保护模式(见图 8-1)。

图 8-1　日照市五莲县九仙山风景区内的中蜂场

2017 年,临沂市申报建立国家级中华蜜蜂保护区——沂蒙山中华蜜蜂保护区。2019 年 5 月 10 日,蒙阴国家级中华蜜蜂保护区批准建立(见图 8-2)。

图 8-2　蒙阴国家级中华蜜蜂保护区
(图片由临沂市畜牧站提供)

三、山东中华蜜蜂的基本情况

（一）形态特征

山东中蜂蜂王体色多呈黑褐色，雄蜂体色为黑色，工蜂体色以黑褐色为主（见图8-3）。2017 年 7～12 月，对具有代表性的沂蒙山地区 7 个传统土法中蜂饲养场的蜜蜂形态特征测定分析表明，中蜂体长为 12.06～13.35 mm，平均前翅长为 8.20～8.69 mm，平均前翅宽为 2.80～2.98 mm，平均肘脉指数为 3.22～3.69，平均第三、第四背板总长为 3.43～3.57 mm，山东地区的中蜂在形态特征上具有特异性（如体长较长）。

图 8-3　山东中华蜜蜂

（二）生物学特性

山东中蜂分蜂性较弱，可维持 10 框以上蜂量的群势，温驯，盗性较强，抗巢虫能力较强，相对于其他地区的中蜂对中蜂囊状幼虫病的抗性相对较强。蜂王一般在 2 月中、下旬开产，蜂王昼夜产卵可达 500～1000 粒。

（三）生态经济价值

中蜂对于维护山东省自然生态系统具有重要的生态价值，对山东区域果树如枣树、苹果树、板栗树、梨树、桃树、山楂树、樱桃树等的果品的提质增效发挥了重要传粉作用。山东中蜂主要生产蜂蜜、蜂蜡和少量花粉，年均群产蜜量为 5～20 kg。

第二节　自然资源及饲养状况

一、山东中蜂中心产区及分布

　　山东中华蜜蜂中心产区为蒙阴县,主要分布于沂蒙山区、鲁中南山区,包括临沂市的蒙阴、费县、平邑、沂水、沂南、莒南等县;淄博市的沂源县;潍坊市的临朐县、青州市;济宁市的曲阜市;日照市的五莲县等(见图8-4)。

图8-4　五莲山区农户门楼上的中蜂

二、产区自然生态条件

(一)自然生态良好

　　产区位于山东省中南部丘陵地带,地跨北纬$34°22'\sim38°24'$,东经$114°47'\sim122°42'$。境内山脉自北而南有鲁山、沂山、蒙山、尼山四条主要山脉,较大山头有800余座,一般海拔为$200\sim500$ m。海拔在500 m以上的山峰有500余座。山地植被比较茂密,气候属温带季风区大陆性气候,气温适宜,四季分明,光照充足,雨量充沛,无霜期长。春季回暖快,年平均气温为 11 ℃～14 ℃,极端最高气温为 40 ℃,极端最低气温为－21.1 ℃,年平均无霜期为 200 天,年平均降水量一般为 550～950 mm。尤其是蒙山周边,丘壑纵横、林果茂密,大量的蜜粉源植物使这里成为养蜂的好地方。山东生物资源种类多、数量大,境内有各种植物 3100 余种,其中野生经济植物 645 种;树木 600 多种,以北温带针、阔叶树种为主,各种果树 90 种,山东因此被称为“北方落叶果树的王国”;中药材 800 多种,含植物类 700 多种。每年从 3 月中旬到 10 月中旬,有连续 7 个月的花期,覆盖春、夏、秋三个季节。总之,山东的自然条件对发展养蜂业十分有利。

(二)蜜源植物丰富

山东蜜粉源资源面积大、种类丰富,共有 220 余种蜜粉源植物,主要有荆条、刺槐、枣树、板栗、泡桐、苹果树、玉米、棉花等。其中,刺槐 2.2×10^5 hm²(330 万亩)、苹果 4×10^5 hm²(600 万亩)、枣树 1.7×10^5 hm²(255 万亩);玉米 4×10^6 hm²(6000 万亩)、棉花 2.67×10^5 hm²(400 万亩)、蔬菜 2×10^6 hm²(3000 万亩)。辅助蜜源植物也非常丰富,有大片的樱桃、桃树、杏树、梨树、山楂树、石榴、李子、梅子、油菜、白菜、萝卜、荷花等,以及玉米、小麦、水稻、大豆、高粱、荞麦等农作物。山区丘陵还有漫山遍野的紫草、何首乌、丹参、连翘、五倍子、益母草等中草药,为生产中药特色蜜提供了充分蜜源。山东省除 11 月至翌年 2 月无蜜粉源外,其他月份均有蜜粉源,为发展养蜂业奠定了先决条件。

三、山东中蜂饲养状况

(一)群势消长形势

20 世纪末,中华蜜蜂在山东省濒临灭绝,由 2 万多群锐减到不足 2000 群。中华蜜蜂一旦完全灭绝,会影响整个与之相关的植物共生生态系统,如泰山、崂山等地的野生植物将会逐渐因不能得到有效授粉而枯萎死去,秀美青山变成荒凉秃山。2011 年以来,为了保护中华蜜蜂资源,在山东省畜牧局及各地市主管部门的共同努力下,已在淄博的沂源县、临沂的蒙阴县和费县、潍坊的临朐县、济宁和东营相继建立了六个中华蜜蜂隔离保护区。济宁建立起了省级中华蜜蜂保护区及保种场。曲阜尼山蜜蜂生态园是弘扬蜜蜂精神和文化的典范,教育人们感悟蜜蜂辛勤劳动、无私奉献的精神,沐浴中华蜜蜂文化,观赏蜜源植物,体验蜜蜂养殖,品尝新鲜蜂蜜,亲近蜜蜂、感恩蜜蜂、感悟人生。2017 年 3 月,曲阜尼山蜜蜂生态园有限公司被中国养蜂学会确定为蜜蜂文化基地。

(二)群体规模

据山东省畜牧部门统计,2017 年度山东省中华蜜蜂存养量为 3.05 万群,17 地市中华蜜蜂养殖户共有 532 户。养殖户数较多的是临沂(164 户,占全省的 30.83%)、淄博(159 户,占全省的 29.89%)、潍坊(89 户,占全省的 16.73%),三地的养殖户占全省的 77.44%。再往下是泰安(27 户)、烟台(21 户)、济南(18 户)、聊城(14 户)、日照(13 户)。山东省平均养殖中华蜜蜂 71.77 群,个体养殖规模最大的是临沂的 800 群。

第三节　保护中华蜜蜂的重要意义

一、濒临灭绝的中华蜜蜂种群

(一)中华蜜蜂与引进的西方蜜蜂之间存在种间竞争

20世纪30年代,我国引进了西方蜜蜂的优良品种,导致中华蜜蜂在食物采集、防守巢穴、繁衍后代等方面都受到了极大的影响。由于西方蜜蜂群体较多,在采蜜时明显影响了中华蜜蜂的采蜜量。在蜜源植物开花结束后,在饲养意大利蜂群3 km范围内的中华蜜蜂蜂群都死亡了,而在死亡的中蜂蜂王身上找到的蜇针是意大利工蜂的蜇针。在外界蜜源缺乏时,意大利蜂为了食物而潜入中蜂群内,杀死蜂王,然后掠夺巢内的存蜜,造成中华蜜蜂蜂群的直接灭亡。由于中华蜜蜂交配时所分泌的性信息素和西方蜜蜂的相似,所以会吸引来西方蜜蜂的雄蜂,对中华蜜蜂的交配造成干扰,致使交尾成功率大幅下降,导致中华蜜蜂蜂群的繁衍受到影响。外来蜂种带来了各种病虫害,如囊状幼虫病、欧洲幼虫腐臭病、孢子虫病等,它们对这些病虫害已形成抵抗力,受害不严重,而对中蜂来说却是一种新的病虫害,造成了严重为害。现在已确定20世纪70年代严重为害中蜂的囊状幼虫病的病原来源就是意大利蜂群的工蜂通过野外采集花粉、花蜜,把病毒传染给中蜂,然后这种病毒在中蜂体内繁殖并发生变异,变异株在中蜂群间大规模传染疾病。由于中蜂首次被传染,没有抵抗力,最终造成超过100万群的中蜂大量死亡。

(二)中华蜜蜂的生存环境受到破坏

由于我国耕地资源短缺,导致我国在土地开发上毁林造田,使得蜜粉源植物受到一定的破坏,这也就直接影响了中华蜜蜂的生存空间。广泛使用杀虫剂、除草剂等农药对蜜蜂的水源以及蜜粉源植物造成了污染,使得部分蜜蜂中毒而死。

(三)缺少中华蜜蜂的专业养殖人员

以前一般都是在木桶、竹篓或者树洞中养殖中华蜜蜂,大多数都处于野生或者半野生状态,所以养殖中华蜜蜂的养殖户缺少相应的饲养管理,导致蜜蜂养殖场规模难以扩大。特别是从事中华蜜蜂养殖的人员年龄较大,他们难以承担起饲养蜜蜂的繁重劳动,而年轻人又不愿意养殖,养殖人员的减小进一步导致了中华蜜蜂的采蜜量少,经济效益不高。而为了提高经济效益,这些年龄较大的蜜蜂养殖员往往会选择饲养采蜜能力较强的西方蜜蜂。

二、中华蜜蜂的生态作用是西方蜜蜂无法代替的

(一)中蜂授粉的广度和深度超过西方蜜蜂

在我国自然生态体系中,西方蜜蜂在生态位上与中蜂虽然有许多重叠,但其个体特性却有许多差异,如西方蜜蜂的工蜂嗅觉灵敏度较低,不易发现分散、零星开花的低灌木和草本植物,如十字花科、蔷薇料、漆树科、山茶科、五加科、唇形科、菊科、葫芦科等一些种类。这些种类的植株分散,矮小,多生长在遮阴处。开花时,中蜂是主要采粉者,西方蜜蜂

的工蜂很难去采粉。另外,在同一采集地区,中蜂每日外出的采集时间比意大利蜂提早和延迟,一般多 2~3 h。因此,中蜂对本地植物授粉的广度和深度都超过了西方蜜蜂。中蜂被西方蜜蜂取代就降低了当地植物的授粉总量,使多种植物授粉受到影响,会使一些种类的种群数量逐渐减少直至最终灭绝,最终导致山林中的植物多样性变弱。

(二)中蜂能够在较低温度下活动

当在气温 7 ℃左右时,中蜂的工蜂便能正常进行采集活动了。而在四川阿坝地区,当气温为 3 ℃~4 ℃时,阿坝亚种的工蜂便会外出采集。在福建南靖县的八叶五加开花期(12 月至翌年 1 月),气温 14 ℃以下时的中蜂蜂群外出采集工蜂数量平均超出意蜂3 倍。中蜂的安全采集气温是 6.5 ℃,而意蜂却是 11 ℃,中蜂工蜂的采集气温比意蜂低3 ℃~5 ℃。如果西方蜜蜂代替中蜂,早春和晚秋在较低气温中开花的物种,如枝属、香薷属、菊科、十字花科等一些种类,其受粉作用将受严重影响。

(三)中蜂在地域生态中的传粉作用是西蜂无法替代的

西方蜜蜂引进我国已有 100 多年了,依然只能在东北的大、小兴安岭以及新疆北部地区零星生存,在其他地区必须依靠人工饲养繁衍。而饲养西方蜜蜂的许多蜂场在主要蜜源结束后,由于无法像中蜂一样依靠零星、分散蜜源留在原地繁殖,需追花夺蜜、转地放养。西方蜜蜂在一定程度上能代替中蜂的传粉作用由于转地放养也就丧失了。此外,我国山林中的胡蜂种类众多,中蜂能对抗这些胡蜂的攻击,与胡蜂处于共存的平衡状态。而我国许多胡蜂种类对引进的西方蜜蜂品种会造成毁灭性打击。在欧洲山区,胡蜂的种类少,多为小型胡蜂,与当地野生西方蜜蜂种群处于互相共存的平衡状态。欧洲的西方蜜蜂引入我国后,不能对抗我国胡蜂的攻击,无法代替中蜂成为新领地的野生种群,发挥其生态作用。

(四)其他传粉昆虫也无法弥补中蜂的作用

熊蜂、壁蜂、切叶蜂等其他传粉昆虫与中蜂在采集蜜粉源上,已形成各自的范围,其生态位上已互相分离。熊蜂主要选择大花朵、花瓣鲜艳的花,如葫芦科种类,切叶蜂以豆科种类的花为主,壁蜂以早春蔷薇科种类的花为主。中蜂主要选择不鲜艳或白色、无色花,以花序复杂的小花朵为主。一些传粉昆虫虽然也可以去采集依赖中蜂授粉的植物种类,但受各自行为特性所限定的采集选择性,难以改变其传粉特性,授粉的效果远不如中蜂。因此,这种弥补作用很有限。况且自然界中的传粉昆虫种类虽多,但多为个体和小群体,能为植物授粉的个体总数量少于中蜂群,故无法满足众多植物种类的授粉需要。没有了中蜂,会使许多显花植物种类因不能得到授粉而灭绝。中蜂的灭绝导致植物的多样性发生变化,破坏了原有的生态平衡,造成一些昆虫种类猖狂繁衍,从益虫成为为害人畜的害虫。

第四节　中华蜜蜂的四季饲养管理技术要点

蜂群饲养管理具有很强的技术性,需要严格遵守自然规律,正确处理蜂群与气候、蜜源之间的关系,根据中华蜜蜂的生物学特性和预定的目标,科学地引导蜂群活动,而且全国各地的自然条件千变万化,即使同一地区,每年的气候、蜜源条件以及蜂群状况也不尽相同,因此,在养蜂生产实践中要根据具体情况具体分析。

一、中蜂春季饲养管理

中华蜜蜂蜂群经过几个月的冬季蛰伏,在春季进入了全年生产的准备阶段,也就是春季繁殖阶段。春季蜂群繁殖、复壮的快慢关系到当年养蜂生产的收入,是养蜂生产的重要一环。早春,蜂王于立春前后(2月上旬)开始产卵。2月下旬至3月上旬,外界开始有花粉。蜂群的变化是越冬老蜂每日死亡数超过幼蜂出房数,蜂群内的蜂数由多变少,群势出现下降趋势(开繁要求蜂多于脾的原因)。蜂王的产卵量随着外界气温的升高,蜜粉源的大量出现和工蜂的日渐活跃,由少到多(几十粒至几百粒)逐渐增长。从蜂王开始产卵到新蜂出房,最后新蜂更替老蜂,达到蜂王刚开始产卵时的群势,这段时间称为"恢复期"。当出房新蜂的增加数超过越冬老蜂的死亡数时,进入增殖阶段或发展阶段。蜂数变化:多→减少→增多。增殖期一般在4月上、中旬完成。

(一)场地选择及蜂群摆放

1.场地选择

中蜂放蜂场地应选择在远离工厂、矿山、公路等僻静的山坡、半山坡,坐北朝南,高燥,不积水,背风但通风良好,冬暖夏凉,最好选择在山区有稀疏小乔木的缓坡林地的山洼里饲养。将蜂箱垫高离地50 cm,这样既有充足的光照,又排水遮阴,通风良好。避开人畜干扰,附近要有清洁的水源。蜂场选址时应提前综合考量,包括蜜源种类和数量、单位面积承载蜜蜂的数量、单个蜂场蜂群的摆放密度等多种要素。要求周围一定要有良好的蜜粉源,粉源更重要,因为花粉是幼虫发育不可缺少的,粉源不足就会影响蜂群的恢复和发展,虽然可人工饲喂,但效果远不如天然花粉。

2.蜂群摆放

中蜂认巢能力差,但嗅觉灵敏,摆放不能像西蜂那样整齐紧密,应尽可能分散,各群巢门的朝向尽可能错开,避免蜜蜂迷巢错投后引起斗杀。不要将蜂箱摆放在墙角或塞在屋檐下,既不利于操作管理,通风也不良。水泥屋顶(场坪)太干热,也不适合摆放蜂箱。如果只能摆放在屋顶和门前水泥场坪上,除将蜂箱垫高外,同时在蜂箱大盖上覆盖遮阳帘,自制草帘最好。

(二)蜂群全面检查

1.箱外观察

观察蜜蜂的出巢表现和排泄飞翔。蜜蜂以微弱的生理活动结成越冬蜂团,以半蛰伏状态度过冬蛰期,一旦条件合适,便恢复活动。在早春天气暖和的时候,蜜蜂出巢飞翔,排泄腹中整个冬季积存的粪便,时间一般在2月上旬至3月上旬。蜂群在经过排泄飞翔后,蜂王开始产卵。当蜂群排泄飞翔时,要注意观察蜂群的活动情况。越冬顺利的蜂群,蜜蜂飞翔有力。蜂群越强,飞出的蜜蜂就越多。越冬不顺利的蜂群,蜜蜂腹部膨胀,趴在巢门板上排泄,说明蜂群在越冬期的饲料不良或箱内过于潮湿。出巢迟缓,出巢蜂少,而且飞翔无力,说明群势弱。如果从巢门出来的蜜蜂无秩序地在箱上乱爬,像在寻找什么,侧耳靠箱又可听到箱内有混乱的声音,该群有可能已失王。

2.开箱检查

早春蜂群经过排泄飞翔后,为了及时、全面了解蜂群越冬后的情况,在天气晴暖无风的中午,外界气温高于 14 ℃时,快速进行第一次全面检查,详细记录每箱蜂的情况,了解越冬情况:储蜜多少、有无蜂王、产卵情况、群势强弱等(2月中旬至3月上旬)。根据检查结果采取相应的管理措施。若失王,补入保存的蜂王,若无多余的蜂王就进行合并;缺蜜的补充饲喂蜜(糖),同时饲喂花粉、盐和水;抽出多余的空脾,密集群势,并调整好每个群势;清理巢脾框梁上的杂物,清扫箱底蜡渣和杂质;翻晒和更换保温物。总之,就是为蜂群的繁殖创造有利的条件。检查操作时动作要轻、快,以防挤伤蜂工,避免时间过久造成巢温散失(早春蜂群维持巢内中心温度在 34 ℃左右很不容易),以及引起盗蜂。要密集群势,蜂路保持在 1 cm 以内。在正常情况下,不做全面检查,只做箱外观察和局部检查。

(三)人工保温

孵育蜂子的适宜温度是 34 ℃～35 ℃。早春气温低,昼夜温差大,要加快繁殖速度仅靠蜜蜂自身的调节是不够的。蜂群保温不良则会多耗饲料,使幼虫发育不良。为了使蜂巢内的温度保持较稳定,不易散失,减少越冬蜂的劳动强度,延长工蜂寿命,提高哺育能力,必须采用人工保温措施。

1.调节巢门

巢门是蜂箱内气体交换的主要通道,随着气温的变化要随时调节巢门的大小。中午或天暖时,适当放大巢门,加大空气交流;天冷和夜间要缩小巢门,减小巢门进风。

2.紧缩巢脾

中蜂喜欢密集。第一次检查时,就抽出多余空脾,密集蜂数,做到蜂多于脾,蜂路缩小到 0.8～1 cm。这样做的好处是:脾数少,蜂王产卵比较集中,蜜蜂密集便于子脾保温,气候突变时能防止子脾受冻,使幼虫得到充足的哺育,发育成的新蜂体质健康。而且有大量的越冬工蜂哺育少量的幼虫(几只工蜂哺育 1 只幼虫),培育出的新蜂营养充足、健壮、个体寿命长,防止出现春衰。

3.箱内保温

及时抽出多余空脾,保持蜂多于脾;在隔板外添加保温物,撤掉副盖(纱盖),巢框上面直接盖覆布,覆布上加盖棉垫、报纸或草纸等保温物,注意防潮;糊严蜂箱缝隙。

4.箱外保温

采取单箱包装,以防外出蜂返回时迷巢和引起盗蜂。在蜂箱箱底垫 10～13.3 cm 厚的干草,箱后和两侧也用 10～13.3 cm 厚的干草包装严实,箱盖上面盖上草帘;晚上用草帘把蜂箱前面上半部盖上,早晨去掉。

5.双王同箱饲养

在 1 个蜂箱中放两群蜂,中间用大隔板隔严,每群各开 1 个巢门。双王同箱饲养适用于较弱小蜂群,可以互相取暖,便于保温。

(四)蜂群饲喂

蜜蜂需要花蜜或蜂蜜中的糖类,花粉中的蛋白质、脂类、维生素、矿物质(盐)、水等才能够维持蜂群正常活动。适时补充糖类,尤其是白砂糖(蔗糖),有利于对蜂群的管理,免于蜂群饥饿,刺激蜂群繁殖,增加采粉蜂数量,有助于给作物授粉。适时补充花粉,当蜂群中花粉不足时,就会减少幼虫哺育,工蜂寿命还会缩短,这些负面因素最终会影响蜂群生产力,导致养蜂者收入减少。有研究表明,由于雨季采集减少,花粉短缺会导致蜂群群势下降,而春季补充花粉有利于蜂群繁殖。蜂群并不能随时获得花粉,在蜂群管理中,给蜜蜂补充花粉可以刺激蜜蜂繁殖。通过补充花粉还有助于抵御大蜂螨、孢子虫的为害。

1.饲喂蜜(糖)

(1)补助饲喂。在春季气温寒冷多变、蜜粉源植物缺乏时,对饲料不足的蜂群在包装之后必须立即给予补助饲喂,保证蜂群春繁阶段的饲料供应,促使蜂王多产卵。补助饲喂以前一年预留的封盖蜜脾最好,若没有就用开水溶化优质白砂糖制成糖浆饲喂,糖水比为2∶1。饲喂时手感稍温即可,避免降低巢温。

(2)奖励饲喂。对蜂群进行奖励饲喂,可在蜂巢内饲料充足的前提下起到促进蜂王多产卵的作用。在距主要蜜源开花流蜜期前40多天开始奖励饲喂,每天傍晚对蜂群进行少量奖励饲喂,开始以50~100 g为宜,之后随着子圈面积的扩大而逐渐增加,每次增加一点,以刺激蜂王产卵积极性,直至蜜源开始流蜜。奖励饲喂是用开水溶化优质白砂糖制成糖液饲喂,糖水比为1∶1。饲喂时手感稍温即可,避免降低巢温。蜂蜜因气味较大容易引起盗蜂而不宜采用。

2.喂花粉

在内保温包装的同时,每群加1张粉脾或调制花粉。调制花粉以每次喂够2~3天的量为标准,防止变质。此时喂的花粉既是工蜂为泌浆饲喂蜂王必需的,还是3日龄以上大幼虫的基本食料。

3.喂水和盐

从春季繁殖保温时就开始给蜂群喂水,并在水中加微量的食盐。

(五)扩大产卵圈

产卵圈的大小,关系到蜂群繁殖的快慢。早春不可用取蜜的方法扩大产卵圈。若产卵圈偏于一端,或受到封盖蜜的限制时,要帮助蜂群扩大。若产卵圈偏于一端,而工蜂能爬满巢脾时,巢脾前后调头,一般先调中间的,后调两边的子脾;中间子脾大而两边子脾小时,可将子脾小的调到中间。若产卵圈遇到封盖蜜包围时,逐步从里到外割开封盖蜜盖,扩大供蜂王产卵的巢房。

(六)扩大蜂巢

春季蜂群经过恢复,新蜂不断出房,取代了越冬老蜂,蜂数迅速增加。1只越冬蜂只能哺育1个幼虫,而1只春季出房的新蜂能哺育3~4只幼虫。当外界气候温和、有零星蜜源开花时,要充分利用蜂王产卵积极性和工蜂哺育力,适时合理扩大蜂巢,迅速壮大群势。

扩大蜂巢,就是给蜂群添加空脾或巢础。只要巢脾上多半的空房都产上卵而且蜂多于脾时,就可加第一张脾;第二次加脾可脾略多于蜂;第三次加脾要等到蜂数密集到蜂脾相称或蜂多于脾时再加。春季加脾本着"先紧后松,再紧"的原则。中蜂喜新脾,爱咬旧脾,所以在加脾时尽量选用较新的巢脾。加空脾时,先喷上温热稀蜜水,晚上进行奖励饲喂。当外界出现零星蜜源时,充分利用中蜂泌蜡造脾能力强的特性,直接加入巢础框造脾(第二次或以后)。春繁加脾时要特别注意蜂群群势。春繁加脾,是蜂群管理中的一项很关键的技术,无论加得快与慢,都会对蜂群繁殖产生影响。由于蜂群群势的发展,受蜂王质量、工蜂哺育能力、饲料以及外界气候等诸多因素的影响,不是一成不变的,必须灵活掌握,适时加脾,尤其是春季加第一张脾非常重要。因为各方面条件的差异,应坚持"宁晚勿早"。加脾的原则是"前期要慢(使蜂多于脾),中期要稳(使蜂脾相称),后期要快(可使脾多于蜂)"。春繁前期加脾要加在边上(隔板内),不影响巢温,对幼虫生长有利,蜂王产卵有序。繁殖后期以加巢础为主(可预防分蜂热发生),可加在巢内任何地方。第一、第二次加脾,选巢脾上部有部分封盖蜜的巢脾,减轻蜜蜂酿造饲料的劳动。

(七)适时取蜜

春季经过对蜂群的饲喂和扩大蜂巢,蜂数不断增加,随着气温升高、蜜源丰富,蜜蜂采集积极性升高,喜欢把蜜储于子脾上面,容易出现蜜压子现象,从而限制了蜂王产卵,促进了分蜂热的产生。所以应该随时取掉多余蜂蜜,以免影响繁殖。取蜜在天气晴暖时进行,掌握"强群多取,弱群少取;气候稳定多取,气候不稳定少取"的原则。

(八)撤除保温物

当外界气温逐渐升高(日平均达到 10 ℃以上),群势达到 4 框以上时,根据群势强弱,采取先里后外的方式逐渐减少保温物(在 4 月中旬或下旬先后全部拆除)。温度低时,为了促进繁殖,维持巢内恒定的育虫温度,做好保温是必要的,但当外界气温逐渐升高,群势增长之后,如果不及时撤掉保温物,由于温度过高,会加速工蜂衰老,促进提前产生分蜂热,对于生产和繁殖都不利。

(九)加强分蜂期管理

蜂群经过春季的快速发展阶段,工作蜂增多,除了有利于采集蜜源,也开始产生分蜂情绪。中蜂多在谷雨到立夏间开始第一次分蜂。

1.扩大蜂巢和早取蜜、勤取蜜

进入分蜂期前,根据群势及时扩大蜂巢,增加产卵面积,幼虫增多可增加工蜂哺育强度,防止分蜂热过早出现。早取蜜、勤取蜜既增加了蜂蜜产量,又扩大了产卵圈,能抑制分蜂热的过早发生。

2.扩大巢门,加宽蜂路

随着蜂群壮大,巢内子脾和储蜜增多,蜜蜂的活动加剧,导致巢温升高。扩大巢门,放宽蜂路,可以改善通风条件,加强巢内气体交换,也能减缓分蜂热的产生。

3.调整群势,调换子脾

将强群中的老熟封盖子脾调入弱群,把弱群中的幼虫脾调入强群。若分蜂热已形成,就将封盖子脾全部抽出调入弱群,能有效地抑制分蜂热。

4.淘汰旧脾,多造新脾

充分利用蜂群经过春季繁殖群势强壮、群内拥有众多幼龄蜂、泌蜡能力强的优势,及时加巢础造脾,扩大产卵区域。增加内勤蜂的劳动强度,转移产生分蜂热的能量,可以淘汰旧、劣、雄蜂房多、不整齐的巢脾,多造新脾。

5.选用良种,更新蜂王

提前在全部蜂群中选择不爱分蜂、能维持强群、抗病力强的蜂群作为种群,进行人工养王。当蜂群有分蜂热趋势时,及时换入新产卵王。

6.有计划的早育王、早分蜂

根据蜂群的发展情况和当地主要蜜源确定具体的育王时间。育王和人工分蜂工作要在自然分蜂之前完成。新蜂王有旺盛的产卵力,可以有效地控制群内出现的分蜂热。有计划地早育王,更换老劣蜂王,人工分蜂增加蜂群数量,消除分蜂热。

(1)蜂种的选择。中蜂是我国特有的物种,自然分布于除新疆之外的全国各地,经长期的自然进化,形成了很多类型,体形群势差异极大。许多饲养者热衷于到处引种的做法是不合适的,其原因:一是中蜂在我国资源保护名录之内,为保证各中蜂类型的特异性,不允许乱引种,以防造成混杂。二是各地中蜂特异性不同,如北方中蜂类型个体较大,群势也大,耐寒怕热,在南方遇到夏季高温高湿的气候群势衰减极快,甚至越夏失败。此外,从外地引进蜂王极易带入外地的传染病,本地蜂群易被感染,引起流行病的发生。因此,蜂种以当地自选自育为好,可以在同个类群中选择群势大、采蜜能力强、温驯抗病的蜂群作为培育处女蜂王和雄蜂的亲本群,通过人工育王的方法培育适合当地气候资源的饲养种蜂。同一饲养者的全部蜂群均应使用遗传背景一致的蜂王。

(2)蜂王使用时间。在生产上,1只蜂王用多久,一年换几次蜂王,这是所有养蜂者的疑问。对于中蜂饲养,新蜂王肯定比老蜂王好,在有条件的地方,有充足的雄蜂,一年换两次蜂王为佳,甚至可以更多,不必担心换王期间会影响蜂群的繁殖。一年至少要换一次蜂王,后代抗病力才强,才能维持大群势。

7.定期检查,毁弃王台

接近分蜂期,要每隔3~5天对蜂群进行一次检查,将蜂群内的自然王台毁于早期阶段,以起到延缓或解除分蜂热发生的作用,为养王、人工分蜂争取足够的时间。

(十)及时分群

群势迅速壮大到一定程度时会产生分蜂热,在这个时期要特别注意定期检查,防止分蜂逃跑。可把蜂王的翅膀剪短,蜂王即使分出来也飞不远,便于收蜂。对于已经分出第一群的蜂群可能还会分第二次,所以应该立即检查其王台数量。如果不想继续分蜂就只留一个最佳的王台,待其出房后就形成新蜂群。注意处理好分蜂热群,流蜜期前半个月内的自然分蜂群可以让其自然分出,这样的分出群有利于造脾,在流蜜前期采集力很强,新王群子脾羽化后对采集中、后花期很有利。流蜜期中出现分蜂热将严重影响蜂蜜产量,处理办法是:

(1)在出勤大旺时,将小群或新王群与闹分蜂群互调箱址。

(2)已有分蜂情绪,而在采蜜时不能进行自然分蜂的,可介入近期成熟王台或采取合并蜂群来缩短分蜂期,强逼在取蜜前提早自然分蜂。

(3)流蜜期短,自然分蜂已在初期发生,这时可以把原群搬至2~3 m远的地方另置,分出群收捕后另箱放原址,让原群的外勤蜂飞回原址,随后调整巢脾,把分出群组成实力雄厚的采蜜群,原箱群暂做交尾群,而后与邻近蜂群合并。

(十一)提高中蜂高产措施

1.流蜜期前培育适龄工作蜂

参与流蜜期采集和酿蜜的工蜂数量多少对蜂蜜的产量有直接影响。适龄工蜂的数量多,才能保证蜂蜜的高产稳产。流蜜期前60天至流蜜终止期前20天,在这段时间内由蜂王所产的卵最终羽化的工蜂是整个流蜜期的有效工蜂。在流蜜期内最能发挥工作效能的工蜂称为"最适龄工作蜂",它们能终生直接参与采蜜工作,对蜂蜜的产量影响最大。

2.流蜜期中要减少内勤蜂负担

培育了大批适龄工蜂后,还要解决好内勤和外勤工作的比重,以最大限度地增加外勤蜂。除了维持必需的巢温和哺育、酿蜜的内勤蜂外,框平均出勤率愈高愈能夺取蜂蜜高产。流蜜期中减少内勤负担,在适宜的时间开始有计划地压缩产卵圈,同时也为流蜜期的到来准备好充足的储蜜房。选用优良蜂王和常用新王、流蜜期前培育适龄工蜂、流蜜期中减少内勤蜂负担三者有机地结合起来,才能保持蜂群兴奋的工作情绪,这是蜂群内部因素对夺取蜂蜜高产的本质要求。

3.流蜜期蜂群的组织和处理

(1)定采蜜群群势。根据流蜜期的长短、流蜜强度、气候特点和与下一个流蜜期的远近来确定组织采蜜时的群势,这样有利于夺取蜂蜜的高产和全年稳产。一般组织4框以上的群势来采蜜。达不到群势的可通过断子处理集中取蜜。

(2)适时断子。适时断子换新王,当新王在流蜜初期已开始产卵时,对夺取流蜜前、中期的产量最为理想,但后期产量将逐次减少,这是由于新王产卵圈扩大,必要时可以利用处女蜂王换出健产新王,较有利于继续夺取后期产量。如果新王产卵孵化是处在流蜜中期,那么这类蜂群对夺取流蜜中、后期的产量最为可观,前期产量较次,这是前期无王、工蜂情绪低落的缘故。因此,各地蜂场在确定何时除王断子较有利于收蜜时,应考虑各流蜜期的气候情况,有计划地安排人工育王的时间和批次。适时限王断子的蜂群也可以表现出高产性能,措施是在流蜜期前10天左右将产卵王限制在1张脾上产卵,让其他子脾断子,而后毁弃这些子脾上成熟的改造王台,将子脾合并成老王群取蜜。那些不经适时断子的小群,到流蜜期临时合并的杂烩群是不能够获得高产优势的,流蜜期短时更是如此。

(十二)中蜂咬脾及管理措施

中蜂喜新脾、厌旧脾,清巢能力较差,而育儿区多集中在巢脾的中下部,所以这部分老化得快,咬脾也是从中下部开始的。中蜂咬脾在冬春季发生较多。冬季咬脾是为了防寒,便于结团,没有巢脾间隔利于保温。春季咬脾是为了驱赶巢脾上的巢虫,清除巢房内遗留的粪便和茧衣,咬掉陈旧部分巢脾重新修造,让蜂王在新巢脾上产卵。中蜂清理巢房能力较差,产过几代子的巢房残留有羽化时的茧衣,房孔变小,幼虫发育空间狭小。咬脾后重新修造时,连接处容易出现雄蜂房。咬脾后续造的部分与原脾平面有差别,1张巢脾的两面出现凹凸不平,脾面不整齐,增加了修理巢脾的工作量。中蜂的清巢能力差,咬脾时落下的蜡渣堆积在箱底,容易滋生巢虫。预防咬脾的管理措施:一是保持蜂多于脾或蜂脾相称,不应脾多于蜂;二是越冬时把完整的巢脾放在两侧,半张脾放在中间,便于蜜蜂结团;三是春季繁殖时将旧巢脾的下半部分割掉,让蜜蜂重新造脾;四是充分利用蜜源期多造脾,及时更换淘汰老旧巢脾。中蜂巢脾最多用两年。

(十三)春季蜂群出现春衰

早春时,越冬蜂陆续大量死亡,出房新蜂少,新、老蜂没有正常更新接替,哺育力不足,造成群势急剧下降,就是常说的蜂群春衰。造成春衰的主要原因是饲养管理不当。避免蜂群春繁时出现春衰的管理措施:一是前一年秋季最后一个蜜源期要尽可能培育出众多的适龄越冬蜂。越冬时,要确保巢内温湿度合适、饲料充足。二是春季繁殖换脾时要换入优质饲料脾,并喂足蜜蜂繁殖不可缺少的花粉。若没有花粉,须以优质花粉代用品饲喂,增加蜜蜂营养,提高越冬蜂健康水平。增强其泌浆能力,延长寿命。三是早春蜂王开产前,对蜂群紧脾密集群势,加强保温,供给充足的优质饲料和水,减轻越冬蜂的劳动强度,延长其寿命,确保出房新蜂健康,使工蜂数量稳步上升,以强壮的群势进入流蜜期。四是扩群加脾坚持"忍缓勿急"的原则。避免早春多变天气造成幼虫损伤,白白耗费越冬蜂的饲喂劳动。五是春繁初期做到蜂多于脾(至少蜂脾相称),尽量单脾或两脾起步繁殖,适当控制蜂王产卵量。

(十四)预防幼虫病的措施

蜜蜂的病虫害防治是发展养蜂生产的重要保障。春天虽然是一个生机盎然的季节,却也是一个疾病高发的季节。中蜂春季的主要病虫害有中蜂囊状幼虫病、欧洲幼虫腐臭病、巢虫等。依据防重于治和预防为主的方针,选育抗病蜂种,饲养强群,做到蜂脾相称,及时淘汰老脾,多造新脾,同时保证箱内整洁。

具体措施:一是密集群势,加强保温。在春季气温较低时,应将弱群适当合并,缩小蜂巢,做到蜂多于脾,以提高蜂群清巢和保温能力。二是断子清巢,减少传染源。三是保证蜂群有充足的饲料,以提高蜂群对病害的抵抗能力。四是在奖励饲喂时,添加抗细菌和抗病毒药物预防。春季繁殖时期,采取蜂群强弱互补的方法(以强补弱、以弱扶强)。早春气温低,弱群因保温和哺育力差,产卵圈扩大较慢,宜将弱群的卵虫脾抽出调给强群,重新加入空脾,让蜂王继续产卵。这样,既可发挥弱群蜂王的产卵力,又能充分利用强群保温和哺育能力。等强群新蜂陆续出房时,再将强群中开始出房的封盖子脾带着幼蜂补给弱群,使其转弱为强。

二、中蜂夏季饲养管理

夏季天气炎热潮湿,蜜粉源比较缺乏,而敌害众多,巢虫和盗蜂严重,蜂群遭受的损失往往比越冬损失还要严重。越夏期间,要密集群势,做到蜂多于脾或蜂脾相称。这样有利于蜂群维持恒定的巢温,少受外界炎热、干旱气候的影响。中蜂喜有储蜜,而怨缺蜜,储蜜缺乏极易引起逃亡和削弱群势。因此,在越夏前一个蜜源期要留足越夏饲料,尤其是花粉。在盛暑期间,外界蜜蜂稀少,不能进行奖励饲喂,以免刺激蜂王产卵和工蜂出勤,增加劳动量从而缩短工蜂寿命,造成秋衰。针对高温气候对蜂群的影响,对蜂群的饲养管理主要应采取正确放置蜂箱朝向、适当加箱、遮阴降温、补充饲喂和加强病虫害防治等管理措施。

(一)科学取蜜

到了初夏,大片花源开放流蜜,要勤查巢脾是否注满了蜜。一旦蜜储满巢房封盖,养蜂者就要开始取蜜了。取蜜不能一次取净,至少留1脾,防止阴天下雨蜜蜂不能出巢采蜜,或者为调动蜂王产卵积极性,有王的那脾不能取蜜。也可以采取每群中蜂每次只取一半巢脾中的蜜,下次再取剩下的脾中蜜,这样不影响中蜂的采蜜积极性,而且产蜜快。到了大花源流蜜期末,就不能取蜜了。

(二)繁殖新蜂群

在夏季,繁殖蜜蜂就代表减少取蜜。在山东地区,每年 4～5 月油菜花、洋槐花、枣花、椿树花、楸树花、桐树花等相继开花,因此,在山东地区应当先取蜜后繁蜂,这样既不影响当年产量,也繁殖了蜂群。大蜜源过后,6～8 月就开始分蜂,有自然分蜂和人工分蜂两种。自然分蜂是指巢脾上出现王台后,老蜂王带领一批蜂飞出蜂门,落在附近的树上或建筑物上,由人工收回,蜂群可随意摆放。人工分蜂是指巢脾上出现王台后,等王台顶部变成红褐色时,把带有蜂王台的脾、子脾及蜜脾三四个,放在另一蜂箱即可。但不能距原箱太远,否则分出去的工蜂又飞回原箱。

(三)防自然分蜂

在山东地区,每年立夏前后中蜂就出现分蜂热。防止中蜂分蜂的方法有:扩大蜂路,使蜜蜂进出不拥挤;将强群里的封盖脾调整给弱群,换出弱群的空脾加在强群;开大巢门,改善蜂箱通风条件;勤查蜂群,及时毁除自然王台。

(四)遮阴降暑

三伏天共有 40 多天的炎热,使蜜蜂闷热难熬,若不采取科学管理,蜂群就会产生严重夏衰,直接影响蜜蜂的秋繁和越冬。为使蜂群安全度夏,可采取以下几项措施:第一,保证饲料充足。在入伏之前,一定要保证蜂群有充足的饲料,如果糖蜜不足,要按 2∶1 的白糖水喂饱喂足。第二,蜂箱遮阴。有条件的可在蜂箱上部布满遮阴网,或者用带叶子的树枝放在蜂箱上遮阴。特别是中伏气温很高时,将巢门开至最大,可在蜂箱上洒水降温,全天保持蜜蜂有足够的饮水,最好使用巢门饲喂器。

(五)添加继箱

夏季放置蜂箱时,最好选择放置于能够适当遮阴的树下,并且蜂门尽量朝南或朝北。这样,即使蜂群的东、西两面有遮阴物,也不至于阻塞工蜂的出勤之路。如果蜂群群势较为强壮,蜂群内部蜂子过密,应适当加继箱。一般一次加入 1 只继箱圈,以扩大蜂箱内部空间,从而缓解巢气温过高的局面。

(六)淘汰老弱王

到了夏末秋初的时候,就要抓紧时间换掉老弱王。一般中蜂王可持续两三年,换王后的蜂群过冬是有保障的。

(七)加强病虫害防治

1.防治巢虫

巢虫又叫"绵虫",是蜡螟的幼虫,只要有巢脾的地方就会有巢虫。当蜂群兴旺时,巢虫就会销声匿迹;当蜂群衰弱时,巢虫便会肆虐。每年立春将至,养蜂者首先要做的事就是打开蜂箱,清扫箱底过冬蜂所咬的蜡屑,每周一次。没有蜡屑,也就没有了巢虫栖息之地,这是防巢虫的一个很有效的方法。此外,把多余的空脾全部放在几个空箱里,在箱底放防巢虫药物,也可把多余的巢脾用硫黄熏蒸,消灭巢虫,还可用现成的药物巢虫灵喷洒在蜂箱底和巢脾上。

2.预防中毒

山东地区每年夏季都会进行"飞防",用飞机喷洒农药防治美国白蛾,而养蜂者通过转场进行躲避,如继续留在原地往往会造成大批工蜂死亡,给养蜂者造成很大损失。山东地区果园众多,果农每年都要给果树喷洒农药,养蜂者在周边放蜂往往因不知情,蜜蜂误食花蜜和吮吸叶面的农药露珠,致使中毒。急救办法:一是饲喂甘草与金银花混合糖水,取甘草 2 g,金银花 50 g 加水 5 kg 煎熬数分钟,滤出汤液,再按 8∶1 加入白糖,可饲喂 10 多群蜂。同时,也可将汤液喷洒蜂脾。二是农作物喷施的农药大都是有机磷农药,如果发现中毒,可将 0.05% ~ 0.1% 的硫酸阿托品或 0.1% ~ 0.2% 的解磷定溶液混合喷在蜜蜂身上,这样蜜蜂可相互吸吮,达到治疗的目的。

三、中蜂秋季饲养管理

秋季管理的主要任务是培育高质量适龄越冬蜂,为来年生产打下坚实的基础。秋季是一年养蜂的重中之重,是蜜蜂秋繁的关键,也是越冬蜂的准备期。

(一)抓好秋繁工作

初秋,正是桂花、菊花和许多山花盛开的时期。每次取蜜不能取得过净,始终给蜂巢内留足够的繁殖蜜,才能培育出大量适龄越冬蜂,为翌年春繁早做准备。

适龄越冬蜂是指工蜂羽化出房后,没有从事过采集、哺育和越冬饲料转化等工作,只进行过飞行排泄的工蜂。这样的蜜蜂在生理上是年轻的,寿命长,越冬死亡率低,哺育力强,能在翌年的春繁中发挥更好的作用。山东地区培育适龄越冬蜂的时间一般是 9 月中旬至 10 月中旬。培育适龄越冬蜂的主要措施有五项。

1.更换优质新王繁殖

新王产卵速度快,子圈大,能快速培育更多越冬蜂。在每年 7 月末至 8 月初新培育一批蜂王,更换全场老、劣蜂王。要更换的老王可先关入王笼并挂于巢内,待新蜂王被接受并开始产卵后再将其单侧剪翅后放出,组成母女同巢群繁殖,发挥老王余热。也可将剪翅后的老王放到产卵力相对不足的蜂群中产卵。这样,老蜂王一般会在晚秋时被自然淘汰。

2.保证蜜粉饲料充足

培育越冬蜂时,蜂群内至少应有 1 张大蜜脾或每张巢脾都能有 1/4 左右的饲料蜜。同时,每晚用 1∶1 的糖浆进行奖饲,饲喂量以当晚吃完为度,避免一次饲喂过多引起盗蜂。奖饲糖浆的量要根据巢内的储蜜情况而定,切不可大量饲喂,造成蜜压子。

3.保证充足的产卵空间

培育越冬蜂,必须有足够的空巢房,如果群内储蜜过多,空巢房少,必然会严重影响越冬蜂的培育。所以在培育越冬蜂之前,就要将过多的储蜜取出或将部分大蜜脾抽出,在箱外保存,越冬前再放入蜂群。

4.保持蜂脾相称

在培育越冬蜂前,要将蜂巢中多余的巢脾撤出,有几框足蜂就放几张脾,保持蜂脾相称。蜂脾相称,既能增强工蜂的护脾能力,又有利于预防盗蜂的发生。秋季夜间气温较低,蜂脾相称有利于保持恒定巢温,可维持较大的产卵圈和子脾发育健康。

5.适时断子

山东地区的断子时间一般在 10 月中下旬,可以采取两种措施:一是给蜂群降温,通过放大巢门,扩大脾间距到 15 mm 等方法。二是快速喂足越冬饲料,使蜂王无空房产卵。中蜂断子不可关王,因为关王后有可能导致工蜂产卵。

（二）补喂越冬饲料

蜂群的越冬饲料最好是提前预留的蜜脾，如果不足就要进行人工饲喂。饲喂越冬饲料的时间在 10 月下旬，11 月 1 日前必须结束。太早的话，会挤压蜂王的产卵空间；太晚的话，蜜蜂有可能来不及转化和浓缩，糖浆中的水分不能充分蒸发，这样的饲料在越冬期间可能会引发大肚病，而且越冬蜂参与转化饲料会减少寿命。饲喂越冬饲料时脾之间的间距可加宽至 15 mm，以增加蜜脾厚度。若巢内空脾不足，可以适当多加几张巢脾，等子脾全部出房后再调整，保证每个蜂群有 4 张以上的整蜜脾。

（三）预防甘露蜜中毒

甘露蜜不是每年都有，干旱年份易出现，山东地区基本上每隔几年就会出现一次。当在晚秋发现蜜蜂采进甘露蜜时，一般有三种应对办法：一是转场，转移到松树、柏树少，无甘露蜜的地方；二是结合转场，清空采进的甘露蜜，重新喂饲越冬饲料；三是从预防甘露蜜的角度出发，提前备足越冬蜜脾在箱外保存，在越冬前抽出箱内所有巢脾，换入储备蜜脾。

（四）越冬前的检查和调整

1.蜂群检查

一般在 10 月下旬至 11 月上旬，要对蜂群进行最后的检查。检查内容有三个方面：一是蜂群的群势，将不足 4 足框的蜂群合并。二是检查蜂群有没有失王，合并失王群，因为晚秋时被西方蜜蜂或者胡蜂为害过的蜂群有可能会失王。三是检查饲料是否充足。储蜜不足的可从蜜多的蜂群调入或者用储备蜜脾补足。

2.蜂巢的调整和布置

蜂群检查的同时，要对整个蜂巢进行调整，抽出多余空巢脾和半蜜脾，每个蜂群要留 4～5 张整蜜脾。越冬蜂群不能放太多的半蜜脾，应以脾少蜜足为原则。

（五）防止盗蜂与胡蜂

秋季蜜源终止时，极易发生盗蜂，这时就要将蜂箱巢门关至最小，减少开箱次数。必须开箱时尽量做到快开快查。饲喂和检查蜂群的工作应在早晚进行，并且不要把糖液弄到蜂箱外，以防引起盗蜂。轻者可在被盗蜂箱巢门口抹些煤油，驱赶盗蜂。重者在巢门抹煤油已无济于事，应立即将被盗蜂群搬到 5 km 以外，在此放空蜂箱可消除盗蜂。在山区和林区容易出现胡蜂，要注意经常扑打、毒杀或引杀。

四、中蜂冬季饲养管理

自山东省大规模推广活框饲养中蜂以来，中蜂产业发展迅猛，但每年冬季蜂群死亡量较大，严重制约了整个产业的发展速度，掌握正确的越冬技术是确保中蜂安全过冬的关键。在越冬期间，应以保持蜂群安静、不挨饿、不被冻、不伤热、不散团、少活动为原则。

（一）蜂群保温

1.越冬蜂群箱外包装保温

随着气温的降低，要逐渐加强对蜂群的保温工作。一般在气温下降到 −10 ℃时，在蜂箱底部铺一层塑料布或油毡防潮，上边垫 10 cm 厚的锯末、秸秆、杂草；一排蜂箱的后边和两侧用砖砌到与蜂箱等高，距蜂箱侧壁约 10 cm，蜂箱上部用草帘盖好。之后当最低气温下降到－15 ℃时,在蜂箱两侧和后壁填上 15 cm 高的锯末。最低气温下降到－20 ℃以下时,要把锯末填到蜂箱大盖的下沿。用以上办法保证蜂群箱内的温度,使其安全越冬。近几年气候多变,蜂群保温包装时间和厚度要根据气温变化灵活掌握,不能固守于节气的变化。

2.箱内保温

若冬季气温低于 5 ℃时,可采取蜂箱内填充稻草作为保温物的方法进行保温。将稻草晒干,抖干净,切成蜂箱内径长度,扎成小草把,大约单手一握大小,在温度低于 5 ℃前紧脾,使蜜蜂密集,蜂多于脾,将草把填在隔板外,可填满副盖和大盖之间时也可填上。

(二)调控巢门

巢门是蜂群唯一的空气流通口和管理人员观察、掌握蜂群情况的主要途径,所以巢门一定要通畅。巢门的大小可根据外界气温的高低和箱内的潮湿度进行调节。定期在巢门前巡视,防止巢门被堵。如果气温较高,有较多蜜蜂飞出活动,要扩大巢门,并在巢门前遮阴,避免阳光直射巢门,刺激蜜蜂活动。

(三)预防鼠害

修补好蜂箱漏洞,在巢门前钉上几根铁钉,确保蜜蜂可出入,而老鼠不能进入。

(四)箱外观察

越冬期要多做箱外观察,判断蜂群情况,若发现有少数蜂群不安,且从纱盖上观察到蜜蜂散团,可能是储蜜结晶或蜜蜂吃了不成熟糖浆;若在蜂箱外看到有残缺不全的蜂尸,可能是发生了鼠害。发现以上情况要及时采取相应的措施。后期要保持巢门通畅,可以10～15 天听测蜂群动静一次。

(五)越冬后期的检查

越冬蜂群被饿死往往发生在越冬后期,所以在越冬后期要对蜂群进行一次快速检查。检查时间通常选在 2 月中下旬一晴暖无风的天气里,快速打开蜂箱盖,检查蜂群结团情况、饲料剩余情况。此时不宜提脾检查,只需轻轻挪动或掂一下巢脾重量即可判断出剩余饲料情况,然后进行适当调整和处理,或者蜜脾调头,或者调入储备蜜脾。

(六)蜂具消毒与保存

利用冬闲时节做好蜂箱、巢脾、箱盖等的修补工作,并将所有的养蜂用具进行彻底消毒,将暂时不用的用具密封保存。放蜂的场地要利用冬天的机会进行全面的锄草整理、消毒。

第五节　中华蜜蜂分蜂热的成因及措施

分蜂热是蜂群因一定的内因和外因,持续保持一种亢奋的状态,对分蜂欲念越来越强烈进而演变成一种狂热的、从极强蜂群向极弱蜂群转化的飞逃行为。分蜂热是所有中华蜜蜂养殖者都会遇到的棘手问题,对中蜂养殖的影响较大,如不能有效控制,就会对整个蜂场蜂群造成极大的损失,甚至使其消亡。如何有效地控制分蜂,阻止或减少分蜂热的产生,保持蜂群强势,提高整个蜂场蜂群的采蜜能力就显得尤其重要了。

一、造成分蜂热的原因

（一）中华蜜蜂特性

中华蜜蜂个体小、灵活，耐热、耐寒性适中，善于收集零星蜜源，对山区的适应能力强。自然分蜂是中华蜜蜂独有的特性，对中蜂的发展有着重要的意义。但凡事有两面性，对于养蜂者而言，在流蜜期保持蜂群强势是决定蜂蜜产量的必要条件，所以要正确认识分蜂行为，有效地加以利用、控制，提高养蜂的经济效益。

（二）蜂王因素

中蜂蜂王年龄、品性优良与否，性情温和或暴躁，和分蜂表现欲的狂热程度有着密切的关系。避免中华蜜蜂分蜂热，要准确把握蜂王的品性、年龄。一般蜂王从受精卵到出王台约需 16 天。5～8 天处女蜂交配，交配后 3～4 天开始产卵。蜂王的寿命一般为 3～5 年，1～2 年是其生理机能最为旺盛的时期，产卵及王系物质分泌能力处于最强时期，对整个蜂群的强弱转化起着决定性的作用。

（三）季节影响

山东属暖温带季风性大陆气候，每年的 3～4 月天气转暖，油菜、樱桃、梨树等蜜源性植物先继开花流蜜，外界的粉蜜充足、气候适宜，大量的蜜粉被工蜂采集进来，蜜储封盖、粉仓爆满，蜂王产卵快速增加，子脾饱满。蜂群由弱转强迅速，内部分蜂条件成熟，工蜂的情绪躁动，开始快速在巢脾的子脾下方边沿筑造多个王台，迫使蜂王产卵，发育成蜂王，王台变黑封盖，分蜂指数飙升。此时如遇天气晴朗，老蜂王必带领一部分蜂群自然飞逃分蜂。

（四）空间影响

蜂群过于强势，脾多蜂多，蜂箱内的活动空间相对狭小，整个蜂箱内巢脾上蜜、粉、子几乎满仓，蜂箱内空气流通不畅，温度高、闷，箱内不能正常地提供给工蜂储备蜜粉的空间，蜂王找不着产卵的地方，蜂箱空间不能拓展，空巢脾加入困难，再加上出房工蜂数量快速增多（青年工蜂为主），蜂明显多于脾，整个蜂群物质储备过剩，工蜂群"无所事事"、消极怠工，多数聚集在巢门外，形成野"胡子"蜂，分蜂指数形成。

（五）病害侵袭

各种疾病，各种天敌，侵袭骚扰，蜂群无奈只能出逃。

二、应对措施

（一）改良现有品种

根据中蜂的生物特性，同时根据本地的地域环境，引进良好的蜂王品种加以改良，培养出适应性强的品种。如山东地区适宜引用地域条件较近的东北地区的中蜂蜂王经过培养与本地雄蜂杂交后的二代蜂王，其产卵、性情、抗病能力明显好于其他的品种，对分蜂热不是太过狂热，能在短时间内平息。

（二）注意季节变化

随着气温的升高，外面的蜜源逐渐丰富起来，油菜花、桃花、梨花等一系列花竞相开花。要随时留意蜂群的整个情绪变化情况，注意观察蜂群是否处于亢奋状态，巢门前工蜂的出工、聚集等情况。必要时需要开箱检查,以天气晴朗、气温合适(18 ℃)的 8 时至 9 时为宜(阴雨、暴热天气蜂群易暴躁,会引起群攻蜇人)。大多数工蜂在此时外出忙碌,不会引起太多攻击,对整群的巢脾做一次全面检查。主要检查:脾内蜂蜜、花粉、子脾的储备情况;封盖的子脾下是否有新的王台出现;箱内的温度是否过高;蜂群的密度是否过大等情况,然后对每一群作出一个评估,制定出不同的应对措施。

(三)建立养殖台账

根据养蜂场的养殖生产情况,记录蜂群日常管理、合群分蜂时间、新旧蜂王的换王时间、产卵是否正常、分蜂情绪、性情等,以更好地掌控蜂群的发展趋势,为养蜂者把控蜂场的整个局势提供参照。

(四)控制、更新蜂王

中蜂的生物特性就是 1 只蜂王控制一群蜂,新蜂王的产生是决定分蜂的主要因素,所以控制蜂王的形成、出逃、换王是关键措施。

1.割台保群

分蜂热的兴起,多数与新王台的形成有关。王台形成后,整个蜂群就会躁动,工蜂无心劳动,对老蜂王减少或者停止饲喂,老蜂王就会减少或停止产卵,形体消瘦,很快失去对整个蜂群的控制能力,分蜂飞逃欲念形成。及时捣毁新王台虽然是 1 种有效解决分蜂热的手段,能解"燃眉之急",但是非"长久之计"。多次捣毁王台会进一步刺激蜂群强烈的分蜂情绪,导致整个蜂群处于一种亢奋状态,疯狂地分蜂飞逃,直到整群分蜂到极弱而消亡。

2.防止蜂王出逃

安装蜂王防逃器,能有效地留住蜂王。当分蜂群分出后,因蜂王未出箱,飞逃蜂群大多数会在外面暂时聚集停留,随后回巢,这时可进行人工分群。

3.淘老换新

根据蜂王的产卵及王系物质的分泌能力,淘汰产卵弱、控群差的老蜂王,通过直接投王或移虫育王,完成新老接替,是保证蜂群强势和控制分蜂热的重要手段。

(五)蜂群强弱平衡

因蜂群强弱不等,强弱互补也是快速解除分蜂热的有效方法之一。将强势蜂群中带有封盖多、排列整齐的子脾,与相对弱势蜂群中较差的子脾进行调换调整。调节方法:选择傍晚,取出强群子脾好的巢脾,抖掉辅助蜂,用白酒与清水按 1∶1 的比例喷洒子脾,然后放入弱群,用同样的方法将弱群的巢脾放入强群。经过一晚,工蜂开始哺育幼虫就算成功。强群蜂王加强产卵,工蜂更加辛勤劳作、饲喂幼蜂;弱群中调入的强蜂群子脾蜜蜂会逐渐孵化出房,更多工作蜂迅速补充力量,由弱变强。通过以上措施,能有效地分散强群的分蜂意志,弱化分蜂热,同时也能让弱群发展,为以后的大流蜜期提升整个蜂场的采蜜能力奠定基础。

(六)腾空释压

蜂蜜储存过剩,蜂群的工蜂就会"不思劳作",大量聚集在巢门,而蜂王找不到地方产卵,情绪烦躁,蜂群性情伴随活动区域狭小、内部温度高等因素极易暴躁,产生分蜂情绪。一般 1 只蜂王的控制能力为 10 张蜜粉子脾。在大流蜜期,采取扣王或者利用隔王板的方法控制蜂王产卵,减少幼虫,减轻哺育蜂的工作量,为工蜂提供更多的储蜜空间。为了腾出地方,增加空脾,稀释蜂群密度,及时摇取蜂蜜,让整个蜂群的工蜂处于繁忙状态。大量的工蜂外出采蜜,无暇于分蜂,自然可消除分蜂情绪。

(七)搞好相关疾病及敌害预防

1.疾病防治

山东山区中蜂主要受到欧洲幼虫腐臭病和囊状幼虫病的为害。欧洲幼虫腐臭病属于病菌感染,囊状幼虫病属于病毒侵害,主要引起中蜂幼虫发病,发病快,传染性强,一旦发生,分蜂飞逃是必然的。治疗欧洲幼虫腐臭病一般是先换掉有病的巢脾,然后用千分之一的高锰酸钾溶液喷洒箱体及巢脾,最后用抗生素 0.5 g 兑 3 kg 糖水,饲喂整个蜂群;治疗囊状幼虫病主要是处理掉有病的巢脾,引入新的子脾,再将盐酸吗啉胍(病毒灵)按一定比例放入糖水,供蜂群食用。

2.消除敌害

中蜂的敌害很多,如巢虫、大胡蜂、蟾蜍、蚂蚁等,主要表现为:巢虫蛀食中蜂巢脾,破坏蜂巢,影响蜂王产卵,破坏幼蜂发育;大胡蜂以捕食蜜蜂著称,往往成群结队而来,有的甚至钻入蜂箱内咬死蜂王;蟾蜍在巢门吞噬蜜蜂不可小视,1 只大蟾蜍一晚可吞食一群蜂;蚂蚁深入蜂箱内,盗食蜂蜜,对蜜蜂的储蜜消耗很大,影响整个蜂群的育子、蜂王的产卵。这些都极易惹怒蜂群而产生分蜂飞逃,通过喷药、捕杀、调整蜂箱地面位置等手段解除威胁,分蜂热自然减少。

第六节 中蜂蜂蜜和意蜂蜂蜜的区别

一、中蜂蜂蜜

中蜂蜂蜜就是中华蜜蜂产的蜜,俗称"土蜂蜜""土蜂糖""中蜂糖"。中蜂蜂蜜富含葡萄糖、果糖、氨基酸及维生素等多种成分。中华蜜蜂是我国土生土长的蜂种,产的花粉相当少,仅够维持蜂群发展,不产蜂胶,蜂王浆很少。中蜂蜂蜜是中蜂采集山区、丘陵等处的花蜜充分酿制而成的蜂蜜,味道甜润,略带微酸,口感绵软细腻,爽口柔和,喉感略带辣味,余味清香悠久,色泽金黄,纯净无杂,含有多种能被人体直接吸收的微量元素、氨基酸、维生素、酶和生物活性物质等营养成分,是浓缩的天然药库。《本草纲目》记述,中蜂蜂蜜对人体健康的价值高,是药引的首选蜂蜜,堪称"蜜中精品",也由于酿蜜周期长、蜜源稀少而被誉为"蜜之珍品",具有润肠、润肺、解毒、养颜的作用,能增强人体免疫功能,提高机体抗病能力。人工大量养殖中蜂的难度大,而且产量也低,所以总的养殖量很小,但蜂蜜的质量大大优于别的蜂种,能够生产特种蜂蜜。

二、中蜂蜂蜜和意蜂蜂蜜的区别

(一)产量及价格

目前,我国存养的中华蜜蜂群数约为 300 万群,中蜂蜂蜜年产量为 50000～100000 t,价格为 160～400 元/kg,存养的西方蜜蜂群数约为 600 万群,西方蜜蜂蜂蜜年产量为

300000～400000 t,价格为 60～100 元/kg。中蜂蜂蜜因其是由中蜂在原生态的生产环境中采"百花之精华"酿造而成的,所以蜂蜜成熟度高,蜜香味更浓。早春、晚秋气温较低,西方蜜蜂不出勤采集,而中蜂则可以采集并生产特种蜂蜜。中蜂蜂蜜不仅产量较低,而且售卖的大都是高浓度的成熟蜂蜜,具有更丰富的营养和更高的保健功效,深受消费者信赖,所以,中蜂蜂蜜的市场价格往往是普通意蜂蜂蜜的几倍。

(二)中蜂蜂蜜天然纯净,药残少

从生物竞争的角度讲,中蜂很难竞争过意蜂,但凡有意蜂的地方,中蜂就很难生存,导致中蜂只能在远离村庄或偏僻的山区生存,使其所采蜜源常常是没有被任何工业或农业污染的,因此,中蜂蜂蜜成了天然无污染蜂蜜的代名词。中华蜜蜂在我国已有 7000 万年的生存历史,对自然病虫害有自己的抵御方式,抗病性能要比意蜂强。这就意味着中蜂蜂蜜含抗生素的概率要比意蜂蜂蜜低。养蜂最担心的病害就是蜂螨,意蜂受到蜂螨寄生时会引起蜜蜂的大量死亡,有时甚至达到百分之七八十的死亡率,如果不治螨就会使整个蜂群毁灭掉。而中蜂就很少发生螨虫病害,这是因为蜂螨如果附着在中蜂身上,中蜂腹部就会剧烈抖动起来,只要蜂螨在身上,这种动作会一直延续下去。急剧的摆动将引起周围其他工蜂的注意,其他工蜂就会爬到它的身上,把蜂螨叼走。这是中蜂独有的特性,意蜂不具备。这种特性确保了中蜂不受蜂螨的困扰。而为了解决此类的蜜蜂病害,养蜂者需要给蜜蜂喂食杀螨药物,意蜂蜂蜜中含抗生素的概率就会高于中蜂蜂蜜。中蜂耐低温,中蜂的工蜂在气温达到 7 ℃左右时就能进行正常的采集活动,能够采集很多早春开花的植物,如早春梨、杏、樱桃等。种植作物在此时还没有大面积开花,农药还没有开始使用,所以中蜂蜂蜜纯净无污染。

(三)中蜂蜂蜜酿造时间长

1.善于利用零星小蜜源

从酿蜜的过程来说,中蜂因个体小,更勤劳,每天早出工 1 h,晚收工 1 h,嗅觉灵敏,可远距离飞行,除了利用大的蜜源外,利用零星小蜜源能力强,这是其他蜂种所不具备的,这也是中蜂蜂蜜的营养价值高于意蜂蜂蜜的原因。举例来说,同样采椴树蜜,意蜂就只采椴树的蜜,所以酿出来的蜜的营养比较单一,其中活性酶的种类比较少;而中蜂除了采椴树蜜外,还会采枣花蜜、漆树蜜,甚至其他许许多多不知名的小蜜源,使得中蜂蜂蜜中的活性酶十分丰富、全面,要远超意蜂蜂蜜。中蜂的嗅觉比意蜂的要敏锐,非常擅于利用环境中的零星花源,会在山野间筛选最好的花蜜采集,而意蜂则更喜欢采集成片的单一花源。

2.个体小,酿造时间长

蜜蜂白天把蜜采回之后,晚上要扇动翅膀,蒸发蜂蜜里的水分,达到要求之后,再用蜂蜡把蜜房封存起来。中蜂因为个体小,翅膀扇动起来的风力小,所以蒸发水分的能力也弱,这就导致酿蜜时间长。如此这般,中蜂采回来的蜂蜜种类将更多,使得蜂蜜的营养也更加丰富。而意蜂个体大,翅膀扇动有力,蒸发水分的能力很强,导致酿蜜时间短,从而使蜂蜜的营养不如中蜂全面。中华蜜蜂的酿蜜封盖期为 120 天,蜂蜜的自然纯度更高,滋味更醇厚。

（四）中蜂蜂蜜口感好，香味浓

1.散热方式不同

中蜂在巢门扇风时腹向里、头朝外，鼓风机式的扇风；意蜂正相反，头向里、腹朝外，抽水机式的排风。

2.中蜂蜂蜜口感好

中蜂蜂蜜的辣喉感要比西蜂蜂蜜的强烈一些，这是因为我国山区的蜜源植物多，蜜蜂所采集的花蜜里所含的物质更多一些。中蜂蜂蜜里含有大量的生物碱，在食用的时候就会感觉有一种辣喉感。中蜂还靠自身分泌抑菌物质、芳香物质来辅助保存蜂蜜并进行巢内抑菌。正因为中蜂的这种特性，让中蜂蜂蜜的活性酶值高，有大量天然抑菌、芳香物质，蜂蜜细腻，这也是中蜂蜂蜜可药用的原因所在，也是美容、润肺、润肠必须用中蜂蜂蜜的原因所在。在口感上，刚采割的中蜂蜂蜜有较浓的中草药味，酸甜苦辣四味俱全，而意蜂蜂蜜口感普通，口味单一。

（五）中蜂蜂蜜外观色泽好

从蜂蜜的外观来看，中蜂蜂蜜是凝固黏稠状态，是混合蜜，混合有微量的花粉、蜂蜡等成分。据研究，中蜂蜂蜜中的花粉粒含量要比意蜂的多。中华蜜蜂蜂蜜绝对花粉浓度为 1.55 万个/g，显著高于意蜂（1.01 万个/g）。意蜂蜂蜜稀而透明，水分大，成分单一。从结晶和色泽上看，中蜂蜂蜜结晶后颗粒细微，细如脂，润如奶油（见图 8-5），而意蜂蜂蜜结晶时有较大的可见颗粒物（见图 8-6）。

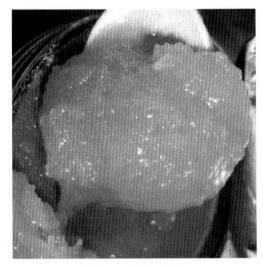

图 8-5　中蜂结晶蜜　　　　　　　　图 8-6　意蜂结晶蜜

（六）中蜂能生产特种蜂蜜

中华蜜蜂在早春初冬均有采蜜，不需人工饲喂白糖，采蜜时间比西方蜜蜂多 3 个月。特种蜂蜜指蜜蜂从特别稀有的早春初冬蜜源植物上采集酿造的天然蜂蜜。这类蜂蜜多出自深山老林，采集难，产量低，品质优，无污染，常为单一药用的植物花蜜，具有独特的芳香味和特别的药用价值。

特种蜂蜜及其功效如下：

桂花蜜：该蜜清亮透明，馥郁芳香，甜润可口，被誉为"蜜中之王"。清热解毒，加醋可以减肥，拌奶可以润肤。

黄连蜜：晶莹透亮，清香宜人，甜中带苦，食而不腻。古为皇家贡品，今为民间珍馐。药书记载：黄连性苦寒，清热燥湿，爽心除烦，泻火解毒，其蜜与之同功，治疗痢疾、毒疮皆有良效，老少皆宜。

枸杞蜜：深琥珀色，清香馥郁，含枸杞之精华。具补气、滋肾、润肺、壮阳之功效。

党参蜜：浅琥珀色，稠而且黏，乃蜜中上品。具补脾胃、益气血之功效，老年人用来滋补，中年人用来强身。

龙眼蜜：质地细腻，气味浓郁，具浓烈的龙眼肉味，在我国单花蜜中其蛋白质含量最高，达 1.7％。健脾补血，清神益智。

枇杷蜜：主要产于江南一带，是稀有蜜种，营养丰富，芳香甜美，自古至今备受推崇。具化痰止咳、清肺解热、利尿降水等功效。

银杏蜜：含有银杏酮、银杏苦内酯等特有银杏药物成分。银杏酮是血管扩张剂，能治疗心血管疾病、冠心病、心肌梗死和脑缺血等疾病。银杏内酯是血小板激活因子的拮抗剂，可以抗凝血，防止血栓形成。

野菊蜜：止渴生津，清热降火，祛风解毒，平肝明目，尤其对疥疮、暗疮等有疗效，是防暑降温的好饮料。

五味子蜜：内含五味子素、苹果酸柠檬酸、维生素 A 和维生素 C，故能治疗神经官能症、眼干燥症与口腔疾病。

玄参蜜：内含挥发性生物碱、甾醇、脂肪酸、亚麻仁酸、硬脂酸等多种有机酸，临床用于治疗咽喉肿痛、口干、目赤、耳肿、肠痛等。

山楂蜜：内含山楂酸、鞣质、内酯，主要用于治疗内积不化、饱胀腹痛。

荞麦蜜：色深味浓，富刺激性气味，蛋白质和铁的含量高，且含有芸香甙，能软化血管，是防治贫血、肾脏病的特效药。

益母草蜜：妇科良药，由蜜蜂采自益母草花而来，含有多种维生素、氨基酸、天然葡萄及天然果糖，常饮有活血祛风、滋润养颜的功效。喉痛、声音沙哑可直接含服，每天两次效果佳。可用暖水或冰水冲饮，或加入其他饮料中饮用。无须冷藏，存放于室温及阴凉干爽位置。

三、识别真假中蜂蜂蜜的方法

（一）眼观

1.看浓度

看蜜的浓度，取 1 根筷子插入蜜中，垂直提起。浓度高的蜂蜜往下淌得慢，黏性大，可拉丝（见图 8-7），断后可收缩成蜜球。假蜂蜜或浓度低的蜂蜜则反之，即便能拉长丝，断丝也没弹性，不会收缩成蜜珠。可取 1 滴蜂蜜滴在报纸上，浓度高的纯蜂蜜是半球状，不易浸透报纸，浓度低的或假的蜂蜜容易浸透报纸。

图 8-7　拉丝的中蜂蜂蜜

2.看密度

取 1 杯水,加入少许蜂蜜。真正的蜂蜜会很快沉入杯底,不易融化,用筷子慢慢搅动时,会有丝丝连连的现象。如果是假蜜,则很快就会溶入水中。

3.看结晶

蜂蜜的结晶与其植物的种类和温度有关,一般纯天然的蜂蜜在 13 ℃～14 ℃时容易结晶,状态成猪油或细粒状。蜂蜜 90％都会结晶(柠檬除外),浓度越高,结晶越多越快(除椴树蜜和油菜蜜之外)。高浓度蜂蜜会整体结晶,浓缩蜜、调和蜜一般不会,结晶蜂蜜到热天会逐渐熔解。能够全部结晶的蜂蜜一般含水分低、浓度高,不容易变质,所以是优质蜜。结晶的纯蜂蜜用手搓捻,手感细腻,无沙粒感。假的蜂蜜不易结晶,或者沉淀一部分,沉淀物是硬的,不易搓碎。

4.看颜色

各种蜂蜜有固定的颜色,如椴树蜜为浅琥珀色、清澈半透明,向日葵蜜为琥珀色,杂花蜜的颜色不固定,一般为黄红色。取 1 汤匙假中蜂蜂蜜放入杯中,再滴上几滴冷水把假蜜搅化,滴上几滴碘酒,杯中蜜水马上出现乌黑颜色,证明蜂蜜是由白糖、化肥熬的。真正的中蜂蜂蜜不管结晶与否,颜色各异,适当取几克蜂蜜放入杯中,加几滴水拌匀,滴上几滴碘酒,蜂蜜水出现淡黄色。

（二）鼻 闻

真蜂蜜气味纯正、自然,有淡淡的植物花香味,而假蜜闻起来有刺鼻异味或水果糖味。

（三）口 尝

纯正天然的蜂蜜味道甜润,略带微酸,口感绵软细腻,爽口柔和,喉感略带辣味,余味清香悠久。掺假的蜂蜜味虽甜,但夹杂着糖味或香料味道,喉感弱,而且余味淡薄,结晶后咀嚼如砂糖,声音脆响。

第九章　蜂病科学防控技术

第一节　常见蜂病及其防治

蜜蜂的病害是发展养蜂业的一大障碍,为保证养蜂业能健康发展,必须加强对蜜蜂病害的防治工作。

一、蜜蜂病害种类

(一)传染性病害

(1)细菌病:美洲幼虫腐臭病、欧洲幼虫腐臭病、副伤寒病、败血病。

(2)病毒病:囊状幼虫病、麻痹病。

(3)螺原体病:蜜蜂螺原体病。

(4)真菌病:白垩病、黄曲霉病。

(5)原生动物病:蜜蜂微孢子虫病、蜜蜂阿米巴病。

(6)寄生虫病:蜂螨、蜂麻蝇、驼背蝇、莞菁、圆头蝇、蜂虱、线虫。

(7)综合性传染病:爬蜂病。

(二)非传染性病害

(1)遗传病:致死性遗传、二倍体雄蜂、卵干枯病。

(2)冻伤幼虫。

(3)不良饲料:下痢病。

二、蜜蜂主要病害及其防治

(一)美洲幼虫腐臭病(烂子病)

幼虫一年四季均能染病,主要发生在夏秋两季,这时正是蜂群繁殖和生产的季节,为害较大。

1.病原

幼虫芽孢杆菌,最适宜温度为 37 ℃,适应性很强,在沸水中煮沸 1～5 min 即可杀死该菌。

2.症状

发病死亡的多是封盖后的幼虫。幼虫一般在 4～5 日龄开始表现出体色变深、巢房盖下陷、穿孔、腥臭味,用镊子可挑取拉出 3 cm 左右的细丝,出现卵、幼虫、封盖蛹相间的"插花脾"现象,蜂群出现"见子不见蜂"等症状。

3.诊断方法

(1)据症状进行初步诊断。

(2)微生物学检验。显微镜检测,涂片,染色芽孢,可发现许多单生或链状的椭圆形杆菌或芽孢。

(3)牛奶鉴别试验。新鲜牛奶 2～3 mL,置试管中,再挑取幼虫尸体经分离培养的菌体少许加入试管中,充分混合均匀,在 30 ℃～32 ℃下培养 1～2 h,若见牛奶凝聚,则为感染美洲幼虫病。

4.传播途径

(1)传播来源:被污染的饲料和巢脾。

(2)传播方式:内勤蜂的饲喂和清扫,调换子脾。

5.与环境的关系

(1)与虫龄的关系。孵化 24 h 的幼虫易感病,老熟幼虫、蛹、成蜂不易染病。

(2)与饲料成分的关系。老熟幼虫或前蛹期死亡是因此时被停止饲喂,体内还原糖迅速被同化,使还原糖的浓度下降到正好适合病菌生长繁殖的浓度,而幼虫饲料中高浓度的还原糖对病菌有影响,即还原糖浓度高,可抑制病菌繁殖、生长。

(3)与气候季节变化的关系。多流行于夏秋季节。

(4)与蜂种的关系。中蜂目前未发现此病,西蜂多感此病。

6.防治方法

(1)预防。杜绝病原,严格检疫,遵守操作规程,禁用来路不明的蜂蜜作饲料,不购买病蜂群,发病期间避免随意调换蜂脾。

(2)注意消毒。蜂具要严格消毒,蜂粮煮沸或蒸 30～60 min,少数发病隔离处理,并对未患病蜂群进行预防性饲喂(采用 0.1% 的磺胺噻唑糖浆)。

(3)清除病原。发病较轻(烂子面积小于 30%)时,可人工清除虫尸,集中焚烧,并用棉签蘸 75% 的酒精消毒;发病较重时,应彻底换箱换脾,并将换下的蜂箱及巢脾焚烧处理。

(4)饲养强群,选育抗病品种,防治蜂螨和巢虫。

(5)药物防治,选用中草药,如金银花、马齿苋。

(二)欧洲幼虫腐臭病

欧洲幼虫腐臭病是蜜蜂幼虫的一种恶性传染病,一年四季均能染病,主要发生在春秋两季,特别是早春季节群势弱、巢温过低时,更易染病。

1.病原

蜂房蜜蜂球菌。

2.症状

3～4 日龄幼虫染病后,初呈苍白色、扁平,失去正常的饱满和光泽,后渐变成黄色乃至黑褐色,也有的未变色即腐烂。幼虫多在封盖前死亡。尸体有黏性但不能拉成细丝,最终病虫尸体干枯,无黏性,出现"插花子"等现象。

3.诊断方法

(1)据症状进行初步诊断。

(2)显微镜诊断:涂片→风干→固定→染色→镜检,若发现有较多单个或链状的球菌,并具有梅花状排列特点,同时还有较多的杆菌,即为染病。

(3)在一般酵母琼脂或马铃薯琼脂培养基上分离纯化,再镜检。

4.传播途径

被污染的饲料(花粉)是主要的传播源;内勤蜂的清扫和饲喂是群内的主要传播途径;盗蜂和迷巢蜂是群间的主要传播途径。

5.与环境的关系

致病菌可潜伏 1 年以上,但不是经常发病,是否发病由环境条件决定。

(1)与蜂群群势和状况的关系。繁殖力强,具有育虫要求的蜂群,对病虫有较强的清除能力。

(2)与季节气候的关系。早春多发,尤其是群势弱、气温低、无蜜粉源时易发生。

(3)与幼虫日龄的关系。1～2 日龄感病,潜伏期 2～3 天,故多在 3～5 日龄死亡。

6.防治方法

(1)平时注意观察各蜂群发病情况,从抗病蜂群选育对病害抵抗力较强的品系。饲养强群,使蜂多于脾,以保证蜂群有足够的清理能力。蜂箱保温,补喂蛋白质饲料,尤其是在繁殖季节要适当对蜂群补充营养以提高蜂群抵抗力。当发病较轻时,可人工清除虫尸,并用棉签蘸 75％的酒精消毒;当发病较重时,应彻底换箱换脾,并将换下的巢脾焚烧处理。

(2)抖蜂法防治。当受害较轻时,在消毒蜂箱内两侧放入 5～6 个巢础框,将病群的蜜蜂逐脾抖入箱内,将巢础框靠拢,经过 3～4 天使蜜蜂体内的饲料消耗完,再次将蜜蜂抖入装有巢础框的消毒蜂箱,傍晚饲喂糖浆。也可将蜜蜂抖入蜂笼,放在凉爽通风的地窖或暗室里,3～4 天后再转入装有巢础框的新蜂箱。

(3)药物防治。金银花、马齿苋、蒲公英,蜂胶约 50 g 放入 100 g 96％的乙醇中浸泡 10 天,利用过滤的乙醇溶液喷洒患病蜂群。

(三)蜜蜂败血病

蜜蜂败血病是一种急性传染病,发病快,死亡率高。高温、高湿的环境及春夏两季容易发病。幼年蜂易患此病。

1.病原

蜜蜂败血杆菌,菌体大小:$(0.8\sim1.5)\mu m \times (0.6\sim0.7)\mu m$。

2.症状

患病后的蜜蜂起初呈现不安,拒食,以后变得极度虚弱,并失去飞翔能力,从蜂箱中爬出,或在框梁上振翅、抽搐,最后痉挛而死。主要特征:蜜蜂死亡后,颜色变暗,病蜂几丁质部分瓦解、分离。出现头、翅脱落,有腐败气味,在潮湿的环境下尤为明显。初病时不易发现,一旦出现则蔓延得很快,3～4 天就能使整个蜂群死亡。

3.预防措施

应选择空气流通好,湿度相对较低,附近没有污水源的地方作为蜂场,蜂群内注意通风降湿。场内应设有足够的采水器,以防止蜜蜂去场外采集污水。饲养强群,使蜂多于脾,以保证蜂群有足够的清理能力。在繁殖季节要适当对蜂群补充营养以提高蜂群体质。随时观察,当蜂场小范围发病时应将发病严重的巢脾及时烧毁深埋,并作全场消毒,争取在发病早期就能控制病害的发展。

(四)副伤寒病

副伤寒病是成年蜂的传染病,多发生于冬春两季,有时在夏季气温低且多雨时也会发生,特别是在蜂群越冬期出现时,可造成越冬蜂死亡率增高,严重时甚至会造成全群覆灭。

1.病原

蜜蜂副伤寒杆菌,属肠杆菌科,长 $1.0\sim2.0\ \mu m$,宽 $0.3\sim0.5\ \mu m$,能运动,不能形成芽孢,革兰氏染色阴性的兼性需氧菌,最适生长温度为 $25\ ℃\sim30\ ℃$。此菌对外界不良环境抵抗力较弱,在沸水中 $1\sim2\ min$ 即被杀死。

2.症状

患病蜜蜂体色发暗,腹部膨大。

3.防治方法

(1)预防措施。选地势高燥、通风良好、水源清洁、附近没有污水源的地方作为蜂场,蜂群内注意通风降湿。饲养强群,使蜂多于脾,以保证蜂群有足够的清理能力。在繁殖季节要适当对蜂群补充营养以提高蜂群体质。随时观察,当蜂场小范围发病时应将发病严重的巢脾及时烧毁深埋,并作全场消毒,争取在发病早期就能控制病害的发展。

(2)药物防治。红霉素 $0.1\ g$ 溶于 $0.5\ kg$ 糖水中,喷脾,可用于一群蜂,每天一次,4 次为 1 个疗程;金银花、马齿苋等对该病也有一定的抑制作用。

(五)囊状幼虫病

蜜蜂囊状幼虫病又叫"囊雏病",是一种由病毒引起的幼虫传染病。此病一年四季都可见,以冬春两季尤其是连续阴雨或寒潮天气更为严重。蜜蜂囊状幼虫病在世界各地均有发生,不过西方蜜蜂对此病有较强的抗性,感染后比较容易自愈,在我国很少发生,为害不大。中蜂抵抗力弱,一旦感染,容易蔓延,使蜂群遭受巨大损失。当春秋气温在 $26\ ℃$ 以下时容易流行,特别是饲料不足时,弱群更易受害,因此会造成很大的损失,在我国是中蜂最大的病害之一,制约了中蜂的发展。

1.病原

囊状幼虫病毒(直径 $20\sim30\ nm$ 的等轴病毒粒子,刚死的幼虫具有很强的感染性)。

2.症状

囊状幼虫病毒主要侵染 $2\sim3$ 日龄幼虫,潜伏期为 $5\sim6$ 天,幼虫会死于封盖前后,很少能见到化成蛹后死亡的现象。病虫身体会失去光泽,变成苍白,头部离开巢房壁,略有上翘,形状呈龙船形(见图 9-1),用镊子挑出来后,虫尸呈囊状,会看到末端有 1 个透明的小水囊。病虫颜色也逐渐由苍白色变为淡褐色、黑褐色,虫尸不会腐烂,而是干瘪、无臭味儿、无黏性,容易从巢房里被清除。由于死虫不断地被清除,蜂王重新产卵,所以患病蜂群会出现"花子"现象。

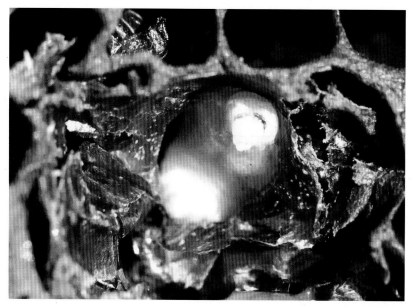

图 9-1　龙船形囊状幼虫

　　中蜂发病时有两种情况：一种是急性型，即大片子脾发病，来势极凶，很容易造成全群死亡；另一种是慢性型，发病初期，少数死虫（见图 9-2）立即被工蜂清除，蜂王重新产卵而出现"花子"现象，与欧洲幼虫腐臭病初期相似，患病蜂群逐渐衰弱。

图 9-2　囊状幼虫死虫

3.诊断方法

从带病蜂群中抽出封盖子脾检查,如果巢房出现大的孔洞,房内幼虫头部尖而翘起,用镊子挑出后能看见尾部有一水泡囊,且无臭味,即可诊断为囊状幼虫病。此病往往与欧洲幼虫病同时出现,一般欧洲幼虫病虫尸体具有酸臭味,所以诊断时要注意同欧洲幼虫病的症状区分开来,以便进一步确诊。

4.防治方法

(1)加强饲养管理,提高蜂群抗病能力。密集蜂群,加强保温,在早春低温阴雨情况下,将蜂群适当合并或抽调多余子脾,使蜂多余脾,缩小巢门以提高巢温和蜂群的清巢能力。

(2)及时换王,选育抗病蜂王。每年春季,从发病蜂场中选择抗病力强的蜂群培育蜂王,替换其他病群的蜂王,如此经过几代选育即可大大提高蜂群对此病的抵抗能力。这一措施也可以在对病群施药前换王断子时进行。

(3)断子清巢,切断传染的循环,减少传染源。对患病蜂群适当采取换王或幽闭蜂王的方法,人为造成蜂群断子期,以利于工蜂清理巢房,减少幼虫交叉感染的机会。用此方法再结合药物治疗,双管齐下效果会更好。

(4)隔离病群,严格消毒,杜绝传染源。及时合并过弱的蜂群并挑出虫尸,用酒精棉签消毒巢房。对于病情较重的蜂群,应采取换箱换脾,并将换下的蜂箱及巢脾焚烧处理。

(5)药物防治,药物治疗是防治囊状幼虫病的辅助环节。根据多年来蜂群防治的经验,以清热解毒作用为主的中草药是治疗此病的最佳选择。

方法一:用板蓝根 50 g 或半枝莲干药 40 g 或华千金藤 10 g,加上适量的水,煎煮后过滤,配成 1000 mL 药物糖浆,加入 10 片多种维生素片,调匀后喂用 10 框蜂,每隔 1 天喂一次,连续喂 4～5 次为 1 个疗程。

方法二:贯众 30 g,金银花 30 g,干草 6 g,加上适量水煎煮、过滤,按 1：1 比例加入白糖,按 0.5 kg 糖水对应 10 框蜂的用量,喷喂结合,隔日一次,4～5 次为 1 个疗程。

(六)蜜蜂慢性麻痹病

蜜蜂慢性麻痹病又叫"瘫痪病""黑蜂病",是为害成年蜂的主要传染病。在我国春季和秋季大量死亡的成年蜜蜂中,有较大部分是由慢性蜜蜂麻痹病造成的。

1.病原

病原为慢性蜜蜂麻痹病病毒。该病毒寄生于成年蜜蜂的头部,其次是胸、腹部神经节的细胞质内,在肠、上颚和咽腺内也含有该病毒。

2.症状

病蜂症状表现出两种类型。一种为大肚型,即病蜂腹部膨大,蜜囊内充满液体,内含大量病毒颗粒,身体和翅颤抖,不能飞翔,在地面缓慢爬行或集中在巢脾框梁上、巢脾边缘和蜂箱底部,反应迟钝,行动缓慢。另一种为黑蜂型,即病蜂身体瘦小,头部和腹部末端油光发亮,由于病蜂常常受到健康蜂的驱逐和拖咬,身体绒毛几乎脱落,翅常出现缺刻,身体和翅颤抖,失去飞翔能力,不久衰竭死亡。这两种症状在蜂群中往往一起出现或交替出现。早春及晚秋由于气温较低、排泄飞行不畅等原因,所以多以大肚型为主;盛夏及秋季由于天气炎热,多以黑蜂型为主。

3.诊断方法

(1)症状诊断。若发现蜂箱前和蜂群内有腹部膨大或身体瘦小,头部和腹部体色暗淡,身体颤抖的病蜂,即可初步诊断为慢性麻痹病。

(2)样品送检。慢性蜜蜂麻痹病易与其他成年蜂病症状相混淆,不易确诊。要做出正确诊断,可将样品寄送到蜂病诊断中心,通过血清学检验加以确诊。

4.流行特点

(1)传播途径。试验查明,在患麻痹病蜂的蜜囊内含有病毒颗粒,如果按健康蜂的分食习惯,把整个蜜囊所容纳的病毒分给同伴时,则足以使数只蜜蜂受感染。此外,病蜂群中的花粉也含有大量慢性麻痹病病毒。因此可以看出,麻痹病在蜂群内的传播主要是通过蜜蜂的饲料交换,而在蜂群间的传播则主要是通过盗蜂和迷巢蜂。

(2)地理分布和为害。该病在我国发生十分普遍。从发病程度来看,1个地区甚至1个蜂场的发病情况差异也较大,重者每日每群死蜂数百至数千只,蜂群群势严重下降。有的造成整群蜂死亡,导致蜂场破产。发病轻微的病群,有时仅有少数病蜂出现,蜂群经转地后,遇到较好的蜜源条件,往往可以得到暂时自愈,但遇到适宜的发病条件时,病情仍会复发。因此,该病不仅直接影响蜂蜜和王浆的产量,降低收入,而且严重阻碍蜂群发展。

(3)发病的季节特征。在山东地区,3～4月为麻痹病的春季发病高峰期,适宜发病的温度为14 ℃～21 ℃,相对湿度为45％～50％;9～10月为秋季发病高峰期,适宜发病的温度为14.5 ℃～19.5 ℃,相对湿度为60％～70％。

从全国来看,一年之中也有春季和秋季两个发病高峰期,发病时间由南向北、由东向西逐渐推迟。在我国南方,麻痹病最早出现在1～2月,而东北最早出现在5月,江浙地区3月开始出现病蜂,而西北地区5～6月开始出现病蜂。

5.防治方法

对慢性蜜蜂麻痹病的防治,目前主要采取综合防治措施。

(1)饲养管理。一是及时换王。对患病蜂群的蜂王,可选用由健康群培育的蜂王更换,以增强蜂群的繁殖力和对疾病的抵抗力,这仍是目前行之有效的措施。二是加强饲养管理。对于患病蜂群可喂以奶粉、玉米粉、黄豆粉,并配合多种维生素,以提高蜂群的抗病力。三是及时清理病蜂。采用换箱方法,将蜜蜂抖落,健康蜂迅速进入新蜂箱,而病蜂由于行动缓慢,留在后面,可集中收集将其杀死,以减少传染源。四是由于蜂螨对蜜蜂麻痹病有一定的传播作用,因此要适时治螨。

(2)药物防治。一是用肽酊胺。使用方法:将药物研成粉末,溶于1 kg糖水中,喷喂结合,每群蜂0.5 kg,隔天一次,3～4次为1个疗程。二是用升华硫。升华硫对病蜂有驱杀作用,对患病蜂群每群每次用10 g升华硫,撒在蜂路、框梁或箱底,可有效地控制麻痹病的发展。三是用中草药。一些中草药对病毒病有一定的疗效,如半支莲(30 g)、甘草(8 g)、金银花(30 g)等,可取适量水,煎后过滤,滤液加入蜜蜂饲料中喂蜂。四是针对大肚型为主的病群,在用药的同时,可结合喂以大黄苏打片以促进蜜蜂的排泄。用法是每群蜂2～3片,喷喂结合,3天一次,4次为1个疗程。

(七)蜜蜂蛹病

蜜蜂蛹病又称"死蛹病",是为害我国养蜂生产的一种新型传染病。患病群常见子不见蜂,造成蜂蜜和王浆产量明显降低,严重者甚至全群死亡。

1.病原

蜜蜂蛹病毒。

2.症状

死亡的工蜂蛹和雄蜂蛹多呈干枯状,也有的呈湿润状。病毒在大幼虫阶段侵入,发病幼虫失去自然光泽和正常饱满度,体色呈灰白色,并渐变为浅褐色至深褐色。死亡的蜂蛹呈暗褐色或黑色,尸体无臭味,无黏性,多数巢房盖被工蜂咬破,露出死蛹,头部呈白头蛹状。在患病蜂群中也有少数病蛹发育为成年蜂,但这些幼蜂由于体质衰弱,不能出房而死于巢房内。有的幼蜂虽然勉强出房,但由于发育不健全,出房后不久即死亡。患病蜂群中,工蜂行动疲软,采集力明显下降,分泌蜂王浆和哺育幼虫能力降低,所以对蜂蜜和蜂王浆的产量影响很大。病情严重的蜂群甚至会出现蜂王自然交替或飞逃。

3.诊断方法

(1)症状诊断。一是蜂箱外观察。患病蜂群工蜂表现疲软,出勤率降低,在蜂箱前场地上可见到被工蜂拖出的死蜂蛹或发育不健全的幼蜂,可疑为患蜂蛹病。二是蜂群内检查。提取封盖巢脾,抖落蜜蜂,若发现封盖子脾不平整,出现有巢房盖开启的死蜂蛹或有插花子脾现象,即可初步诊断为患蜂蛹病。

(2)鉴别诊断。蜜蜂蛹病的病状常易与蜂螨、巢虫为害造成的死蛹以及囊状幼虫病、美洲幼虫腐臭病病状相混淆,可根据其特征加以区分。受蜂螨为害的蜂群常出现幼蜂翅残缺或蜂蛹死亡,此种情况可在蜂体及巢房内的蜂蛹和幼虫体上检查到较多数量的大蜂螨和小蜂螨。受巢虫为害的蜂群,一般是弱群受害较重,常出现成片封盖巢房被工蜂开启,死蜂蛹头部外露,呈白头蛹状,拉出死蛹后可见到巢虫。囊状幼虫病多出现在大幼虫阶段,死亡幼虫呈典型囊状袋,头部上翘,而蜂蛹病无此症状。受美洲幼虫腐臭病为害的蜂群也会出现死亡蜂蛹,其典型特征是死蛹吻伸出,而患蛹病死亡的蜂蛹无此病状。

(3)样品送检。如需确诊,可将死亡蜂蛹寄送蜂病诊断中心,做血清学诊断。

4.流行特点

(1)传播途径。蜂群中的病死蜂蛹以及被污染的巢脾是蜜蜂蛹病的主要传染源,患病蜂王是该病的又一重要传染途径。

(2)发病时间。云南、福建出现在 12 月,四川出现在 2～4 月,江西、浙江出现在 3～4 月,陕西出现在 4～6 月,甘肃出现在 6～8 月。

(3)发病程度和为害情况。各地区和各蜂场之间的发病程度差异较大。轻者仅有个别蜂群的少量蜂蛹死亡,如此时外界蜜粉源丰富,蜂群群势较强,辅以更换蜂王措施,病情则可得到控制。严重病群由于大量蜂蛹死亡,采集蜂数量减少,蜂群生产力下降,蜂蜜和蜂王浆的产量大幅度降低。若发病率达 30％～50％,则蜂群完全失去生产能力,并且很难维持蜂群的生存,最终导致整群蜂死亡。

(4)发病相关因素。一是与温度的关系。蜜蜂蛹病的发生与温度关系密切。调查表明,蜜蜂蛹病发病的适宜温度为 10 ℃～21 ℃,早春寒潮过后,易发生蛹病。二是与蜜源和饲料的关系。在外界蜜粉源充足、蜂群内有充足的优质饲料储备、蜂群群势较强的情况下,不易发生蛹病;当早春或晚秋外界蜜粉源缺乏或使用劣质饲料喂蜂,蜜蜂处于饥饿状态营养不良,遇阴雨或寒潮时易发生蜂蛹病。三是与蜂种及蜂王年龄的关系。意蜂发生较普遍,受害较重,喀蜂和东北黑蜂发病较轻,中蜂则很少发生。就蜂王年龄而论,一般来说老蜂王群易感染,年轻蜂王群发病较少。

5.防治方法

(1)选育抗病品种,更换蜂王。蜜蜂品种之间的抗病性有差异,同一品种不同蜂群的抗病力也不一样。在病害流行季节,有些蜂群发病严重,有些蜂群发病轻微,甚至有些蜂群不发病。在生产实践中,选择无病蜂群作为种蜂群培育蜂王,用以更换病群的蜂王,以增强对蜂蛹病的抵抗力。

(2)加强饲养管理,创造适宜蜂群发展的环境条件。保持蜂群内蜂脾相称或蜂多于脾,蜂数密集,加强蜂巢内保温,经常保持蜂群内有充足的蜜粉饲料。当外界蜜粉源缺乏时,需给蜂群喂以优质蜂蜜或白糖,并辅以适量的维生素、食盐。此外,还应注意保持蜂场卫生,清扫拖出蜂箱外的死亡蜂蛹,集中烧毁,以消灭传染源,同时注意勿将病脾调入健康群,避免造成人为传染。

(3)消毒措施。每年秋末冬初患病蜂场应对换下的蜂箱及蜂具用火焰喷灯灼烧消毒。对巢脾用高效巢脾消毒剂浸泡消毒,100片药加水2000 mL,浸泡巢脾20 min,用摇蜜机将药液摇出,换清水两次,每次10 min,摇出清水后晾干备用。

(4)药物防治。巢脾和蜂具经消毒处理并换以优质蜂王的蜂群,喷喂防治药物蛹泰康,每包药加水500 mL,每脾喷10~20 mL药液,每周两次,连续3周为1个疗程,病情可得到治愈。

(八)蜜蜂螺原体病

1.病原

蜜蜂螺原体是一种呈螺旋状、无细胞壁的原核生物,菌体直径为0.17 μm。

2.症状

患病蜜蜂爬出箱外,在地面上蹦跳、爬行,失去飞翔能力,三五只蜜蜂集聚在一起,行动缓慢,不久死亡。死蜂大多双翅展开,吻伸出。发病严重时,不仅青壮年蜂死亡,而且刚出房不久的幼年蜂也爬出箱外、死亡,蜂群群势下降很快。该病常与病毒和原生动物孢子虫混合感染,对蜂群为害更大。患病蜜蜂消化道变化不尽相同,有的中肠膨大呈灰白色,有的缩小呈褐色,有的后肠充满稀黄色粪便,有的充满混浊水状液。

3.诊断方法

显微镜诊断,取病蜂10只加蒸馏水10 mL,研磨,制备病蜂悬浮液,以5000 r/min离心5 min,取上清液少许涂片,置暗视野显微镜下1500倍即可观察到螺原体的形态及运动状态。若发现晃动的小亮点并拖有一条丝状体,即为蜜蜂螺原体,从而可确诊此病。

4.流行特点

(1)地理分布。蜜蜂螺原体病分布较为广泛。调查表明,转地放蜂的蜂场发病率高,病情严重,而定地饲养的蜂场发病率低,病情较轻。

(2)传播途径。用饲喂和微量注射法接种蜜蜂螺原体,均可使健康蜂感病,证明该病是通过消化道侵入蜂体引起蜜蜂死亡的。在蜂群内,被污染的饲料和蜂具是该病的传染源。据国外报道,从植物花上也分离出了蜜蜂螺原体。试验证明,花螺原体对蜜蜂有致病性。

（3）该病与其他病害的相关性。蜜蜂螺原体单独感染蜜蜂发病的较少见，而常与其他病害如孢子虫病、麻痹病等混合发生，病情较重，死亡率较高，蜂群群势下降严重。因此，在防治时应采用综合措施。

5.防治方法

室内测定表明，蜜蜂螺原体对抗生素类药物敏感，但由于该病通常与孢子虫病、病毒病混合感染，因此只用抗生素防治效果较差，必须采取综合防治措施。

（1）加强饲养管理。经常保持蜂群内有充足的饲料储备，越冬饲料要求优质、量足。春季注意对蜂群保温并做到通气良好，以防止巢内湿度过大，秋季对巢脾和蜂具进行消毒（4％的甲醛溶液）。

（2）选育抗病蜂种淘汰抗病力差的蜂种，选育抗病力强的蜂群培育新蜂王，保持蜂群群势，增强抗病力，更换陈旧巢脾和老弱蜂王。

（3）药物防治。大蒜 100 g、甘草 50 g、白酒 200 mL，混合后浸泡 15～20 天，过滤后，把上清液与糖浆 10 kg 混合，按照 250 mL/群使用。

（九）白垩病

白垩病又名"石灰子病"，是蜜蜂幼虫的一种顽固性传染病。

1.病原

蜂球囊菌，菌丝雌雄异株，两者结合进行有性生殖，形成膨大的子囊球，其内充满着孢子囊，里面具有大量的子囊孢子。孢子具有很强的生命力，在干燥状态下可存活 15 年之久。

2.症状

发病初期，被侵染的幼虫体色不变，为无头白色幼虫；发病中期，幼虫身体柔软膨胀，体表开始长满白色的菌丝；发病后期，病虫尸体逐渐失水萎缩变硬，最终成为白色或黑色石灰状硬块。染病蜂群的工蜂将石灰状幼虫尸体由巢房内拖出到巢门前的地面上和蜂箱底部。工蜂及雄蜂幼虫均可感病，雄蜂幼虫尤为严重。大幼虫阶段易感，巢房盖被工蜂咬破，挑开后可见死亡幼虫。

3.诊断方法

若发现死亡幼虫呈白色或黑色，表面覆盖白色菌丝或黑色孢子粉时，挑取一点这种石灰状幼虫尸体的表层物涂于载玻片上，加 1 滴生理盐水，在低倍显微镜下可见大量白色菌丝及球形孢囊和散出的椭圆形孢囊孢子，则可确诊为白垩病。

4.流行特点

白垩病的发生与温湿度关系密切，春夏季多雨潮湿季节易流行。白垩病是通过子囊孢子传播的，被污染的饲料、死亡幼虫尸体或病脾是病害传播的主要来源。当蜜蜂幼虫吞食了混入饲料中的子囊孢子或菌丝后，孢子即在消化道中萌发，长出菌丝，穿透肠壁，破坏消化道，幼虫表现明显症状。蜂群间的传播是通过盗蜂和迷巢蜂将污染的饲料喂给健康幼虫。随意将病群中的巢脾调入健康群也会传染此病。

5.防治方法

(1)预防措施。加强饲养管理,蜂群应安置于干燥、通风、向阳的地方,避免在箱底积累潮气,时常扩大巢门帮助蜂群通风,尤其是雨后帮助蜂箱干燥更为重要,要保持蜂箱通风干燥,适时晒箱以降低蜂箱内的湿度。饲养强群,合并弱群,做到蜂多于脾,以维持蜂群内正常的巢温和清巢能力。定期更换蜂箱及巢脾并对其消毒以消除传染源,老脾应尽量淘汰化蜡。春繁期应选用优质的饲料,避免使用陈旧霉变的花粉或来路不明的饲料。选用抗病蜂种,提高蜂群抗病性。如今已有商品化的抗白垩病蜂王,可有针对性地购买。要适时对蜂场、蜂具及饲料等进行全面彻底的消毒,尤其在越冬前和春繁期,以彻底消灭残存的病原。

(2)治疗措施。方法一,首先取出病群内所有病虫脾及发霉变质的蜜粉脾,换以清洁的蜂箱和巢脾供蜂王重新产卵。换下的巢脾用二氧化硫(燃烧硫黄)密闭熏蒸消毒 4 h 以上,可按每 10 张巢脾放入硫黄 3～5 g 计算,也可用 4% 的甲醛溶液消毒巢脾,浸泡 24 h 或喷脾再密闭 48 h。方法二:用中药金银花、红花、黄连、大青叶、苦参各 15 g,大黄、甘草各 10 g,加入适量水煎成药汁,再按 1:1 比例加入白糖,用 0.5 kg 糖水饲喂 10 群蜂,每天一次,3～5 天为 1 个疗程。方法三:用 10 g 蜂胶浸泡于 40 mL 95% 的酒精中,6 天后过滤去渣,再加入 100 mL 50 ℃ 热水中过滤,将巢脾脱蜂后喷脾,每脾 50 mL,每天一次,7 次为 1 个疗程。

(十)黄曲霉病

黄曲霉病又名"结石病",是为害蜜蜂幼虫的真菌性传染病。该病不仅可以引起蜜蜂幼虫死亡,而且也能使成年蜂致病。黄曲霉病分布较广泛,世界上的养蜂国家几乎都有发生,温暖湿润的地区尤易发病。

1.病原

病原主要为黄曲霉菌,其次为烟曲霉菌。这两种真菌的生命力都很强,存在于土壤和谷物中。黄曲霉菌成熟的菌丝呈黄绿色,烟曲霉菌成熟的菌丝呈灰绿色。以孢子传播,分生孢子圆形或近似圆形,大小为 3～6 μm,呈黄绿色。

2.症状

患病幼虫初呈苍白色,以后虫体逐渐变硬,表面长满黄绿色的孢子和白色菌丝,充满巢房的一半或整个巢房,轻轻振动,孢子便会四处飞散。大多数受感染的幼虫和蛹死于封盖之后,尸体呈木乃伊状,坚硬。成蜂患病后,表现不安,身体虚弱无力,行动迟缓,失去飞翔能力,常常爬出巢门而死亡。死蜂身体变硬,在潮湿条件下可长出菌丝。

3.诊断方法

若发现死亡的蜜蜂幼虫体上长满黄绿色粉状物,则可取表层物少许,涂片,在 400～600 倍显微镜下检验。若观察到有呈球形的孢子头和圆形或近圆形的孢子及菌丝,即可确诊为黄曲霉病。

4.流行特点

黄曲霉病发生的基本条件是高温潮湿,所以该病多发生于夏季和秋季多雨季节。传播主要是通过落入蜂蜜或花粉中的黄曲霉菌孢子和菌丝。当蜜蜂吞食被污染的饲料时,分生孢子进入体内,在消化道中萌发,穿透肠壁,破坏组织,引起成年蜜蜂发病。当蜜蜂将带有孢子的饲料饲喂幼虫时，孢子和菌丝进入幼虫消化道萌发，引起幼虫发病。此外，当黄曲霉菌孢子直接落到蜜蜂幼虫体时，如遇适宜条件，即可萌发，长出菌丝，穿透幼虫体壁，致幼虫死亡。

5.防治方法

（1）加强饲养管理。蜂场应选择地势高燥、光照充足、干燥通风的地方。要保持蜂箱通风干燥，适时晒箱，以降低蜂箱内的湿度。尤其雨后要加强蜂群通风，扩大巢门，尽快使蜂箱干燥。饲养强群，合并弱群，做到蜂多于脾，以维持蜂群内正常的巢温和清巢能力。定期更换蜂箱及巢脾并对其消毒以消除传染源，老脾应尽量淘汰化蜡。春繁期应选用优质的饲料，避免使用陈旧霉变的花粉或来路不明的饲料。选用抗病蜂种，提高蜂群抗病性，可有针对性地购买。及时治螨，以减少病原的传播概率。要适时对蜂场、蜂具及饲料等进行全面彻底地消毒，尤其在越冬前和春繁期，以彻底消灭残存的病原。

（2）药物防治。方法一：金银花、红花、黄连、大青叶、苦参各 15 g，大黄、甘草各 10 g，煎成药汁，加入 0.5 kg 糖水中，饲喂，可用于 10 群蜂，每天一次，3～5 天为 1 个疗程。方法二：应用蜂胶也有一定的疗效，将 10 g 蜂胶浸泡于 40 mL 95％的酒精中，6 天后过滤去渣，再加入 100 mL 50 ℃热水中过滤，将巢脾脱蜂后喷脾，每脾 50 mL，每天一次，7 次为1 个疗程。

（十一）狄斯瓦螨

狄斯瓦螨，也叫"大蜂螨"，是蜜蜂的一种外寄生螨。在 2000 年重新命名之前，它一直被称为"雅氏瓦螨"。它的原始寄主是东方蜜蜂。在狄斯瓦螨与东方蜜蜂长期协同进化过程中，它与东方蜜蜂形成了近似共生的相互适应关系。狄斯瓦螨在成为西方蜜蜂的寄生虫、严重影响蜂群的繁殖与生产后，引起了人们的注意。由于地理扩散和引种不慎等原因，狄斯瓦螨由亚洲传到欧洲、美洲、非洲，现今是对世界养蜂业威胁最大的蜜蜂病虫害。

1.分布

1957 年，我国首现大蜂螨，先从江浙地区爆发，后逐渐蔓延到其他省、市；1960 年，传至长江流域及华北地区，给当地养蜂业造成了严重损失；1964 年，大蜂螨传至东北、西北地区，随后遍及全国，成为困扰我国养蜂业的难题之一。

2.为害

受大蜂螨为害严重的蜂群，工蜂体形变小，雄蜂的性功能降低，蜂王寿命缩短。幼虫在产生眼睛色素时如被 2～3 只大蜂螨寄生，体重将减少 15％～20％。大蜂螨吸食蜜蜂体液，可使蜜蜂每 2 h 减轻体重 0.1％～0.2％，飞行能力也降低。如在幼蜂羽化后 1～10 天寄生大蜂螨，蜜蜂的寿命减短 50％。此外，被大蜂螨为害的蜜蜂由于身体带有刺穿伤口，很容易造成蜜蜂麻痹病病毒的侵入，感染麻痹病。蜜蜂被大蜂螨寄生后，经常扭动身体，企图摆脱，结果造成蜜蜂筋疲力尽，虚脱死亡。正在发育的蜂群因蜂螨的寄生，蜂群群势减弱。受害严重的蜂群，各龄期的幼虫或蛹出现死亡。巢房封盖不规则，死亡的幼虫无一定形状，幼虫腐烂，但不粘巢房，易清除。死蛹头部伸出，幼蜂不能羽化出房。也可在工蜂、雄蜂幼虫及蛹体上见到寄生的大蜂螨。若在秋季繁殖适龄越冬蜂时期之前不及时治螨，蜂群就不能安全越冬，造成严重损失。

3.生物学特性

(1)大蜂螨在蜂箱间的传播(见图9-3)主要是通过蜜蜂间的相互接触,盗蜂和迷巢蜂是传播的重要途径。养蜂者调整蜂群、调换子脾以及人工分群等也会造成蜂螨传播。有螨群和无螨群的蜂具混用,采蜜时有螨工蜂与无螨工蜂通过花的媒介也可能造成蜂群间的相互传染。蜂螨的远距离传播主要是通过蜂群或蜂种的交换、买卖和转地放蜂等。

(2)生命周期。大蜂螨的生命周期分别为卵期20~24 h,前期若螨52~58 h,后期若螨80~86 h。雄螨整个生命周期为6.5天,雌螨为7天。

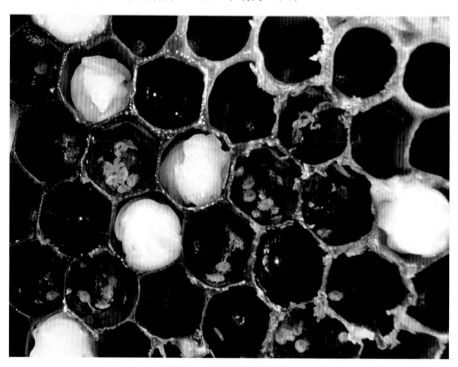

图9-3　蜂巢中的大蜂螨

(3)寄生习性。蜂螨的寄生分为蜂体自由寄生和封盖房内繁殖两个阶段。在蜂体自由寄生阶段,寄生于工蜂和雄蜂的胸部和腹部环节间。一般情况下,1只工蜂体上寄生1~2只雌螨,雄蜂体上可达7只以上。在封盖巢房内繁殖阶段,工蜂幼虫房通常寄生1~3只,而雄蜂幼虫房可高达20~30只。其原因:一是雄蜂幼虫房集中于巢脾边缘,温度较低,适于大蜂螨的寄生和繁殖。二是雄蜂幼虫发育阶段分泌激素的引诱作用。三是雄蜂幼虫发育期较工蜂幼虫长12 h,工蜂对雄蜂幼虫的饲喂次数多,这样便增加了蜂螨潜入的机会。

(4)温度影响。大蜂螨发育的最适温度为32 ℃~35 ℃。10 ℃~13 ℃即可冻僵,18 ℃~20 ℃开始活动,42 ℃出现昏迷,43 ℃~45 ℃出现死亡。据室内人工培养观察,大蜂螨最长可活54天,在繁殖期成螨平均寿命为43~45天。在山东地区,越冬蜂群内蜂螨的寿命在2个月以上。而在我国东北、西北寒冷地区,大蜂螨在成蜂体上寄生寿命可达6个月以上。

4.诊断方法

(1)症状检查。根据巢门前死蜂情况和巢脾上幼虫及蜂蛹死亡状态判断。若在巢门前发现许多翅、足残缺的幼蜂爬行,并有死蜂蛹被工蜂拖出等情况;在巢脾上出现死亡变黑的幼虫和蜂蛹,并在蛹体上见到大蜂螨附着,即可确定为大蜂螨为害。

（2）蜂螨检查。从蜂群中提取带蜂子脾,随机取样抓取 50～100 只工蜂,检查其胸部和腹部节间处是否有蜂螨寄生,根据蜂螨数与检查蜂数之比,计算寄生率。用镊子挑开封盖巢房 50 个,用扩大镜仔细检查蜂体上及巢房内是否有蜂螨,根据检查的蜂数和蜂螨的数量,计算寄生率。春季或秋季蜂群内有雄蜂时期,检查封盖的雄蜂房,计算蜂螨的寄生率,也可作为适时防治的指标。

5.发生规律

蜂螨的消长与蜂群群势、气温、蜜源及蜂王产卵时间均有较密切的关系。在山东地区,大蜂螨自春季蜂王开始产卵、蜂群内有封盖子脾时就开始繁殖。夏季蜜粉源充足,蜂王产卵力旺盛,蜂群进入繁殖盛期,这时蜂螨的寄生率保持相对稳定状态。到了秋季,外界气温低,蜜源缺乏,蜂群群势下降,而蜂螨仍继续繁殖,并集中在少量的封盖子脾和蜂体上,则蜂螨的寄生率急剧上升。到了秋末或初冬蜂王停止产卵、蜂群内无子脾时,蜂螨停止繁殖,以成螨形态在蜂体上越冬。因此,大蜂螨一年四季在蜂群中都可见到。

6.防治方法

（1）药物治螨。根据蜂螨寄生于蜂体、繁殖于封盖房的特点,为了取得彻底的防治效果,最好在早春蜂王尚未产卵和晚秋蜂王停止产卵,蜂群内没有封盖子脾的有利时机施药。治螨药物种类很多,现将我国常用的有效防治药物做一介绍,供防治时选用。

方法一:速杀螨,是一种新型杀螨剂,对蜜蜂安全。试验表明,致死浓度为205 mL/L,对蜂螨的毒性较高,使用浓度为 25 mL/L 的速杀螨喷带螨的蜜蜂,4 h 内蜂螨全部被击落,杀螨效果达 100%。蜂群防治,使用浓度为 0.1%,即每个安瓿 0.5 mL,加水 500 mL 稀释。在非采蜜期,蜜蜂回巢后,喷洒蜂体,斜喷至蜂体有细雾滴为宜。隔日用药一次,一般两次即可。如不彻底,隔 1 周后可再用药一次。

方法二:敌螨一号,为非脒类杀螨新药,对蜜蜂安全。致死浓度为 218.6 mL/L。对大蜂螨毒性高,使用浓度为 25 mL/L 的喷带螨的蜜蜂,杀螨效果达 100%。在蜂群中的使用浓度为 0.125%,即每个安瓿 0.5 mL 药物加水 400 mL 稀释,于傍晚均匀喷洒蜂体,每周用药一次,连续用药两次,杀螨效果可达 100%。该药不仅可以杀死蜂体上的螨,而且可以杀死巢房内的蜂螨。

方法三:"螨扑"高效杀螨片。使用方法:用图钉将杀螨片固定于蜂群内第二个蜂路间,强群 2 片,呈对角线悬挂,弱群 1 片,3 周为 1 个疗程。优点:一是杀螨片不与蜂产品直接接触,对蜂产品无污染。二是对蜜蜂安全,对大蜂螨杀灭效果好,药效持续时间长,对陆续出房的螨可相继杀灭,防治效果高达 100%。三是使用方便,省工省时。在需要治螨时,随同检查蜂群将药片悬挂在巢脾上即可,无须另行开箱。同其他喷雾、熏烟治螨药物相比,可提高工作效率 5～10 倍。

（2）生物诱杀狄斯瓦螨。利用大蜂螨喜欢雄蜂房的特性,制作狄斯瓦螨生物诱杀器,诱使蜂王产雄蜂卵,孵化为雄蜂幼虫,在工蜂巢脾设伏,有计划地诱杀狄斯瓦螨,待蜂螨向雄蜂房聚集后取出,杀死狄斯瓦螨并收获雄蜂蛹,这对减少狄斯瓦螨对蜂群的为害,减少药物的使用,提高蜂产品的品质,同时提高养蜂者的经济效益具有现实的指导意义。

①模块化蜂巢。用塑料模具把活动巢框模块化,在巢脾结构上分成可以移动和互相交换的模块蜂房(见图9-4)。在单元框中设置雄蜂房基台,按照单元框结构内框的大小裁剪雄蜂房基台,把单元框3条边角上的活榫接口连接,连接时单元框各边中部的条形凹槽相互贯通,然后把裁剪好的雄蜂房基台插入单元框内的凹槽。

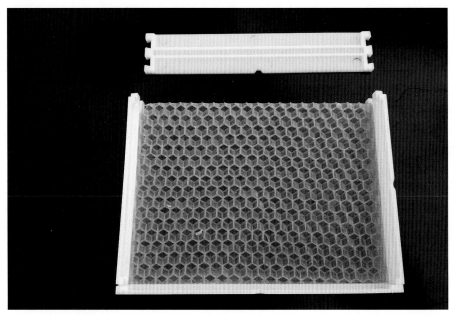

图9-4　模块化蜂巢

最后,把单元框第四边的活榫接口连接好,并且要把雄蜂房基台卡入第四边的凹槽内。接着把狄斯瓦螨生物诱杀器单元模块安装在标准巢框内。标准巢框内安装6个单元模块(见图9-5)。

图9-5　模块化蜂巢组合成标准巢框

②制作诱杀器。插入繁殖有5～6框蜜蜂强群中,让工蜂造房。蜂房建成后,就完成了狄斯瓦螨生物诱杀器单元模块的第一步制作。再把单元模块蜂房插入蜜蜂多王群集中产卵,以在诱杀器上播设诱饵,经过约24 h后,制作成狄斯瓦螨生物诱杀器。

③设伏诱杀。根据需要,可在蜜蜂巢脾底边中间、左边角或右边角、左边角和右边角同时设伏,灵活掌握,以诱杀瓦螨。设伏时间为15～16天,让瓦螨尽可能多地进入生物诱杀器,取出;原位上再设伏新的瓦螨生物诱杀(捕)器,重复诱杀。取出的诱杀器集中到同个继箱内2天,注意把隔王板换成沙盖,防止工蜂拖子,或集中到一个保温35 ℃的温箱内2天。第18天把瓦螨诱杀(捕)器放入冰柜冷冻5～7 h,以杀死瓦螨。瓦螨杀死后,割开蜂房封盖收取蜂蛹。设伏时期瓦螨的消长和蜜蜂群势有关。春季是繁殖期,群中雄蜂房多,瓦螨的寄生率随着群势增长上升,至夏秋季出来为害。在养蜂生产中,利用瓦螨消长与蜂群周年生活规律,当蜂群繁殖到3～4框足的强群,加脾时,即开始设伏瓦螨生物诱杀器,以诱杀瓦螨。视蜂群群势的增长情况,结合外界蜜粉源实际,灵活掌握设伏瓦螨诱杀器的多少,机动掌握重复诱杀的间隔时间。试验使用效果:2018年5月,山东省现代农业产业技术体系蜂产业创新团队日照综合试验站在五莲县丰盛养蜂专业合作社的试用照片如图9-6所示。

图9-6 设伏在巢脾上的瓦螨生物诱杀器

白色塑料框内区域为设伏的瓦螨生物诱杀器,很多工蜂正在饲喂并聚集在瓦螨生物诱杀器为雄蜂房保温,以保证雄蜂正常孵化(见图9-7)。扫去工蜂后可见清晰的瓦螨生物诱杀器上的雄蜂房。

图 9-7　瓦螨生物诱杀器上的雄蜂房

④诱杀意义。诱杀狄斯瓦螨的科学意义：一是由于瓦螨有在封盖幼虫房中繁殖的生物学特性，特别是在雄蜂幼虫房内的瓦螨数量比在工蜂幼虫房内的多 5～12 倍，所以，瓦螨生物诱杀（捕）器内以雄蜂虫蛹作为诱饵，1 个单元模块相当于 1～2 张工蜂脾的寄螨量，这是诱杀瓦螨、防控瓦螨为害的关键点。以 10000 只（1 kg）蜜蜂、瓦螨寄生率 10％、寄生密度 10％计算，这样有 1000 只螨，平常分布在 2 张工蜂脾上寄生。加第三张脾时设伏瓦螨生物诱杀（捕）器，15 天后约有 500 只螨寄生被诱捕。没有被捕的 500 只左右瓦螨以平均有 1.4 个后代计算，则会有约 700 只新瓦螨。加第四张脾时持续设诱杀（捕）器，再15 天后有 350 只左右螨寄生被诱杀。如此往复，成倒品字形诱杀率，瓦螨呈几何级下降，可以控制其害。用雄蜂虫蛹为寄主的瓦螨平均有 2.2～2.6 个后代，这是又一个关键点，它比以工蜂幼虫作宿主的瓦螨平均有 1.3～1.4 个后代的杀螨率提高 69.23％～85.7％。二是利用瓦螨寄生特点和蜜蜂繁殖规律。瓦螨喜欢寄生在蜂箱中温度较低的地方，而雄蜂幼虫发育阶段分泌的激素对瓦螨具有引诱作用。雄蜂幼虫发育期比工蜂长12 h，工蜂饲喂次数多，增加了瓦螨潜入机会，这也增加了设伏诱杀机会。利用瓦螨自然寄生的特点，达到有计划地诱杀瓦螨、控制其为害的目的，同时又收获雄蜂蛹，一举两得（见图 9-8）。三是蜂群中蜜蜂性比值的大小是由工蜂决定的。在蜂群交尾季节，据实际测定，蜂群中实际蜜蜂性比值为 17.37～68.28。当蜂群繁殖到 3～4 框足蜂的强群，即可开始设伏瓦螨生物诱杀（捕）器，而不会出现工蜂不接受、拖子的困境，直到秋繁结束、关王为止。生物诱杀瓦螨的意义符合自然选择学说。一般情况下，一个群体所能忍受的淘汰率不超过 10％，否则种群就不能延续，没有足够的生殖超过量，种群就会绝灭。

图 9-8　附着在雄蜂蛹上的大蜂螨

（十二）亮热厉螨（小蜂螨）

小蜂螨绝大多数时间都在蜂房内，主要寄生于蜜蜂幼虫和蛹体上，寄生在蜂体上的时间极少，而且存活时间仅为 1～2 天。靠吸取幼虫的体液为生。雌螨在幼虫房封盖前钻入，封盖后开始产卵繁殖。小蜂螨行动敏捷、快速，有较强的趋光性。小蜂螨不但可以造成幼虫大批死亡，腐烂变黑，而且还会造成蜂蛹和幼蜂的死亡，使蜂群内出现死蛹，出房的幼蜂残缺不全，蜂群群势迅速削弱，甚至全群死亡。

1.分布与为害

小蜂螨 1960 年前后首先在广东省为害,随后逐渐向全国传播蔓延,和大蜂螨一样很快就遍及全国。它与大蜂螨同时发生时为害十分严重。

2.生物学特性

(1)生殖特性。雌性小蜂螨进入幼虫房后,45～52 h 开始产卵,蜜蜂幼虫封盖 100～110 h 是小蜂螨雌螨的产卵高峰期,以后产卵力逐渐下降。蜜蜂幼虫封盖 208 h 后产的卵多为无肢体卵,不能孵化。一般情况下,1 只雌螨能产 1～6 粒卵,多数产 1～3 粒卵。

(2)生命周期。卵期为 15～30 min,幼虫期为 20～24 h,前期若螨为 44～48 h,后期若螨为 48～52 h。从卵到成螨,整个发育周期为 4.5～5 天。

(3)温度影响。小蜂螨发育的最适温度为 31 ℃～36 ℃,一般可存活 8～10 天,有的可达 13～19 天;9.8 ℃～12.7 ℃,小蜂螨则很难长时间生活,只能活 2～4 天;44 ℃～50 ℃,在如此高温之下,24 h 则全部死亡。

(4)运动性。小蜂螨的足很长,行动敏捷,常在巢脾上迅速爬行。具有较强的趋光性,在阳光或灯光下小蜂螨会很快从巢房里爬出来。

(5)寄生性。小蜂螨主要寄生于子脾上,靠吮吸蜜蜂幼虫或蛹体的血淋巴生活。雌螨潜入即将封盖的幼虫房产卵。当 1 只幼虫或蜂蛹被小蜂螨寄生死亡以后,又从封盖房的穿孔内爬出来,重新潜入其他幼虫房内产卵繁殖。在封盖房内重新繁殖成长的小蜂螨,随着新蜂一起出房。小蜂螨在成蜂体上仅能存活 1～2 天,利用这一特性,可采用断子方法防治小蜂螨。

3.诊断方法

(1)熏蒸检查法。用一小玻璃杯从巢脾中央抠取 50～100 只蜜蜂,其内放一浸渍0.5～1 mL 乙醚的棉球,熏蒸 3～5 min,待蜜蜂昏迷后,轻轻振摇几下,再将其送回原群内,蜂螨则粘在玻璃杯壁上或掉落到下面,根据蜂数及落螨数计算寄生率。

(2)封盖巢房检查法。提取封盖子脾,用镊子挑开封盖巢房,利用小蜂螨具有较强趋光性的特点,可迎着太阳光,仔细观察巢房内爬出的小蜂螨数量并计算其寄生率。

4.发生规律

(1)小蜂螨越冬地区。调查表明,蜂螨顺利越冬的温度指标为月平均温度在 14 ℃ 以上,生物学指标为越冬期间蜂群内无绝对断子期,小蜂螨可越冬的温度指标为月平均温度不低于 5 ℃,生物学指标为越冬期间,蜂群内绝对断子期不超过 10 天。根据小蜂螨越冬所需要的温度和生物学指标,结合我国自然条件和实地调查,广东、广西、福建、浙江、江西南部为小蜂螨的越冬基地,湖北、湖南、江苏、浙江、安徽、云南、四川、贵州及河南南部为小蜂螨的可越冬区。

(2)消长规律。小蜂螨的消长规律与大蜂螨有所不同,它在一年中的消长与蜂群的繁殖状况及群势有关。在山东地区,每年 6 月之前,蜂群中很少见到小蜂螨,但到 7 月以后,小蜂螨的寄生率急剧上升,到 9 月即达到最高峰。11 月上旬之后,外界气温下降到 10 ℃ 以下,蜂群内基本看不到小蜂螨。

5.传播途径

蜂螨在蜂箱间的传播,主要是通过蜜蜂间的相互接触。盗蜂和迷巢蜂是传播的重要途径。养蜂者调整蜂群、调换子脾以及人工分群等也会造成蜂螨在群间传播。蜂螨的远距离传播是通过蜂种的交换和转地放蜂等完成的。

6.防治方法

(1)药物防治方面。除了螨扑、速杀螨和敌螨一号外,升华硫对小蜂螨具有较好的防治效果。使用时,抖落封盖子脾上的蜜蜂,然后用纱布包着升华硫粉,均匀涂抹于封盖子脾的表面。按 3 g/10 框蜂的用量,每隔 7～10 天一次,连续 2～3 次。可掺入一点面粉,此法也可结合取蜜进行。

(2)两种杀螨剂联合使用。在蜂群内通常有大蜂螨和小蜂螨共同发生和为害,损失大,为了提高防治效果,可将两种杀螨剂联合使用,悬挂螨扑高效杀螨片于蜂群内,用以杀灭蜂体和巢脾上的大蜂螨和小蜂螨,但不能杀灭封盖巢房内的螨,为了弥补这一不足,可结合使用升华硫涂抹封盖子脾,也可结合使用敌螨一号或速杀螨,可收到彻底防治的效果。

(3)蜂群内断子防治法。根据小蜂螨在蜂体上仅能存活 1～2 天,不能吸食成蜂体血淋巴,而在蛹体上最多也只能活 10 天的生物学特性,采用割断蜂群内幼虫的方法防治小蜂螨。即采取幽闭蜂王 9 天,打开封盖幼虫房并将幼虫从巢脾内全部摇出,即可达到防治小蜂螨的目的。

(4)同巢分区断子防治法。将蜂群分隔成两个区,中间用纱网隔开,纱网的孔径只要确保小蜂螨不能通过即可。将子脾全部调到一区,蜂王、空脾、蜜脾留在二区,造成二区绝对无大幼虫,这样二区就成为无螨区,而且蜂王还可以在二区继续产卵。待一区子脾全部出房后,要保证该区绝对断子 3 天,使小蜂螨不能生存,此法防治效果可达 98％以上。具体做法:采用 1 个与隔王板大小相同的隔离板,置于继箱和巢箱间(若为卧式箱则采用框式隔离板),将蜂王留在一区继续产卵繁殖,而将子脾全部调到另一区,造成有王区内绝对无大幼虫 3 天,待无王区子脾全部出房后,造成该区绝对断子 3 天,使小蜂螨全部自然死亡,从而达到彻底防治的目的。该法较幽闭蜂王断子法具有许多优点,为有效地防治小蜂螨开辟了新途径,其优点:第一,保持蜂群的正常生活秩序和蜂王正常产卵繁殖,有利于蜂群稳定持续的发展。第二,不影响王浆的生产,保证了蜂产品的产量和质量。第三,减轻了劳动强度,提高了防治效果。第四,操作方便,不受气候条件的限制。

(5)物理杀螨仪。杀螨仪能产生高达 40000 Hz、人耳听不到的超声波,利用超声波的特有频率干扰螨虫的生理生长,使其偏离生理平衡位置从而可有效抑制螨虫生命周期中的进食和繁殖过程,从而杀死蜂箱中的小蜂螨和大蜂螨,进而减少蜂箱中螨虫的密度,使其对蜂群不构成为害。物理杀螨仪工作时不影响其他生物。一个蜂场使用 1 台有效面积可达 800 m²(见图 9-9)。该仪器是取代化学、生物杀蜂螨的一种仪器,可以实现养蜂过程中不使用化学药物和生物杀螨的目的。该仪器的使用解决了杀蜂螨后对蜂产品化学残留的问题,提高了蜂产品的质量,使消费者更加放心地食用蜂产品,保护了环境,同时使养蜂者从使用化学及生物杀螨烦琐的操作中解放出来。物理杀螨仪是现代电子科学应用于养蜂生产的体现。

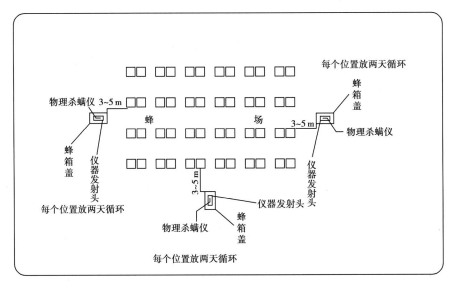

图 9-9 物理杀螨仪摆放位置示意图

(图片由浙江三庸蜂业科技有限公司提供)

物理杀螨仪主要的技术参数:型号,SMY-01;尺寸,450 mm×380 mm×220 mm;额定功率,80 W;重量,8.1 kg;额定电压,220 V;工作电源,中国机型 AC 185～260 V/50 Hz。物理杀螨仪开机使用时,仪器正面 50 m 范围内不得有金属(如铁、铝、不锈钢、铜等)、反光膜等物品,远离金属矿石、高压电线区域,以免干扰仪器,影响使用效果。物理杀螨仪工作前,在平整地面放置 1 个蜂箱盖,盖子平面向上,将仪器平稳放在蜂箱盖上,高度不得高于蜂箱。若遇到有风天气,仪器必须放在上风口,顺着风向将发射头对向蜂箱两排通道中间。物理杀螨仪使用和存放的环境温度不高于 45 ℃,相对湿度不高于 50%,严禁太阳直射、淋雨。杀螨仪防护等级为 IP30。严禁用水、汽油或其他溶剂清洗仪器。蜂螨特别严重的蜂场需要每天使用杀螨仪 6 h,连续使用 26 天。蜂螨严重的蜂场需要每天使用杀螨仪 4 h,连续使用 26 天。蜂螨轻微的蜂场需要每天使用杀螨仪不少于 3 h,连续使用 26 天。若无蜂螨,可每 3 天使用一次仪器,每次 2 h。

(十三)寄生性昆虫——蜂麻蝇

蜂麻蝇又名"宽额诺蝇""蝇",是以幼虫寄生在蜜蜂体内,取食其血淋巴和肌肉为生的一种内寄生蝇。除寄生于蜜蜂外,还有丸花蜂及其他一些野生蜂。内蒙古、新疆、湖北及黑龙江的部分地区都有出现。

1.形态特征

成虫银灰色,体长 6～9 mm。头部复眼之间有白色条纹,侧额和侧颜均覆有黄色的毛,下颚须细长,为黄色,触角也为黄色,额很宽,雄性约占头宽的 1/3。胸部背面为暗灰色,雄性纵条略明显,雌性几乎没有纵条。翅透明,腋瓣几乎为纯白色,边缘带黄色,平衡棒为白色,呈烧瓶状。雄性蜂麻蝇的腹部具有大的黑斑和粉被,第二背板有 3 个常融合的黑斑。雌性腹部完全被黄灰色粉所覆盖。刚孵化的小幼虫,体长 0.7～0.8 mm,宽 0.17 mm。

幼虫在蜜蜂体内发育为老熟幼虫,体长11～15 mm,宽3 mm。虫体中间粗壮,两端尖细,呈乳白色。蛹为围蛹,长0.4～0.7 mm。

2.生物学特性

雌性和雄性蜂麻蝇通常在蜂场以外的地方活动,而受孕的雌蝇则盘旋在蜂场上空,喜欢在涂有蓝色、白色、灰色和有光泽的蜂箱盖上栖息。在蜜蜂飞翔中,当雌蝇迅速追上蜜蜂时,便在蜂体上产下幼虫。幼虫以锐利的上颚刺穿蜜蜂腹部节间膜,钻入蜂体内,吸食其血淋巴和肌肉。受为害的蜜蜂2～9天死亡,多数在4～5天死亡。幼虫在蜂体内吃光胸部肌肉和腹部各器官,最后仅剩下1个几丁质外壳。幼虫由寄主头胸部连接处或其他部位钻出,潜入土壤中化蛹。7～16天羽化为成虫,完成1个生命周期需15～30天,以蛹越冬。

蜂麻蝇多发生在夏季,侵袭青壮年蜂。受为害蜜蜂初期表现疲乏无力,飞行速度缓慢,最后则完全失去飞翔能力,无力地在蜂箱前地面上爬行,身体出现痉挛、颤抖,仰卧而死。受害严重的蜂群,被害率可高达28～44%,每天死亡蜜蜂数百至数千只,严重影响蜂群的发展和采集力。在沼泽地带、滨湖沿海地区、杂草丛生的低洼地区发生尤为严重。

3.诊断方法

取病蜂或死亡的蜜蜂20～30只,去掉头部和第一对足,然后打开胸腔,用放大镜观察,若有蜂麻蝇幼虫寄生,即可在蜜蜂胸部肌肉中见到。

4.防治方法

(1)杀灭成虫和幼虫。利用蜂麻蝇喜欢栖息于蜂箱盖的习性而又不能辨别水面或其他物面的特点,可在蜂箱上放一白瓷盘,其内盛满水,使其落入水中淹死。

(2)清除病蜂和死蜂。将蜂群内的蜜蜂抖落于蜂箱外,健康蜂则迅速回巢,而被蜂麻蝇寄生的病蜂因行动缓慢留在蜂箱外,然后将病蜂和死蜂集中起来烧毁,消灭其幼虫。

(十四)原生动物病——蜜蜂微孢子虫病

蜜蜂微孢子虫病又叫"微粒子病",是蜜蜂的一种常见消化道传染病。欧美一些国家发生较普遍,在我国一些地区也有不同程度地发生,东北地区蜂群越冬时间长,发病较普遍而且严重。患孢子虫病的蜜蜂寿命缩短,产蜜及产王浆能力明显下降。

1.病原

蜜蜂孢子虫病是由蜜蜂孢子虫引起的。它寄生于蜜蜂中肠上皮细胞,以蜜蜂体液为营养发育和繁殖,有两种生殖形态,即无性裂殖和孢子生殖。在蜜蜂体外以孢子形态存活,孢子长椭圆形,大小为$(6～5.5)\mu m×(1.7～2.6)\mu m$。孢子虫的孢子对外界不良环境的抵抗力很强。在蜜蜂的粪便中可存活2年;58 ℃温水中存活10 min,在4%的甲醛溶液中能活1 h,用甲醛蒸气及冰乙酸蒸气处理1 min就可将孢子虫杀死,在2%的氢氧化钠溶液中也仅能存活15 min;在直射的阳光下,经15～32 h才能杀死孢子虫;在10%的漂白粉溶液里,需10～12 h才能杀死;而在1%的石炭酸溶液中,只需10 min就可将其杀死。

2.症状

患病初期,蜜蜂的外部症状表现不明显,随着病情的发展,才逐渐表现出症状,如行动缓慢、萎靡不振,后期则完全失去飞行能力。病蜂常集中在巢脾下面边缘和蜂箱底部,也有的病蜂爬在巢脾框梁上。由于病蜂常受到健康蜂的驱逐,致有些病蜂的翅边缘出现缺刻,也有的病蜂在蜂箱巢门前和场地上无力爬行。病蜂体色较正常蜂暗淡,以意大利蜂为例,病蜂腹部末端暗黑色,第一、第二腹节背板呈棕黄色、略透明,中肠为灰白色,环纹模糊,失去正常弹性。正常中肠为淡褐色,环纹清晰,弹性良好。病蜂体内白细胞通常较正常蜜蜂减少 50% 左右。

3.诊断方法

(1)蜜蜂的检验。从疑似患孢子虫病的蜂群中抓取 10 只带病状的工蜂,拉出消化道,剪取中肠,放入研钵内加 10 mL 蒸馏水研磨,制备悬浮液,取 1 滴涂于载玻片上加盖片,置 450~600 倍显微镜下观察。如发现长椭圆形孢子,则可确诊为孢子虫病。如果是干的病蜂样品,则可去掉蜂的头部和胸部,取其腹部研磨并加 10 mL 蒸馏水制备成悬浮液,经纱布过滤,上清液以 4000 r/min 离心 5 min,取沉淀物涂片镜检。以上方法同样适用于对雄蜂的检验。

(2)蜂王的检验。检验蜂王是否患病,采取活体检验法。抓取蜂王,将其扣在小玻璃杯内或纱笼中,下面铺张白纸,使蜂王排泄粪便,然后再将蜂王送回原群,取少许粪便涂片,加 1 滴蒸馏水盖片镜检。

(3)蜂蜜的检验。一是涂片法。取待检样品蜜 1 份,用水做倍比稀释,涂片镜检。二是沉积法。取待检样品蜜 1 份,用 9 份水稀释,混匀后,以 4000 r/min 离心 5 min,取沉淀物涂片镜检。

(4)孢子虫孢子与其类似物的区分。一是酸处理,用以区分孢子虫和真菌孢子。涂片制备液,加 1 滴浓盐酸,置室温或 30 ℃ 温箱内 20~30 min,孢子虫孢子外壳破裂,有的则完全被酸溶解而消失,而真菌孢子却保持原状不变。二是酒精乙醚等量混合液,用以区分孢子虫和脂肪球。涂片制备液加几滴酒精乙醚等量混合液,待蒸发干后,再加 1 滴蒸馏水,镜检结果,孢子虫孢子尚存,而脂肪球溶解消失。三是苏丹Ⅲ染色液处理,用以区分孢子虫和真菌孢子、脂肪球及花粉粒。涂片制备液加几滴苏丹Ⅲ染色液,数分钟后镜检,结果是孢子虫孢子呈无色,真菌孢子呈浓淡不等的红色,脂肪球呈橙黄色,花粉粒呈蓝黑色。

4.流行特点

(1)发病规律。孢子虫病的发生与温度及蜜源关系密切,发病有明显的季节变化,发病高峰期出现在春季。江苏、浙江的发病高峰期为 3~4 月,华北、东北和西北的为 5~6 月,而广东、广西、云南和四川的为 1~2 月。在南方夏季高温炎热的季节和北方晚秋气温低的季节,孢子虫病的病情指数急剧下降,看不到病状表现。发病轻微的蜂群如遇丰富的蜜源条件,病情可暂时得到控制。冬末春初,患病蜂群成蜂的死亡数量高于增殖数量,同时还伴随着蜂王的丧失或交替。此时气温低,外界若尚无蜜源,蜜蜂在蜂群内的排泄粪便污染巢脾,蜜蜂在清理巢房时受到感染,幼年蜜蜂的发病率较高。

(2)与发病相关因素。蜂群越冬饲料不良,尤其是在蜂蜜中含有甘露蜜的情况下,易引起蜜蜂消化不良,促使孢子虫病发生。在蜂群内,工蜂、雄蜂和蜂王均可感染发病,但以工蜂感染率最高,其次是蜂王,在工蜂中又以青壮年蜂感染率最高,而幼年蜂和老龄蜂较低,幼虫和蜂蛹则不感病。蜂种之间存在抗病性差异,西方蜜蜂发病较普遍,而东方蜜蜂很少发病。

（3）传播途径。蜜蜂孢子虫病传染的唯一途径是消化道感染。被病蜂污染的饲料和巢脾是病害传染的主要来源。试验查明,1 只感病 12 天的工蜂体内含有 2000 万～3000 万个孢子虫,而感染 42 天的蜜蜂中肠里孢子虫含量可达 4000 万～6000 万个。这么大数量的孢子虫随粪便排出体外,污染蜂箱、巢脾、蜂蜜、花粉及水源,尤其是当病蜂伴有下痢症状时,污染更为严重。当健康蜂在进行清理活动或取食蜂蜜、花粉、采水时,孢子便经蜜蜂口器进入消化道,并在肠道内发育繁殖,新的孢子体与肠壁坏死细胞一起脱落,排出体外,由此继续传播蔓延。病害在蜂群间的传播主要是通过盗蜂和迷巢蜂,尤其是蜂场的转运。蜂群集中于火车站及放蜂场地,蜂群排列过分拥挤,加之蜂群新到一个地方,认不清本群巢门,常常误入他群,引起发病,用含有孢子虫孢子的蜂蜜喂蜂,造成重复感染,被孢子虫污染的蜂箱和巢脾未经消毒处理,重复应用而引起感染。养蜂者在检查蜂群或取蜜时,随意调换巢脾等活动都会造成病害的传播和蔓延。

5.防治方法

（1）加强饲养管理。蜂群越冬需要优质的饲料,越冬蜜中不能含有甘露蜜;北方蜂群越冬室温以 2 ℃～4 ℃为宜,并具有干燥和通风的环境条件;早春应及时更换病蜂群中的蜂王。

（2）严格消毒。对养蜂用具、蜂箱及巢脾等,在春季蜂群陈列以后要彻底消毒;蜂箱及巢框可用 2％～3％的氢氧化钠溶液清洗,也可用火焰喷灯灼烧;巢脾可用 4％的甲醛溶液或冰醋酸消毒。

（3）药物防治。一是药物预防。根据孢子虫在酸性溶液中受到抑制的特性,选择柠檬酸、米醋、山楂水,分别制成酸性糖浆,配方是 1 kg 糖浆内加柠檬酸 1 g、米醋 50 mL、山楂水 50 mL,早春结合对蜂群奖励饲喂,任选其中 1 种喂蜂。二是药物治疗。据国外报道,烟曲霉素对孢子虫病有良好的疗效。国内因无此药,科技人员从我国现有的药物中筛选出保蜂健粉剂,使用浓度为 0.2％。将药粉 1 包溶于 500 mL 糖浆内,傍晚对蜂群喷喂,隔日一次,3 次为 1 个疗程,可防治 2～4 群（10 框群）。间隔 10～15 天可再进行第二个疗程的治疗。

（十五）下痢病

1.病因

由不良饲料引起蜜蜂下痢。晚秋喂越冬饲料时,兑水过多,喂的时间较晚,蜜蜂尚未将饲料酿造成熟,蜂群即进入越冬期,蜜蜂吃了这种未成熟的蜜或结晶蜜;越冬蜜中含有甘露蜜,蜜蜂不易消化,加之巢内湿度过大,温度过高或过低,越冬环境不安静,外界气温不稳定,蜜蜂又不能外出排泄飞翔,而造成下痢病。

2.症状

蜜蜂下痢病多发生于冬季和早春,患病蜜蜂腹部膨大,肠道内积聚大量粪便。在蜂箱壁、巢脾框梁上和巢门前,病蜂排泄黄褐色并带有恶臭味的稀粪便。轻病群,在天气晴暖时,外出飞翔排泄后可以自愈;重病群,飞行困难,为了排泄粪便常在寒冷天气爬出巢外,受冻而死。由于蜜蜂的大量死亡,常造成蜂群春衰。

3.防治方法

第一,在给蜂群喂越冬饲料时,注意不喂稀蜜汁和糖浆,喂优质糖或加蜜脾,喂糖时要早喂、喂足,使蜜蜂有时间酿造为成熟蜜。第二,越冬前如发现有甘露蜜、结晶蜜或发酵变质的蜜,要撤出,换以优质的蜜脾。第三,选择背风向阳的越冬场地,保持干燥,防止潮湿,蜂群要保持空气流通,保持蜂群安静越冬。第四,对于患病蜂群,可在早春晴暖的中午撤出多余的巢脾,密集蜂数,揭开草帘晒包装物,以提高巢温,排出箱内湿气,使蜜蜂飞出巢外排泄。

(十六)幼虫冻伤

1.病因

幼虫冻伤是指由低温引起的幼虫死亡,多发于早春巢温过低或寒流突然袭击时,弱群更易受到伤害。

2.症状

幼虫冻伤较易识别,当寒流过后,蜂群内突然出现大批幼虫死亡,尤以弱群边脾死亡幼虫居多,死虫不变软,呈灰白色,逐渐变为黑色。幼虫尸体干枯后,附于巢房底部,易被工蜂清除。严重受冻的蜂群,封盖幼虫也可被冻伤,尸体难于清除,待工蜂咬破巢房盖后才能被拖出。

3.防治方法

主要是加强蜂群饲养管理,饲料不足的蜂群要及时补充饲喂,弱群应适当合并,增强群势,提高保温抗寒能力,早春要特别注意对蜂群的保温,保持蜂多于脾或蜂脾相称。

第二节 蜂场安全用药及卫生管理

一、蜜蜂传染性病害的防治原则

蜂群疾病应以预防为主,综合防治,包括抗病蜂种的选育与应用、蜂群的科学管理、蜂机具及蜂场的消毒等综合措施。而在防治用药时,应严格遵守药物的施用方法和相关兽药使用准则,做到降低病虫害造成的损失的同时,保证蜂产品的安全。

(一)保健措施

(1)加强蜂群的日常饲养管理。

(2)进行抗病蜂种育种。

注意观察本蜂场蜂群间抗病性的差异,选择抗病性强的蜂群培育蜂王,替换容易得病的蜂王。在育种期间,应将容易得病蜂群的雄蜂全部驱杀。这一措施可在每年春季进行,经过连续几代选育,可大大提高蜂群抗病性。

(二)预防措施

1.制定蜂场的卫生制度

按照相关规定,制定蜂场的卫生制度。

2.对发病蜂群进行隔离

(1)发病蜂群是指有典型症状的发病蜂群,它们是主要的传染源。有条件的应选择远离健康蜂群(2 km以外)、不容易散播病原体、消毒处理方便的地方进行隔离治疗。养蜂技术员治疗病群后,要用肥皂洗手,病蜂的蜂产品、蜂具等不能带回健康蜂场。

（2）疑发病蜂群是指没有症状但与病蜂群有密切接触的蜂群，如同用水源、蜂具，近期进行过调脾等的蜂群。这些蜂群可能正处于潜伏期，应另选地方（与健康蜂群相隔 2 km）进行隔离观察，也可预防性给药。隔离时间的长短根据该种传染病的潜伏期长短而定，如潜伏期为 2～4 天，那么经 8 天消毒后可以取消隔离。

（3）假定健康蜂群是指与病蜂没有密切接触的邻近的蜂群，可以只进行观察，必要时可以进行预防性给药或转移到其他地方。

3.做好蜂场消毒

（1）预防性消毒。一般每年在秋末和春季蜂箱陈列时，结合饲养管理对蜂场周围环境、蜂具、蜂箱、仓库等进行消毒，以达到预防一般传染病的目的。

（2）随时消毒。在传染病发生时，为了防止疾病的传染而采取的消毒措施即随时消毒。消毒的对象主要有被病蜂群污染的蜂箱、蜂具、工作人员的衣物和蜂场的环境等。

（3）终末消毒。在病蜂群解除隔离之前要对隔离区的蜂箱、蜂具等各种用具及环境进行消毒。

（4）机械性消毒。机械性消毒包括清扫、铲刮、洗涤和通风等，以除去物体表面大部分的病原体。清扫和铲刮的污物要深埋。机械性消毒不能达到彻底消毒的目的，必须配合其他消毒方法。

（5）物理消毒法。物理消毒法包括照射、烘烤、灼烧、煮沸等。阳光是天然的消毒剂，一般的病毒和细菌在阳光的直射下几分钟或几小时就可以被杀死；一些小型蜂具、覆布和工作服等可以采取煮沸消毒的方法，煮沸的时间一般为 15～30 min；烘烤和灼烧的方法可用于蜂箱、蜂具的消毒。

（6）化学消毒。在以上几种消毒方法中，消毒效果最好的是化学消毒。但是化学消毒方法如使用不当，会造成蜂产品的化药污染，所以尽量多使用机械性消毒和物理消毒法，来减少化学消毒剂的使用量。

二、蜂场安全用药

（一）蜜蜂养殖用药规定

目前，蜜蜂发生病毒病无有效的治疗药物，治疗蜜蜂真菌病、原虫病使用的药物均属禁用药物，治疗蜜蜂细菌病使用的抗生素也受到严格的控制（农业部第 193 号、235 号公告）。蜜蜂养殖用药要对症，且要确定合理的使用剂量、合理的施药时间、合理的施药途径、一定的休药期。所用的药物符合《蜜蜂病虫害综合防治规范》（GB/T 19168—2003）和农业部 193 号公告《食品动物禁用的兽药及其他化合物清单》等相关规定，所用药物的标签应符合《兽药管理条例》规定，一定要从有资质的蜂药生产企业和经营单位购买蜂药，并保存记录，严禁从网上购买三无产品。

（二）蜜蜂养殖决不允许使用的药物

氯霉素、硝基咪唑类、硝基呋喃类（呋喃西林、呋喃妥因）、甲硝唑等。

（三）蜜蜂安全用药的原则

（1）最好将药物加在花粉中喂，不加在糖浆中喂。如果一定要将药物加在糖浆中喂，那么第一次打下的蜜必须留作饲料蜜，不可混入商品蜜中。

（2）蜂场应认真做好蜂病防治用药记录，既便于自己对蜂病防治用药的控制，也有利于蜂产品安全的监督。

三、蜂场卫生管理

蜜蜂养殖要做好卫生管理，每周清理一次蜂场死蜂和杂草，清理的死蜂应及时深埋。霉迹用5％的漂白粉乳剂喷洒消毒。使用过氧乙酸可有效地预防病毒病，使用柠檬酸、醋酸可减缓孢子虫的发生，使用二硫化碳、冰醋酸、硫黄可杀灭巢虫（见表9-1）。

第三节　蜜蜂中毒

一、农药中毒

（一）症状

（1）全场蜜蜂突然出现大量死亡，且强群死蜂严重。死亡的蜜蜂大多是采集蜂，有的蜜蜂足上还带有花粉团。

（2）中毒蜜蜂常爬出巢门，在地上翻滚打转，身体不停地抽搐，最后痉挛而死。蜂尸翅膀张开，腹部向内钩缩，喙伸出（见图9-10）。

图9-10　蜜蜂中毒死亡

表 9-1 蜂场常用消毒药使用方法

名称	常用浓度及作用时间	配制	作用范围	使用方法	备注
84消毒液	0.4%作用10 min用于细菌污染物。5%作用90 min用于病毒污染物	水溶液	细菌、芽孢、病毒、真菌	蜂箱、蜂具洗涤、巢脾浸泡、金属物品洗涤时间不宜过长	避光储存
新洁尔灭（苯扎溴铵）	0.1%水溶液	取该药品1份,加纯化水或清水50份	细菌、病毒、真菌	一是物体在消毒前,若已用肥皂或碱性液刷过,则须先用清水洗净,再用本品消毒。二是消毒的物品若是金属器皿(如起刮刀等),须在消毒液内加入0.5%的亚硝酸钠,以防生锈。三是用作浸泡消毒的药液可反复使用,直到药液浑浊或显显黄色后再换	忌与碘制剂、过氧化物、肥皂同用。不适于皮革消毒
漂白粉	5%～10%作用30～120 min	水溶液	细菌、芽孢、病毒、真菌	蜂箱洗涤、巢脾、蜂具浸泡1～2 h,金属物品洗涤时间不宜过长。水源消毒:1 m³河水,井水加漂白粉6～10 g,30 min后可饮用	
食用碱（Na₂CO₃）	3%～5%水溶液作用30～120 min	水溶液	细菌、病毒、真菌	蜂箱洗涤、巢脾浸泡2 h,蜂具、衣物浸泡30～60 min,越冬室、仓库墙壁、地面喷洒	
石灰乳	10%～20%水溶液	混悬液	细菌、芽孢、病毒、真菌	1份生石灰加1份水制成消石灰,再加水配成10%～20%的混悬液,粉刷越冬室、工作室、仓库等的墙壁、地面。现配消石灰粉、散布蜂场地面	现配现用
饱和食盐水	36%水溶液作用4 h以上	水溶液	细菌、真菌、孢子虫、阿米巴、巢虫	蜂箱、巢脾、蜂具浸泡4 h以上	
冰醋酸	80%～98%熏蒸1～5天	10～20 mL/蜂箱	蜂螨、孢子虫、阿米巴、蜡螟的幼虫和卵	每只蜂箱用80%～98%的冰醋酸10～20 mL,洒在布条上,每个要消毒巢脾的继箱挂一片。将箱体叠好,糊好缝隙,盖好箱盖熏蒸24 h,气温低于18℃时应延长熏蒸时间至3～5天	

续表

名称	常用浓度及作用时间	配制	作用范围	使用方法	备注
甲醛溶液（福尔马林）	2%～4%的甲醛溶液	1份福尔马林加水 9～18 份	细菌、芽孢、病毒、真菌、孢子虫、阿米巴	2%～4%的甲醛溶液喷洒越冬室、工作室、仓库等的墙壁、地面，也可加热熏烟。4%的甲醛溶液浸泡蜂箱、巢脾、蜂具 12 h	注意密闭
	50%的甲醛溶液熏蒸	按比例同高锰酸钾混合熏蒸	细菌、芽孢、病毒、真菌、孢子虫、阿米巴	把甲醛溶液倒入陶瓷或玻璃容器，置入擦好的箱体中，蜂箱间用纸糊好，再缓缓加入高锰酸钾立即密闭 12 h。室内消毒（每立方米）：甲醛 30 mL，高锰酸钾 18 g	注意密闭
硫黄（燃烧时产生二氧化硫）	粉剂熏蒸 24 h以上，2～5 g/蜂箱		蜂螨、蜡螟、巢虫、真菌	5个蜂箱为一体，每个继箱有 8 张巢脾，巢箱中放一瓷容器。使用时，将燃烧的木炭放入容器内，立即将硫黄撒在木炭上，密闭蜂箱，熏蒸 12 h以上。每隔 7 天重复一次，连续重复 2～3 次	该药对卵、封盖幼虫及蛹无效
过氧乙酸	0.3%溶液 30 mL/m³	配制时应将过氧乙酸慢慢倒入水中	真菌、芽孢、细菌和病毒	将需消毒的用具浸泡消毒 24 h以上，再用清水浸泡 4～5 h，然后用摇蜜机将水摇出，晾干后备用。用于场地消毒应现配现用	能腐蚀多种金属，有漂白作用
高锰酸钾	0.1%～0.2%的高锰酸钾溶液作用 30 min	用温水配制	细菌、病毒	用 0.1%～0.2%的高锰酸钾溶液浸泡病毒病和细菌污染的蜂箱和巢脾	

注：1. 根据消毒药的类型与本蜂场的常见病、多发病选择消毒药。

2. 无论使用何种化学消毒剂，以浸泡和洗涤形式处理的，消毒过后用清水将药品洗涤干净，巢脾用分蜜机摇出巢中水分；熏蒸消毒的蜂具等，应在空气流通处放置 72 h 以上。

3. 巢脾上如有花粉等，其消毒的浸泡时间可视药品作用的时间而适当延长，以达到彻底消毒的目的。

（3）蜜蜂呈现极度不安,秩序混乱,爱蜇人。在中毒严重时,箱内幼虫也出现中毒,从巢房中脱出,通常称之为"跳子"。

（4）开箱检查,箱底有很多死蜂;提起巢脾时,工蜂纷纷落下,振翅缓慢,只能飞落箱中或地下,能勉强继续爬行的蜜蜂也软弱无力,不断向下滑动。

（二）防治方法

（1）为了保护蜜蜂为农作物授粉,尽量减少蜜蜂因农药中毒造成的损失,应大力宣传蜜蜂授粉的意义,尽量避免在蜜粉源植物开花期施用农药。如花前与花后施药等效,尽量在花后施药;急需在花期施药,也应选择高效且残效期短、对蜜蜂无害或低毒的药剂;花期用药时,应在蜜蜂出巢采集前或回巢后施药;雾剂与水剂等效时,尽量用水剂;必须在花前施用对蜜蜂剧毒的杀虫剂时,要提前通知 5 km 以内的养蜂场,以便蜂场采取预防措施,在喷药前一天晚上关闭巢门,阻止蜜蜂前往喷药区采集。关闭期限:烟碱、杀菌剂、除虫菊和除莠剂,4～6 h;乐果、敌百虫、鱼藤精,24 h;甲基对硫磷,48 h;乙基对硫磷,72 h;砷和氟的无机药剂,4～5 天。在蜂群幽闭期间,要盖上纱盖或加一个空继箱扩大蜂巢,使巢内空气流通,并做好遮阴工作,保持箱内黑暗,使蜂群安静。长期幽闭后,可在傍晚蜜蜂停止飞翔时把巢门打开,次日早晨蜜蜂未飞出前再关闭巢门。

（2）暂且将蜂群运离至喷药区 5 km 以外处,待农药失效后再运回原址。

（3）喷药时,可在农药中加入一些对蜜蜂有驱避作用的驱避剂,如石炭酸、煤焦油(使用时应加少量肥皂)等,使蜜蜂避免受害。

（4）当蜂群发生农药中毒时,应及时采取抢救措施。首先将蜂群撤离至毒物区5 km 以外,避免蜂群继续中毒。同时将巢内所用混有毒物的饲料全部清除,并用 1:1 的糖浆或甘草水糖浆进行补充饲喂。另外,用药物解毒。由乙基对硫磷、敌百虫和乐果等有机磷制剂所引起的中毒蜂群,可用 0.05%～0.1% 的硫酸阿托品或 0.1%～0.2% 的解磷定溶液进行喷脾解毒。

（三）出现索赔情况时的法律程序

（1）保护现场,向当地公安部门或养蜂主管部门或畜牧兽医站报告情况,并提供线索,寻找有关证据(关键)。

（2）请当地公证部门或公安部门一起采样并封存(证据保全)。

（3）按照证据提供的线索(如找到的农药瓶所标示的农药名称),有针对性地对保全的死蜂进行化验。

（4）聘请律师进行法律诉讼。

二、植物中毒

（一）甘露蜜中毒

甘露蜜中毒在我国养蜂生产上较为普遍,尤其是早春和晚秋外界蜜源缺乏的季节发生严重。蜜蜂大量采集甘露而造成工蜂死亡,严重时幼虫也成片死亡,蜂群群势迅速下降。若越冬蜜中含有甘露蜜,则造成越冬蜂死亡,为害更为严重,不仅影响到当年越冬的成败,而且影响到翌年蜂群的群势及产量。

1.原因

甘露蜜中毒由蜜蜂采集和吸食甘露蜜引起。甘露蜜与蜂蜜不同,含有比蜂蜜高几倍的糊精和无机盐,蜜蜂取食后因不易消化而引起中毒。甘露蜜包括甘露和蜜露两种。甘露是蚜虫、介壳虫分泌的甜汁。在干旱年份里,这种昆虫大量发生,并排出大量甘露于松树、柏树、杨树、柳树、槭树、椴树等乔木和灌木上,以及禾本科的高粱、玉米、谷子等植物的叶片及枝干上,吸引蜜蜂去采集。同时,这些昆虫分泌的汁液往往被细菌或真菌等病原微生物所污染而产生了毒素,蜜蜂吃了这种分泌物就会引起中毒。蜜露则是由于植物受到外界气温的变化影响后,所分泌的一种含糖汁液。甘露色泽深暗,味涩,没有花蜜那种芳香气味,因此,蜜蜂一般不喜欢采集甘露,但在外界蜜源缺乏时则会去采集,并将其运回蜂巢,酿制成甘露蜜。甘露蜜中的葡萄糖和果糖含量较少,蔗糖含量较高,还含有大量糊精、无机盐和松三糖。甘露蜜的毒性成分主要是由其所含的无机盐特别是钾所引起的;糊精是蜜蜂不易消化的物质;松三糖则是使甘露蜜结晶的主要成分,而蜜蜂无法食用结晶的甘露蜜,从而造成越冬蜂的死亡。

2.症状

甘露蜜主要是使采集蜂中毒死亡。中毒蜂腹部膨大,下痢,排泄大量粪便于蜂箱壁、巢脾框梁及巢门前。解剖观察时会发现,蜜囊膨大成球状,中肠黑色,内含黑色絮状沉淀物,后肠呈蓝色至黑色,其内充满暗褐色至黑色粪便。中毒蜜蜂萎靡不振,有的从巢脾和隔板上坠落于蜂箱底,有的在箱底和巢门附近缓慢爬行,失去飞翔能力,死于箱内和箱外。严重时,幼虫和蜂王也会中毒死亡。

3.检验方法

一是消化道检验。解剖消化道,观察中肠及后肠有无异常变化。二是电导率测定。取待检蜜蜂 20 只研磨,加无菌水 10 mL,制备悬浮液。过滤后,取滤液 6 mL 置于小量瓶中,用电导仪测定。如测得的电导率在 1200 mV/cm 以上,则可确定为甘露蜜中毒。三是石灰水检验法。按上述方法将待检蜜稀释后,再加入饱和并经澄清的石灰水 6 mL,充分摇匀,在酒精灯上加热煮沸,静止数分钟,如出现棕色沉淀,即表明含有甘露蜜。

4.防治方法

生产实践证明,干旱欠收年份时,蜜蜂甘露蜜中毒发生普遍而且严重;大蜜源结束早,而又缺乏辅助蜜源,蜂群缺乏饲料,长期处于饥饿状态时,蜜蜂甘露蜜中毒发生也严重。对于甘露蜜中毒的防治,应以预防为主。在晚秋蜜源结束前,蜂群内除留足越冬饲料外,应将蜂群搬到无松树、柏树的地方。对于缺蜜少蜜的蜂群,要及时进行补充饲喂。对于已采集甘露蜜的蜂群,在蜂群越冬之前,将其箱内含有甘露蜜的蜜脾全部撤出,换以优质蜜脾或优质蜂蜜及白糖作为越冬饲料。如蜜蜂因甘露蜜中毒而并发孢子虫病、阿米巴病或其他疾病时,应采取相应的防治措施。

(二)蜜蜂茶花中毒

茶树是我国南方的主要经济作物,在秋末冬初开花(通常为 9～11 月),花期长,流蜜量大,是很好的晚秋蜜源。但蜜蜂采集茶花后,会引起幼虫大批死亡,因此不仅丰富的蜜源资源不能利用,而且还会给蜂群越冬带来困难,成为养蜂生产的严重障碍。

1.原因

相关分析查明,茶花蜜中除含有微量的咖啡因和甙外,还含有较多的多糖成分。毒性实验表明,茶花蜜并非有毒,引起蜜蜂中毒的原因是蜜蜂不能消化利用茶花蜜中的低聚糖成分,特别是不能利用结合的半乳糖成分,从而引起生理障碍。

2.症状

茶花蜜中毒主要引起蜜蜂幼虫死亡。死虫无一定形状,也无臭味,与病原微生物引起的幼虫死亡症状明显不同。

3.解救措施

采用分区饲养管理结合药物解毒,使蜂群既充分利用茶花蜜源,又尽可能少取食茶花蜜,以减轻中毒程度。根据蜂群的强弱,分区管理分为继箱分区管理和单箱分区管理两种方法。

(1)继箱分区管理。该措施适用于群势较强的蜂群(6框足蜂以上)。具体做法是:先用隔离板将巢箱分隔成两个区,将蜜脾、粉脾和适量的空脾连同蜂王带蜂提到巢箱的任一区内,组成繁殖区,然后将剩下的脾连同蜜蜂提到巢的另一区和继箱内,组成生产区(取蜜和取浆在此区进行)。继箱和巢箱用隔王板隔开,使蜂王不能通过,而工蜂可自由进出。此外,在繁殖区除了靠近生产区的边脾外,还应分别加一蜜粉脾和一框式饲喂器,以便人工补充饲喂并阻止蜜蜂把茶花蜜搬进繁殖区。巢门开在生产区,繁殖区一侧的巢门则装上铁纱巢门控制器,使蜜蜂只能出、不能进。

(2)单箱分区管理。将巢箱用铁纱隔离板隔成两个区,然后将蜜脾、粉脾、适量的空脾及封盖子脾同蜂王带蜂提到任一区内,组成繁殖区,另一区组成生产区。上面盖纱盖,注意在隔离板和纱盖之间留出 0.5～0.6 cm 的空隙,使蜜蜂可以自由通过,而蜂王不能通过。在繁殖区除在靠近生产区的边框加一蜜粉脾外,还在靠近隔板处加一框式饲喂器,以便人工补充饲喂和阻止蜜蜂将茶花蜜搬入繁殖区,但在远离生产区的一侧框梁上仍留出蜂路,以便蜜蜂能自由出入。巢门开在生产区,繁殖区一侧的巢门装上铁纱巢门控制器,使蜜蜂只能出、不能进,而出来的采集蜂只能进生产区,这样就可避免繁殖区的幼虫中毒死亡,达到解救的目的。

喂药与饲养管理相结合。第一,繁殖区每天傍晚用含少量糖浆的解毒药物(0.1%的多酶片、1%的乙醇以及 0.1%的大黄苏打)喷洒或浇灌;隔天饲喂 1∶1 的糖浆或蜜水,并注意补充适量的花粉。第二,采蜜区要注意适时取蜜。在茶花流蜜盛期,一般 3～4 天取蜜一次。若蜂群群势较强,可生产王浆或采用处女蜂王取蜜。每隔 3～4 天用解毒药物糖浆喷喂一次。

(三)蜜蜂枣花中毒

蜜蜂枣花中毒又称"枣花病",发生在枣树开花流蜜期,会使大批采集蜂死亡,蜂群群势下降,严重影响枣花期蜂蜜的产量,是我国华北地区枣花流蜜期的一种地方性病害。

1.原因

枣花中毒主要发生在华北地区 5～6 月的枣花流蜜期。枣花蜜中含有能引起蜜蜂中毒的高含量钾离子和生物碱类物质。发病的轻重与当时的环境条件和蜂种有密切关系。枣花开花期气候干旱而炎热,花蜜黏稠,蜜蜂采集费力。在蜂群缺水的情况下,采集蜂中毒较为严重。在枣花流蜜即将结束,荆条蜜源开始流蜜时,中毒则逐渐减轻。一般来说,山区和沙质土壤地区中毒较重,平原和湿润黏质土壤地区中毒较轻;气候干旱年份中毒较重,雨水充足、气候湿润年份中毒较轻;枣花期无辅助粉源的地区中毒较重,有辅助粉源的地区中毒较轻;枣树成片地区较零星地区中毒重;西方蜜蜂较中蜂中毒重。

2.症状

症状主要是采集蜂死亡,发病期约 20 天。病蜂开始呈现腹部膨大,失去飞翔能力,肢体失去平衡、发抖,在巢门前的地上做跳跃式爬行,对外界反应迟钝;以后随着病情的加重,病蜂常仰卧在地上,腹部不断抽搐,最后痉挛而死。死亡蜜蜂翅膀张开,腹部向内钩缩,喙伸出,呈典型的中毒症状。中毒严重时,巢门前死蜂遍地,群势迅速下降。

3.解救措施

第一,在枣花期前,要选择蜜粉源均较充足的场地放蜂,使蜂群有大量花粉,以备进入枣花期供蜂群食用,这可减轻蜜蜂中毒程度。

第二,在蜂箱四周及箱底要经常洒些冷水,以保持地面潮湿,为蜂群架设凉棚遮阴,防止烈日直晒。及时取蜜,摇蜜后的空脾灌以凉水再插入蜂箱。

第三,人工补充饲喂,可减轻蜜蜂中毒程度。在枣花大流蜜期到来的时候,每天傍晚给蜂群喂酸性糖浆(在 1:1 的糖浆中加入 0.1% 的柠檬酸或 5% 的醋酸),也可用生姜水、甘草水灌脾,可起到预防和减轻中毒的作用。

三、工业污染中毒

(一)水污染

蜜蜂采集从工厂排泄管流出的工业污染废水,加工矿石形成的含有化学物质的污染废水,大型畜禽场排出的污水,农田使用化肥、农药等形成的受污染的水后,会发生中毒。

(二)烟雾污染

在工业污染严重的地区,由于烟雾而致使周围的植物和土壤沉积大量砷化物,而蜜蜂采集受污染的植物粉蜜后会发生中毒。对于因工业污染造成的蜜蜂中毒,防治的主要方法是将蜂群搬离污染区。选场时将蜂群定在远离污染源 5 km 以上的上风口和水源的上游处。

第四节　蜜蜂敌害

一、胡蜂

胡蜂是蜜蜂的重要敌害,特别是在山区、丘陵地区养蜂时,外勤蜂常遭受胡蜂的为害,受胡蜂为害严重的蜂群甚至会弃巢飞逃。在我国农区,胡蜂有 100 多种,为害蜜蜂的胡蜂主要有大胡蜂、小胡蜂、蜂狼、金环胡蜂、墨胸胡蜂和黄蜂。

(一)为害情况

大胡蜂体大而凶猛,为害蜜蜂的时间集中在 8~10 月。在蜜粉源缺乏时,大胡蜂除在空中追逐捕食蜜蜂外,还在蜂场巢门前等候,捕食进出的工蜂,并将嚼碎的蜂尸残渣弃置于巢门处。群势较弱蜂群的巢门较大时,胡蜂可成批攻入,蜂群被迫弃巢迁逃或被毁灭。

小胡蜂体小,行动敏捷,捕捉蜜蜂较大胡蜂灵巧。小胡蜂攻击巢门口的工蜂时,以俯冲形式捕捉。守卫工蜂摆尾发出信号,招引大批工蜂涌出,聚集巢门前,严阵以待。小胡蜂由于行动敏捷,捕捉1只工蜂后即飞往树枝上,吃后又飞回继续攻击。因此,在巢门外守卫的工蜂没有能力对其群起而攻之,只有当个别小胡蜂钻入蜂群内或落入巢脾上时,大量蜜蜂才能包围小胡蜂,螫咬致死。小胡蜂直接捕食的蜜蜂数量虽然不多,但由于干扰破坏了蜂群的正常采集活动,所以给养蜂生产造成了一定的损失。

(二)生物学特性

胡蜂与蜜蜂都是营群居性生活的社会性昆虫,群体由蜂王、工蜂和雄蜂组成,与蜜蜂不同之处是一群胡蜂中多只蜂王可同巢。胡蜂在秋季交尾受精后便进入越冬期,翌年3～4月开始产卵繁殖。

1.蜂王

越冬后的蜂王经过一段时间的活动和补充营养后,各自寻找避风、向阳的场所营巢,边筑巢边产下第一代卵,一般产20粒卵。这时,蜂王还担负御敌、捕猎食物、饲喂第一代幼虫和羽化不久的新蜂等内外勤一切工作,是此时巢内唯一的成年蜂。当第一代工蜂参加内外勤活动后,蜂王产下第二代卵,一般产95～150粒卵。少数第二代羽化后的雌蜂个体与雄蜂交尾成功,成为当年正常产卵的首批新王,接着越冬蜂王就被交替了。胡蜂蜂王卵巢管仅有12～16条,是意大利蜂蜂王的4%,可是胡蜂蜂王可多王同巢,弥补了产卵量少的缺陷。

2.雄蜂

雄蜂是由越冬后的蜂王所产第二代雌蜂中未经交尾授精的个体产卵繁育而来的。它们可与同巢或异巢的少数雌蜂交尾,亦可与同代或母一代雌蜂交尾,交尾后不久陆续死亡。雄蜂最多时,可占工蜂总数的20%。

3.工蜂

工蜂从事饲喂、清巢、保温、筑巢、捕猎、采集、御敌和护巢等活动。工蜂有卵巢管10～12条,发育较均匀。工蜂性情凶狠,螫针明显,排毒量大,攻击力强。工蜂和蜂王无形态区别。

4.营巢

常在隐蔽的山洞或大树洞内建巢,洞内保持适宜的温湿度,有利于御敌、护巢。蜂巢呈球形,单脾。

5.群势

种类不同,群势差异较大,一般由100～1000只胡蜂组成,最大者可达4000～5000只。

6.食性

胡蜂以捕食昆虫为食,多为蝇类、虻类。在其他昆虫饲料短缺时捕杀蜜蜂,将捕捉的蜜蜂带到附近的树枝上,混以蜜囊里的蜜汁,并将咬碎的肌肉拧成团,带回巢内哺喂幼虫。

(三)几种胡蜂的形态特征和特性

1.大胡蜂

体长30 mm,头部为黄色,中胸背板为黑色,腹部为棕褐色并有黄色环纹。群居,常营巢于树洞内或建筑物下。夏末秋初,常盘旋于蜂场上空或守候在巢门前,捕捉蜜蜂(见图 9-11)。

图 9-11　大胡蜂在捕食蜜蜂

2.蜂狼

蜂狼又叫"大头泥蜂",体长 15 mm,头大,胸部为黑色,腹部为鲜黄色,在土洞里营巢,是一种营独栖生活的胡蜂。雄蜂无螯针,不捕食蜜蜂,能采蜜。工蜂具螯针,能采蜜。同时又能捕食蜜蜂。除吸食蜜蜂蜜囊里的蜜汁外,蜂狼还将蜂尸运回蜂巢饲喂幼虫。1 只蜂狼在幼虫发育期要吃掉 4~6 只蜜蜂。

3.墨胸胡蜂

体呈黑褐色。蜂王卵巢管为 12~16 条,工蜂为 10~12 条,每天有两次出勤高峰。卵期为 5 天,幼虫期为 9 天,蛹期为 13 天,成蜂寿命可达 3 个月以上。在福州地区越冬 2 个月左右,是福建地区夏季蜜蜂的主要敌害。

4.黄蜂

全身为黄色,头部具黑色斑点,腹部基脚有黑色带,尾部有螯针。个体较小,行动迅速,性情较凶猛,食量较大,对蜜蜂为害较重。

5.小蜜蜂

全身为黑褐色,有细小黄色环带。身体瘦小,体重只相当于大胡蜂的 1/4~1/3,行动敏捷,飞行迅速,较大胡蜂数量少,为害也较大胡蜂轻。

(四)防治方法

1.人工扑打

当发现蜂场上出现胡蜂为害时,可用蝇拍扑打,消灭胡蜂(见图 9-12)。

图 9-12 人工扑打死的胡蜂

2.用强力粘鼠板诱杀胡蜂

胡蜂吃肉,可把新鲜的猪肉切成小块,放在强力粘鼠板上,当胡蜂采食时便会被粘鼠板黏住(见图 9-13)。

图 9-13 强力粘鼠板黏住的胡蜂

3.药物防治

(1)毁巢灵人工敷药法。人工敷药器由白色透明塑料制成,瓶状,分诱入腔和通道两部分,通道直径为蜂体的两倍,诱入腔直径为 30～40 mm,附有诱入腔和通道棉塞。使用方法:在蜂场以捕虫网捕到胡蜂后,打开诱入腔顺势把网内胡蜂诱入腔内,盖上腔盖;当胡蜂进入出口通道时,取出棉塞;当胡蜂沿着通道伸出头胸部时,用左手拇指和食指按住蜂体,右手取棉签涂毁巢灵粉剂 2～3 mg,敷在胡蜂的胸部背板绒毛间,让其带药归巢,污染全巢,毒死同伴,毁灭全巢。

(2)毁巢灵自动敷药法。同上法捕到胡蜂后,诱入 100～150 mL 的瓶内,立即盖上瓶盖。因瓶内预置毁巢灵粉剂,此时瓶内的胡蜂借挣脱振翅的气流,自动将药粉均匀地敷散到蜂体各部分,一般敷药量可达 40～60 mg。打开瓶盖放蜂回巢,即可很快污染全巢,达到毁除蜂巢的目的。

(3)治疗原则及注意事项。治疗原则是对症下药,按剂量给药,禁止乱用药。注意事项:一是在蜜、浆生产期前一个月停止用药,并在生产期前彻底清除巢内的存蜜。二是如必须在生产期内用药,则用药的蜂群所产的蜜、浆等不能作为食品出售,只能作为非食品、制药及工业原料。三是提倡使用植物药物(如中草药等)防治蜜蜂病虫害。

二、蜡螟

蜡螟属鳞翅目、螟蛾科、蜡螟亚科、蜡螟属的昆虫。为害养蜂生产的蜡螟主要有大蜡螟和小蜡螟。大蜡螟幼虫以巢脾为食,1～2 龄幼虫会沿着巢脾内有幼虫残余物、茧衣的巢房蛀食巢脾,在巢脾上吐丝作茧,破坏巢脾,蛀坏蜂具,故大蜡螟幼虫又称"巢虫""绵虫"等。除破坏巢脾外,还为害蜂群中的封盖子脾。3～4 龄幼虫会造成蜜蜂的蛹和幼虫死亡,出现白头蛹。若不及时处理,蜂群会弃巢而逃。大蜡螟幼虫是蜜蜂最主要的敌害之一。

(一)大蜡螟的生物学特性

大蜡螟为完全变态昆虫,个体发育经历卵、幼虫、蛹和成虫四个阶段,各虫期的长短随季节变化有很大差异。大蜡螟卵期 8～23 天,初产卵呈短椭圆形,长约 0.5 mm,宽约 0.3 mm,卵壳较硬且厚,略带粉红色,随孵化时间增加逐渐由乳白色变为黄褐色,表面开始布有网状刻纹,卵块为单层,卵粒紧密排列。幼虫共 8 龄,每龄期 4～7 天,因外界温度和食料不同有差异,初孵幼虫呈白色,与衣鱼相似,长 1～3 mm,2～3 龄幼虫外形会发生很大变化,成熟幼虫体长 12～28 mm,重量可达 240 mg。蛹期 6～55 天,蛹呈纺锤形,长 12～20 mm,雌、雄蛹重分别为(162.1±5.1)mg 和(122.2±1.9)mg。大蜡螟成虫口器退化,在成虫期不取食,雌蛾下唇须向前延伸,头部成钩状,雌蛾个体较雄蛾大。在自然条件下,雌蛾历期 7～9 天,体长 18～22 mm,重(122.3±1.6)mg,羽化后 1～3 h 开始交尾,交尾 4～5 h 后产卵,平均产卵(725.2±148.3)粒;雄蛾历期 12～24 天,体长 14～16 mm,重(74.0±7.5)mg。大蜡螟的发生与外界温度有很大关系,地理分布受越冬能力的限制,在高纬度地区没有或很少发生,而在广东、广西和云南等亚热带地区为害相当严重。大蜡螟为害以幼虫期为主,容易在长时间不清扫的蜂群和长时间存放、不加以处理的巢脾上滋生,对中蜂弱群、分蜂群、无王群和蜂少于脾的蜂群为害严重。初孵幼虫有上脾的习性,1～2龄幼虫经框耳爬上框梁,然后蛀入巢脾,上脾率达 90%以上,2 龄后上脾易被工蜂攻击,上脾率仅 7.5%。1～2 龄幼虫喜食液体饲料,幼虫自 2 龄开始在隧道壁上吐丝,虫体保藏在丝织物中。大蜡螟幼虫发育至 5～6 龄后,食量猛增,对巢房破坏加剧,最后聚集或潜入蜂箱缝隙中结茧、化蛹、羽化。

(二)大蜡螟的防治方法

1.生物防治

在生物防治方面,目前国内外主要通过苏云金芽孢杆菌、昆虫病原线虫、茧蜂等寄生性天敌防治大蜡螟。

(1)苏云金芽孢杆菌。苏云金芽孢杆菌是目前国内外比较普及和有效的生物防治制剂。研究表明,经苏云金芽孢杆菌处理,大蜡螟肠道酯酶比活力下降,肠道超氧化物歧化酶以及过氧化物酶活力增强,对大蜡螟有很好的防治效果。将苏云金芽孢杆菌制剂饲喂给大蜡螟时,致死量为 47.84 g/kg;通过喷雾法用制剂含量为 95.68 g/kg 的试剂处理蜜蜂巢脾和蜂蜡板,可杀死各龄期蜡螟幼虫。

(2)昆虫病原线虫。昆虫病原线虫用于大蜡螟的防治原理是:昆虫病原线虫 3 龄幼虫在潮湿环境中可借助水膜做垂直运动和水平运动,能自主寻找合适寄主,并通过寄主的一些自然孔口、伤口或节间膜等进入寄主血腔中。进入寄主昆虫体内后,昆虫病原线虫在昆虫血腔中释放出共生菌并快速增殖,致寄主死亡,线虫则取食共生菌和液化的寄主组织,并发育成熟,完成交配和繁殖,最后释放出大量 3 龄幼虫,继续侵染其他寄主。昆虫病原线虫及其共生菌在大蜡螟体内产生的毒素能够导致幼虫体内羧酸酯酶活性增强,酯酶具有酯类代谢、解毒、神经传导等功能。酯酶活性增强会导致酯类物质分解过多,破坏脂肪体结构,导致昆虫组织解体,解毒、神经传导等功能受阻,加速昆虫死亡。所以说,昆虫病原线虫是防治大蜡螟的理想生物。

(3)寄生蜂。寄生蜂是农林牧业重大害虫的天敌,对控制害虫暴发,维持生态平衡发挥着重要作用。农业生产中用寄生蜂防治害虫的生物防治方法越来越普及。据研究,蜡螟绒茧蜂是大蜡螟幼虫的天敌,可以寄生大蜡螟的 1～4 龄初期幼虫,多数被寄生幼虫死于严重为害蜂群之前,这对于控制大蜡螟种群数量和抑制为害具有重要意义。利用昆虫性信息素防治害虫是一项极具前景的绿色防治技术,在国内外都有成功的实例,但在防治大蜡螟方面还未见报道。昆虫嗅觉识别系统关键作用蛋白及受体功能的研究,为大蜡螟的生物防治带来了新机遇。

2.物理防治

目前,对大蜡螟的物理防治方法主要有巢脾的高温和低温处理。将空巢脾置于48 ℃下2 h 或−20 ℃下2.3 h,可以安全、简单、有效地杀死至少 90% 的各个发育阶段的大蜡螟圈。对于大蜡螟各个发育阶段,48 ℃处理下的致死效果比−20 ℃处理下的效果好。

3.化学防治

(1)生物源农药(甾醇抑制剂、植物提取液)。在昆虫中,甾醇是昆虫细胞膜必需物质,是类固醇激素合成的前物。鳞翅目昆虫可以把食物中的甾醇转变成胆固醇,由此推断该类昆虫表皮的类固醇主要由胆固醇组成,而蜜蜂则不能把食入的甾醇转变成胆固醇,但可以通过影响胆固醇的合成进而抑制鳞翅目昆虫的幼虫发育,从而达到防治效果。对 21 种地中海植物提取液进行研究,测定它们对大蜡螟发育的影响和对工蜂的毒性。结果表明,用大多数植物提取液饲喂的大蜡螟幼虫与对照相比蛹期延长 2～5 天,其中 4 种植物提取液对大蜡螟幼虫有毒杀作用,致死率为 95%～100%,并且对工蜂无影响,可有效地控制大蜡螟的种群数量。

方法一:干海带。取 100 g 干海带,包于尼龙布中,放在蜂箱内,经过 8～10 天将海带取出,晾干水分,可反复使用 20 次以上。

方法二:百部。将百部 20 g 浸入 0.5 kg 60% 以上的白酒中,放置 7 天。用水将浸出液稀释 1 倍,薄雾喷蜂箱及巢脾,3 天一次,3～4 次为 1 个疗程。

(2)化学药物。在化学药物方面,养蜂者多采用硫黄和冰乙酸等对储藏巢脾进行熏蒸。硫黄挥发性高,不溶于脂肪,对蜂蜜、蜂蜡和蜂蜜的为害较轻,但对卵无杀伤力;冰乙酸能在较短时间内杀死卵和蜡螟,但幼虫抵抗力很强,巢脾需较长时间熏蒸。硫黄燃烧熏蒸法:5 个继箱一组,每箱 8～9 张脾,最下面放一带纱窗的空巢箱。熏治时,打开纱窗及挡板,将燃烧的木炭放入容器内,立即将 3～5 g 硫黄粉撒在炭火上,推上纱窗挡板,密闭熏治 24 h 以上,7 天后再熏一次。

4.饲养管理防治

目前,在饲养管理方面,对于中蜂蜂群,养蜂者主要是通过保持蜂群强壮的群势、定期清扫蜂箱内壁和箱底、定期更换巢脾、使用新脾、化蜡处理旧脾等措施来进行大蜡螟防治;对于意蜂蜂群,主要是提高闲置旧巢脾的使用周转率、加强蜜蜂对取蜜后蜜脾的进一步清理工作、熏蒸并密闭保存巢脾等来减轻蜡螟为害程度。

三、蜘蛛

为害蜂群的蜘蛛主要有两种。一种为黄绿色、长腿、身上带黑色环纹、体长 1.5 cm 左右的蜘蛛。这种蜘蛛很特别,就是它会"写外文",在结的网上,都会在垂直面上织上一行酷似"WNVY"的英文字母。那些较大型的蜘蛛一般都是夜间结网,而此种蜘蛛昼夜皆可结网。另一种蜘蛛体形较小,圆形,似玉米粒大,棕黄色,为害蜂群比前者重。

(一)为害

在荆条花期,蜂群的子脾往往都比较好,但有的年份到了后期,特别是进入 8 月后会发现群势迅速下降,见子不见蜂。造成此期蜂群见子不见蜂的原因之一就是受到了蜘蛛的为害。

(二)原因

在蜂场四周的荆条花丛中,蜘蛛的密度一般为每平方米 1 只,多的可达 2～3 只。有些蜘蛛晚上把网结在箱门前,一张网上粘蜂十余只(一夜间结的网)。以一个蜂场为例,暂且按以该蜂场为中心、2 km 为半径确定采集范围,那么采集面积约为 12.56 km²。在这个范围内因有农田、村庄等非蜜源面积,粗略按每 20 m² 有 1 只蜘蛛计算,那么就有蜘蛛 62.8 万只,以每 2 只蜘蛛每天捕食 1 只蜜蜂计算,那么蜘蛛每天就要吃掉 31.4 万只蜜蜂(6 群有 5 万多只工蜂的蜂群),这真是一个"容易被人忽视"的数字。

(三)防治措施

对于蜘蛛的为害,目前还没有较好的预防办法,因蜘蛛栖息在广漠的旷野中,难以捕捉。目前较有效的办法就是适时转场,尽量在 8 月初之前离开场地。据观察发现,8 月之前,蜘蛛正处在生长的前期阶段,体形尚小,结的网也不大,对蜂群的为害尚轻。进入 8 月后,蜘蛛会迅速成长,且大部分会长大,结的网也增大,捕食量大增,此时就会对蜜蜂构成极大的为害,因而转地蜂场最好于8月前完成转场,以避开为害。定地蜂场应尽可能将离蜂场较近的蜘蛛消灭,尽量除净蜂箱四周的杂草,以免蜘蛛在蜂场附近结网,加重为害程度。蜘蛛为害发生的轻重每年有别,发生重的年份不可掉以轻心。

四、鸟类

捕食蜜蜂的鸟类很多,主要有蜂虎,还有蜂鹰、啄木鸟及山雀等。

(一)蜂虎的为害

蜂虎又叫"黄喉虎",全身披有艳丽的羽毛,头部两颊及喙呈蓝色,喉部为黄色,背面为棕黄色,全身为翠色,常在离地面不高的陡坡上掘洞营巢,成群栖息。蜂虎飞行很快,常在飞行中捕捉蜜蜂,每天可吞食蜜蜂近万只。严重时,可将大部分飞出的外勤蜂吃掉。此外,它们还会将出巢交尾的处女蜂王吃掉,给养王带来困难。

(二)防除方法

对蜂虎的防除,可采用鸟枪射击和巢穴毒杀等方法。

药物毒杀法:发现穴巢后,在晚上将二硫化碳布条塞入巢穴内,用泥土将洞口填塞,将蜂虎毒死在巢内。

五、兽类

为害蜜蜂的兽类主要有黄喉貂、老鼠、熊、刺猬等,它们不但偷吃蜂蜜,骚扰蜂群,而且还经常将蜂箱推倒,毁坏巢脾,使蜂场遭受重大损失。

(一)黄喉貂

1.为害

黄喉貂又叫"黄青鼬""蜜狗"和"黑尾猫",广泛分布于我国各山林地区,是山区养蜂的大敌。黄喉貂体形与家猫相似,但头部与体躯较细长,四肢较短,爪锋利,头背面、侧面、颈背、四肢和尾部为棕黑色至黑色,两肩上部至臀部为黄色至深棕色,下颚到嘴角为白色,喉部为黄色,腹部为灰棕色。体重1.5～3 kg,体长55～75 cm,尾长40～55 cm,高18～24 cm。雌性较雄性个体大。每当冬季,天寒地冻,野果稀少,小动物潜伏越冬,黄喉貂就集中为害蜜蜂。它们夜间潜入蜂场,用爪齿破坏蜂箱,盗食蜂蜜和子脾。受黄喉貂为害的蜂群秩序大乱,脾破蜜流,轻者群势下降,重者全群覆灭。

2.防除方法

(1)养狗护蜂。狗能驱逐黄喉貂。山区养狗护蜂简单易行、省工省时、经济实用。

(2)药物诱杀。根据黄喉貂喜欢吃子脾的特点,可将淘汰的雄蜂子脾切成小块,然后撒上砒霜,待蜜蜂归巢后,将准备好的有毒脾块放在黄喉貂经常出没的地方,黄喉貂取食后便中毒死亡。应注意次日清晨检查,将未被食用的药脾收藏起来。

(3)"猫炮"诱杀。"猫炮"是一种由咀嚼而引起爆炸的火药球,外用蜡纸包封,再涂一层猪油或牛油等油脂。在晚上将"猫炮"挂于蜂箱前,每箱1个,当黄喉貂来为害蜂群取食时,就会将其炸死。使用时必须注意安全,避免伤害家畜,未被食用的次日清晨要及时收藏起来。

（二）鼠害

1.为害

为害蜂群的鼠类主要有田鼠和家鼠。田鼠尾短，主要活动于田野，在地下打洞，以偷食农作物的果实为生。家鼠尾长，主要活动于人畜生活的场所，靠偷食人畜食物为生。老鼠习惯于昼伏夜出，在蜂巢附近打洞建巢，为害蜂群。春夏秋季为蜜蜂活动季节，由于蜜蜂的强大防卫能力，老鼠不敢侵袭蜂群，而到了冬季，由于蜜蜂开始结团，它们便乘机钻入蜂箱，咬食巢脾和蜂蜜，盗食蜜蜂和蜂蜜。有时还在箱内保温物中繁育幼鼠，扰乱蜂群越冬和春季繁殖。由于老鼠的侵袭，蜜蜂受惊，散团而被冻死。轻者蜂群群势大幅下降，重者全群死亡，对越冬蜂群为害十分严重。

2.防除方法

为了防止老鼠进入越冬室和蜂箱，要堵塞鼠洞和越冬室的缝隙，修补好蜂箱，缩小巢门，防止其进入蜂箱。此外，可投放灭鼠诱饵捕灭老鼠或饲养猫捕捉老鼠。养蜂者要勤观察蜂群，发现异常时及时开箱检查。为了解蜂群是否有鼠害，越冬期要经常用铁丝钩从巢门口掏出蜂尸检查。若掏出的死蜂残缺无腹，说明已有老鼠侵入且已造成为害。可用胶管插入巢门，倾听巢内声音。若声音嘈杂、混乱，可能鼠害严重，应马上开箱处理；若听不到声音，可能蜂群已被老鼠害尽；若声音变化不大，有微弱声音，说明为害不大，蜂群基本正常，应选择晴暖的中午开箱检查处理。

六、盗害

盗害是盗蜂引起的为害。盗蜂是指窜入他群或蜂蜜存放处盗窃储蜜的蜜蜂。蜂群间一旦发生盗蜂，被盗群的储蜜就会被盗空，工蜂大量死亡，有时蜂王也会被围杀，给蜂群管理及养蜂生产造成很大的影响。有时一对一，有时一对几或几对一，或两两互盗、全场互盗。

（一）盗蜂的起因

早春、晚秋无蜜源及平时缺蜜期易盗；久雨初晴，巢内缺乏饲料易盗；缺蜜期间，检查时间过长、脾具放置箱外、糖汁蜜汁滴于箱外、群内脾多于蜂、巢门开得过大也易盗。

（二）盗蜂的识别

盗蜂通常是那些身体油光发黑的老年蜂，一般飞行速度很快，且出勤早，收工晚。被盗群的巢门口往往有相互厮杀和死亡的工蜂，蜂巢周围秩序混乱，常有一些油光发黑的蜂在巢房内吸取蜂蜜。被盗群常是那些无王群、弱群、病群或交尾群。为识别作盗群，可以在被盗群巢门前撒一些面粉，当作盗群蜜蜂载蜜飞回时身上会带有面粉的痕迹，由此可识别出作盗群。

（三）盗蜂的预防

选择蜜源丰盛的场地放蜂，断蜜期一定要喂足饲料。常年饲养强群，临近断蜜期及时合并弱群、无王群，并抽脾紧巢。断蜜季节要缩小巢门，填补箱缝，白天不可开箱检查，不能饲喂，也不能防治蜂螨。晚上饲喂后，将洒在箱外的糖迹、蜜迹处理好。同一场地不宜兼养中、西方两种蜜蜂，中蜂易作盗。

(四)盗蜂的制止

1.保护被盗群

缩小巢门,涂石炭酸、煤油等驱避剂,倒装脱蜂器(大口装箱外,让蜜蜂只能进不能出),傍晚移到 5 km 以外处,使盗蜂不得返回。

2.打击作盗群

将作盗群迁至 5 km 以外处,在原址放一空箱,内盛空脾数框,收集飞回的作盗蜂。由于巢内环境改变,盗蜂的盗性会慢慢消失,然后再将作盗群迁回原址。

3.窗纱兜浸法止盗

发现某一群蜂是被盗群后,立即取备用尼龙窗纱,标准蜂箱用 1 m² ,如蜂群箱体较大可适当加大窗纱面积,将蜂箱巢门前半部兜住,让其形成前部悬空的网兜,窗纱的其他部位要紧靠蜂箱的上下左右四壁,将窗纱的四角叠在箱盖前半部,靠紧、压实。约 10 min 后,所进盗蜂吸满蜂蜜爬出箱门后即被全部网住。当然,也会有本群的少部分蜜蜂在出箱时被兜住,但不要紧。这时养蜂者可用手移除蜂箱上面的压着物,抓住窗纱上面及两侧边缘,小心移向巢门,然后连同底部窗纱一起紧贴箱前壁掐住并收缩网口。这样,窗纱上的盗蜂和出来的蜜蜂就全部被捕获。

用一手攥住网口,另一手将窗纱及被网住的蜂一起折叠,然后浸入事先准备好的水盆中。待盗蜂全部浸湿进入半麻痹状态后,将窗纱从水中提出,轻轻抖一下水,掐网口的一只手始终不能松开。将盗蜂抖落在阳光能照射到的空地或者草地上,蜂体干后盗蜂仍能起飞,各自回巢,但受此打击后,盗性顿失。间隔十几分钟后再进行兜蜂,如此重复 2～3 次,大规模的盗蜂即可被基本控制。对于剩下的少量惯盗蜜蜂,可以人工捕捉,放在冷水中浸泡一段时间后再捞出放掉。少数极其顽固者,可直接捉住杀掉。此外,如果外界无蜜粉源或不影响蜂群采集,也可用窗纱罩住被盗群 2～3 天。此法对蜜蜂个体损伤不大,只有少量外勤蜂因偏集飞进邻箱,对该群影响不大。如偏集严重,可用移动位置的方法解决。止盗后的蜂群短时间内不宜喂蜜,喂糖也不宜喂糖浆。最好喂炼糖或干糖,一次喂得不要太多,过几天待蜂群稳定后再补足饲料。饲喂必须选择在晚上,若能和有蜜脾的蜂群对调一下脾也可以。

4.设施窗纱巢孔洞止盗

为防止被盗群再次起盗,可将窗纱用图钉钉在蜂箱巢门外侧,在巢门出来的中间 1 cm 处用香烧一孔洞,仅容 1 只蜜蜂能进出即可,外来盗蜂因找不到蜂箱巢门而避免蜂群被盗(见图 9-14)。

图 9-14   窗纱巢孔洞止盗

5.迁移场址

若盗蜂十分猖獗,且上述方法无效时,只有迁移场址。

第十章　蜜蜂授粉

第一节　蜜蜂与植物的协同进化

一、植物对蜜蜂的适应

植物为了使蜜蜂为之传粉,做出了各种适应性反应。

(一)花的颜色和气味的适应

在自然界里,能为植物传粉的动物较多,其中主要包括鸟类(蜂鸟)、蛾类及蜂类(主要为蜜蜂)。在长期的进化中,有部分植物开始在夜间开花流蜜,使蛾类在晚上活动,去采集晚上植物的流蜜,蛾类便从授粉动物之间的激烈竞争中分离出来了。有一部分植物开花的颜色是非常鲜艳的红色,并无气味,这正好适合对红色特别敏感而嗅觉不灵的蜂鸟。有一部分植物所开的花的颜色虽然不鲜艳,但能发出诱人的芳香,而蜂类的嗅觉对此特别敏感,因此这部分植物自然成了蜂类授粉的对象。大多数植物开的花呈黄色、白色和紫色,这正在蜜蜂的视角范围内,且花又有味,因此,蜂类是植物的主要授粉者。

(二)花蜜组成的适应

花蜜的主要成分为蔗糖、葡萄糖和果糖,主要是供应能量。专一由蝇类授粉的花分泌的花蜜,氨基酸水平最高,蝶类次之。蝇类、蝶类由于以其他方式获得蛋白质的能力小,因此对花蜜中的氨基酸的依赖性强,氨基酸的含量高;蜂鸟可以通过取食其他的昆虫来获得蛋白质,故花蜜中的氨基酸含量较低;蜜蜂的特殊适应性使它可以从花粉中得到蛋白质,因此也对花蜜中的蛋白质依赖很小。植物所分泌的花蜜的组成也是其与各种授粉动物相互适应的结果。

(三)流蜜多少的适应

各种植物流蜜的多少是不同的,这一现象也是植物对授粉动物的适应性反应。蜂鸟所授粉的植物,必须要留足够量的花蜜,来补充多消耗的能量。某些流蜜量较大的植物(如唇形科、茄科)会进化发展成一种加长了的筒状花冠,来只适应较大的授粉动物。小型的授粉动物(如蜜蜂)在采集时能量消耗较少,可采集流蜜量少一些的植物。在同一地区,为了避免流蜜量不同的几种植物同时流蜜,蜜蜂只会采集那些流蜜量大且符合蜜蜂营养要求的植物,流蜜量小的植物将会被遗弃。在同一季节里,每种植物的流蜜期会错开。即使几种植物在同一天、同一地区同时流蜜,各种植物的流蜜时间也会错开。如一种在早上进行大流蜜,另一种在下午进行大流蜜。在同一天内,几种植物同时开花,可以一种是蜜源,另一种是粉源,这是一种营养互补现象。

(四)开花习性的适应

植物流蜜会适应温度对蜜蜂所产生的影响。在温度较低时,蜜蜂必须消耗较多的花蜜来维持自身一定的体温,所以植物流蜜要比温度较高时的多,而植物通过开花时间较集中和开的花挤在一起来满足蜜蜂的这种需求。这也是在早春时,在同一地区,植物开花多数是一大丛一大丛,或许多种植物同时开花。在愈靠近北方的地区,植物开花更为集中,且流蜜量大。在寒冷的草原地区,常可以看到万花齐放的景色。这些巧妙适应的结果,正是植物在协同进化过程中对授粉动物的适应性反应。

二、蜜蜂对植物的适应

蜜蜂对植物的适应性反应是蜜蜂与植物协同进化的另一方面。

(一)蜜蜂个体结构对植物的适应

蜜蜂周身长满了绒毛,有的还呈羽状分叉,这既有利于蜜蜂收集蛋白质饲料——花粉,又有利于植物授粉;蜜蜂的口器属于有长吻的嚼吸式口器,且上颚发达,这种口器结构有利于吸取植物深花管内的花蜜;后足最发达,且在后足的胫节近端部较宽大,外侧的中间凹陷,此凹陷部分的外周是由许多又长又硬的毛所包围的花粉筐,是用来装运花粉的;工蜂前肠中的嗉囊部分特化为蜜囊,这是其他昆虫不具备的。以上这些形态结构的特点,都是蜜蜂适应植物的反应。

(二)采集专一性的适应

在所有的授粉动物中,蜂类的授粉最为专一,而在蜂类中又要算蜜蜂的专一性最高。如果花粉的原来纯度按 90% 计算,则蜜蜂采集花粉的纯度可达 99%。这说明蜜蜂能保持在同一植物上进行采集活动。蜜蜂对植物采集专一性的适应性反应,对加速植物物种的进化是极为重要的。

蜜蜂以植物的花粉、花蜜为食物,并在采集花粉、花蜜的过程中为植物传播花粉。两者在自然条件下相互适应,是长期自然选择不断进化、不断完善的结果。植物的花器与蜜蜂的形态构造和生理的巧妙适应,在遗传性上形成了它们之间的内在联系。如果没有传粉昆虫,植物不能传播花粉,显花植物也就不能传宗接代。在此包含着植物进化的丰富内容,也是现代农业利用蜜蜂传粉的理论根据。

第二节 植物的开花、传粉与受精

一、花的结构

花是被子植物的生殖器官。一朵典型的花通常由花柄、花托、花萼、花冠、雌蕊群和雄蕊群组成(见图 10-1)。

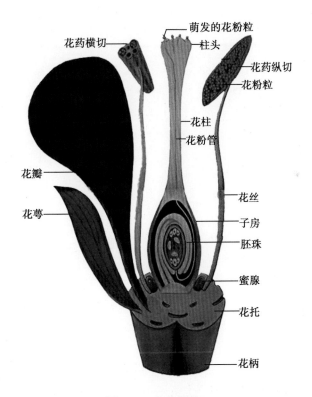

图 10-1 花的结构

花柄是花在植物体上的着生处,起着向花输送营养和支持花的作用。花托是花柄顶端,集生花萼、花冠、雌蕊群、雄蕊群部分。花萼是花的最外层,由若干个绿色的花萼片组成,起着保护幼花的作用。花冠位于花萼内轮,由若干花瓣组成,是花中最美丽的部分,具有各种形态、颜色和气味,起着保护花内生殖器官和招引传粉昆虫的作用。雄蕊群是一朵花中所有雄蕊的总称,是花的雄性生殖器官。每个雄蕊由花丝和花药两部分组成。花丝细长,着生于花托和花冠上。花药是花丝顶端的囊状物,能产生大量的花粉。雌蕊群是一朵花中所有雌蕊的总称,是花的雌性生殖器官。雌蕊位于花的中央,由柱头、花柱和子房组成。柱头位于雌蕊的上部,常扩展为各种形状,能承接花粉粒。花柱是连接柱头和子房的细长管,是萌发的花粉管进入子房的通道。子房是雌蕊基部膨大的囊状物,内有胚珠。雌性生殖细胞位于胚珠中,经过传粉受精后,形成种子。花的模式结构中,缺少花萼或花瓣的称为"单被花",如菠菜、荔枝等的花;有花萼和花冠的称为"两被花",如棉花、油菜、花生等的花;花萼、花冠都没有的称为"无被花"或"裸花",如杨、柳等的花。只有雄蕊或只有雌蕊,或两者都有,但其中之一已丧失繁殖功能的称为"单性花",分别叫"雄花"或"雌花",如南瓜等的花;兼有雌蕊和雄蕊的称为"两性花",如油菜、白菜、小麦、苹果等的花;既无雌蕊又无雄蕊的称为"无性花"或"中性花",如向日葵花序边缘的舌状花等。

花内蜜腺一般位于花冠内的雌蕊或雄蕊基部,当花粉成熟时,会分泌大量甜的蜜汁,引诱昆虫为之传粉。但有的植物的蜜腺位于花冠之外,如棉花在萼片上、橡胶树在叶脉上,称为"花外蜜腺",但分泌蜜汁的时间与开花期基本一致,也起引诱昆虫的作用。

二、开花

雄蕊中的花粉和雌蕊中的胚囊(或二者之一)成熟,雌蕊和雄蕊暴露出来,称为"开花"。开花是植物生命史中的一个重要时期,各种植物的开花都有一定的规律。

大多数植物的开花都有一定的昼夜周期性。如在正常的气候条件下,许多禾本科植物的花,一般在 7~8 时开始开花,11 时左右最盛,午后衰减。但也有例外,如高粱一般在凌晨 2~3 时开始开花。小麦开花的昼夜周期出现了两次高峰,第一次在 9~11 时,第二次在 15~18 时。作物每天开花的时间还常与气候条件有关。如果天气晴朗、气温较高、湿度较低,每天开花的时间可以提早;反之,阴雨天气、气温较低,则推迟到下午开花。植物开花对温度、湿度的要求相当敏感,如水稻、玉米开花的最适温度分别为 28 ℃~30 ℃ 和 20 ℃~28 ℃ 最适相对湿度分别为 70%~80% 和 65%~90%。

各种植物每朵花的开花时间也长短不同,如小麦只有 5~30 min;水稻为 1~2 h;南瓜、西瓜等在清晨开始开花,中午闭合;棉花在早晨开花,傍晚开始萎蔫,次日逐渐凋落。植物的开花期、开花的昼夜周期性、每朵花的开花时间等特性,都是植物在一定的环境条件下对传粉作用的适应。

开花期(花期)是指一株植物从第一朵花开花到最后一朵花开完所经历的时间。

不同植物的开花期有很大的区别,如油菜为 20~40 天;柑橘、梨、苹果为 6~12 天;棉花为一个多月。在养蜂生产中,植物开花 20%~30%,有大量散粉,并有少数蜜蜂从事采集,叫"初花期";开花 40%~70%,大量流蜜,多数蜜蜂从事采集,叫"盛花期";开花 80%以上,蜜蜂采集减少,则叫"末花期"。蜜蜂为果树、农作物授粉时,应在初花期前 3~5 天进入场地。

三、传粉

植物的花能吐粉、泌蜜,为昆虫提供丰富的食料;而昆虫在采集粉、蜜的过程中,又为植物进行相互间的传粉。它们之间这种极其妥帖的相互适应关系,是生物界在自然选择的长期作用下不断进化的结果。

成熟的花粉粒借外力的作用从雄蕊花药传到雌蕊柱头上的过程,称为"传粉"。一般植物的传粉是在开花、花药开裂、花粉粒散出之后完成的。传粉是受精的前提,是有性生殖过程的重要环节。植物传粉有自花传粉和异花传粉两种方式。

（一）传粉方式的演化

在自然情况下，异花传粉植物的传粉媒介有水媒、风媒和动物媒等。植物与传粉媒介两者之间产生了一些相互适应性的结构。水媒是最原始的传粉方式，如胡椒靠雨水传粉、苔藓植物靠水传播有性孢子等。随着植物的进化，风媒逐渐代替了水媒。依靠风力来转播花粉的叫"风媒花"。

植物演化为显花植物阶段后，动物媒相应产生。动物媒是一种高级传粉媒介，具有最高的授粉效率。大多数的异花传粉植物就是靠动物授粉的。依靠昆虫（如蜂、蝶、蛾、蝇、蚁）为媒介进行传粉的花，称为"虫媒花"，如油菜、柑橘、向日葵、瓜类等。虫媒花的特点是：花冠一般大而显著，有色彩、香气或蜜腺；花粉粒较大，外壁粗糙，有花纹，有黏性，易黏附在虫体上；花粉粒有丰富的营养物质，如蛋白质、糖等，可作为昆虫的食物，这些性状皆有利于昆虫传粉。虫媒花的大小、结构和蜜腺的位置等，往往与传粉的虫体的大小、口器结构等特征相适应。

在植物的进化过程中，从自花传粉到异花传粉是发展的总趋势。植物进入由昆虫传授花粉阶段后，植物界的面貌也大为改观，裸子植物向更高级的被子植物演化，孢子叶球演变成被子植物的花，同时演变成具有鲜艳颜色、芳香气味、蜜汁丰富的花朵，以引诱昆虫为之传粉。

80％的被子植物是依靠昆虫传粉的。在植物进化过程中，蜂类逐渐代替了其他昆虫，成为主要的传粉者。研究证明，蜜蜂的眼无法把红色与黑色、深灰色区别开来。所以在大自然中，绝大多数植物的花都是黄色和白色的。也就是在长期自然选择过程中，花的颜色的形成与传粉昆虫的视力特点是密切相关的。大量的观察显示，蜜蜂的授粉率在授粉昆虫中占 85％以上。

（二）自花传粉和异花传粉

成熟的花粉粒传到同一朵花的雌蕊柱头上的过程，叫"自花传粉"。但自花传粉的含义常被扩大，如常把农作物中同株异花间的传粉也叫"自花传粉"，在果树栽培上甚至将同一品种植株之间的传粉也叫"自花传粉"。最典型的自花传粉方式为闭花受精，如大麦、豌豆和花生植株的花，花还未开花，其花粉粒就已经成熟，并在花粉囊中萌发，产生花粉管，把精子送入胚囊受精。

异花传粉是植物界中最普遍的传粉方式。异花传粉，就是指一朵花的花粉粒传到另一朵花的柱头上去。玉米、油菜、向日葵、梨、苹果、南瓜等植物都是异花传粉植物。

从生物学意义来讲，异花传粉比自花传粉优越。因为自花传粉时，卵细胞和精细胞产生于基本相同的环境条件，它们的遗传性差异较小，结合后产生的后代对环境的适应性也就比较差。而异花传粉时，由于卵和精子是在差别较大的环境中产生的，遗传性具有较大的差异，它们结合产生的后代就具有较高的生命力和较强的适应性。

（三）植物对异花传粉的适应

由于长期的自然选择，植物的花在结构和生理上形成了许多适应异花传粉的性状。

显花植物通过异花传粉才能产生更强壮的、生命力更强的丰产后代。不仅绝大多数植物需要异花传粉，而且自花传粉对植物是有害的，即所谓"自然厌弃自交"。显花植物是高等植物,经过几千万年的自然选择和不断演化,为了生存和繁盛,而有意避免自花传粉,产生较为完善的、针对异花传粉的适应性。因此,大多数的显花植物都具有无法自花传粉的适应性,它们必须杂交授粉才能产生更强的后代。植物这种无法自花传粉的适应性通常有四种表现形式。

1.单性花

具有单性花的植物必然需要异花传粉。例如雌雄同株的植物,雄花和雌花各自长在同一植株上,能较好地防止自花传粉。雌雄异株的植物,雄花和雌花分别长在不同植株上,能最有效地防止自花传粉。

2.雌、雄蕊异熟

雌、雄蕊异熟是指一株植物或一朵花上的雌蕊和雄蕊成熟时间不一致。雌、雄蕊异熟可以有效地防止自花传粉,这也是植物适应异花传粉、不断完善的结果。

3.雌、雄蕊异长

雌、雄蕊异长是指两性花中雌、雄蕊的长度不同。

4.自花不孕

自花不孕是指花粉粒落到同一朵花或同一植株的柱头上不能结实的一种现象。在自然界的两个品种间,只有利用昆虫及时为之授粉,才能结出较多的果实。生理因素抑制自花花粉萌发或受精,也是植物避免自花传粉的一种适应。果树自花不亲合性很普遍,在梨的几个品系和苹果的许多品种中,都有明显的不亲合性,非经授粉媒介进行异花传粉才能结实,否则就不能结实。

植物对异花传粉的适应性充分说明大部分异花传粉植物必须借助昆虫授粉,如缺少授粉媒介,则无法正常受精结实。在大量施用农药、授粉昆虫数目日益减少的情况下,利用蜜蜂授粉是当务之急,因为蜜蜂授粉可以人为地避开农药的为害。

因此,在现代化大农业生产过程中,必须重视和充分利用蜜蜂等昆虫作媒介,对作物、果树、蔬菜、牧草和中药材进行异花传粉,才能获得较大的经济效益。

(四)蜜蜂对植物传粉的适应性

在传粉昆虫中,蜜蜂具有独特的、许多可贵的条件,或者说更巧妙的适应,是最有效和唯一可靠的传粉昆虫。蜜蜂对传粉的适应,主要表现在它的解剖结构、生理习性等方面。

前足包括净角器(清理触角上黏附的花粉)、跗刷(清理头部黏附的花粉);中足包括跗刷(清理胸部黏附的花粉)、胫距(回巢后,用以铲下花粉筐的花粉);后足包括花粉筐(盛装花粉)、花粉耙(耙集腹部花粉)、花粉栉(zhi)(梳集翅足上黏附的花粉)等(见图10-2)。

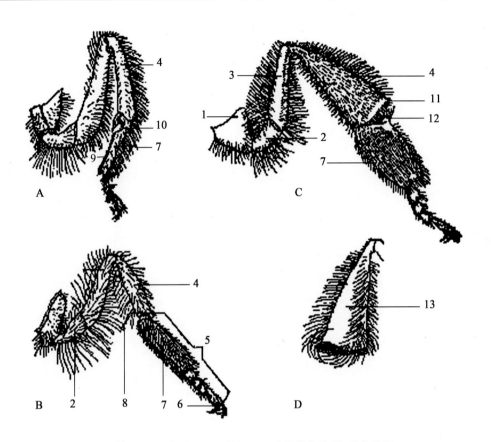

A. 前足　B. 中足　C. 后足　D. 后足胫节外侧,示花粉筐

1. 基节　2. 转节　3. 股节　4. 胫节　5. 跗节　6. 前跗节　7. 基跗节　8. 胫距
9. 附刷　10. 净角器　11. 花粉刷　12. 耳状突　13. 花粉筐
图 10-2　工蜂足的一般构造

　　从解剖结构来看,蜜蜂的足具有专门适应采集花粉的花粉刷、花粉栉、花粉耙和花粉筐。蜜蜂周身的绒毛,有的呈分叉羽毛状,便于黏附花粉。蜜蜂具有特别的视觉和嗅觉,两只眼睛像望远镜一样,能看到很远的地方,能分辨白、黄、蓝和淡紫色,并能看到人眼所不能见到的紫外线。它的嗅觉器官是一对触角,一刻也不停地向四面八方转动,能嗅出花粉内微量花蜜的香味。因此,它能及时找到采集目标,放弃没有花蜜的花,节省了劳动时间。同时,它有两个异常强健的翅膀,飞行速度快。一只蜜蜂一次飞行常常可以采集几百朵花,因此有很高的效率。此外,蜜蜂体内有储存花蜜的蜜囊,容量可达体重的一半,在蜂巢内有储存花粉和花蜜的仓库,使之能长期不倦地工作。

　　从生理习性来看,蜜蜂是能适应多种气候条件的群居性昆虫,数量大而集中。它们分工严密,有条不紊,形成了一个"社会性"的统一的生物群。"蜂舞",有人称其为蜜蜂的"语言",能告之同伴采集地点的方位、距离和蜜源的种类,使蜂群有可能组织最大程度的力量来完成采集和传粉的任务。同时,蜜蜂采集具有专一性,每次外出只采集一种植物的花粉和花蜜,一直到花谢蜜少的时候才转移到别的花朵。这些习性不但有利蜜蜂采集和保存食物,战胜自然灾害和种间斗争,使自己的种族生存下来,而且对植物的传粉也是极为有利的。蜜蜂与植物传粉的巧妙适应,是其他昆虫不可比拟的,所以说,蜜蜂是难以取代的、最理想的传粉昆虫。

四、受精

雌、雄性细胞,即卵细胞和精子相互融合的过程,叫"受精"。被子植物的卵细胞位于胚囊内,故必须借助花粉管把精子送入胚囊中,才能完成受精。两个精核分别与卵细胞和极核相融合。整个子房发育为果实,胚珠发育为种子。在自然情况下,任何一种植物开花时,都有机会接受多种多样的花粉,但只有接受在遗传性上相配的花粉时,才能顺利地完成受精。一般情况下,开花后传粉越快,受精的可能性越大。

花粉萌发和花粉管生长有群体效应,也就是在一定面积内,花粉数量越多,萌发生长越好。花粉落到柱头上后能否萌发,花粉管能否生长并通过花柱组织进入胚囊进行受精,取决于花粉与雌蕊的亲和性。据估计,自然界中的被子植物有一半以上存在自交不亲和性。

影响花粉受精的因素主要有花粉的活力、柱头的活力和环境条件等。

(1)花粉的活力。一般地,刚从花药中散发出来的成熟花粉的活力最强。随时间的延长,花粉的活力渐渐下降。花粉的活力不仅关系到受精的好坏,而且还会影响以后籽实的发育。

(2)柱头的活力。柱头的活力关系到花粉落到柱头上后能否萌发,花粉管能否生长,所以柱头的活力直接关系到受精的成败。一般情况下,开花当天的活力最强,以后逐渐下降。有些植物的花的柱头具有活力的时间较长,开花几天后,柱头仍有活力,但有些植物的花的柱头的活力时间很短,只有 $4\sim5$ h,甚至更短。

(3)环境条件。温度对花药的开裂、花粉的萌发和花粉的生长都有较大的影响,从而影响受精。相对湿度低于 30%,对花粉的活力和花柱的活力都不利。

第三节　蜜蜂在自然生态系统中的作用

一、蜜蜂在自然生态系统中的地位

蜜蜂是自然生态系统的组成部分,虽然在一定程度上,蜜蜂的生活受到了人为因素的影响,但它们与家畜不同,还是在很大程度上依赖于自然界。绿色植物吸取土壤里的营养物质和水分,并从空气中吸收二氧化碳气体,在叶绿素的作用下,利用光的能量,制造有机物。在自然生态系统物质和能量循环的食物链上,植物是第一生产者。在制造有机物的过程中,土壤、光、水分、二氧化碳及气候条件,随时都在影响着植物的生产能力。植物将制造出的营养物质运输到生殖器官,经过复杂的生理过程,形成花粉,并通过蜜腺分泌出糖分(蜜汁),以吸引蜜蜂。工蜂采集花粉和蜜汁,酿制蜂粮和蜂蜜,成为第二生产者,同时也消耗一部分蜂粮和蜂蜜,营养自己的身体,放出能量,成为第一消费者。在自然生态系统中,许多动物(如鸟、胡蜂、蟾蜍、蜘蛛等)是蜜蜂的天敌,以蜜蜂为食;蜂螨等寄生虫也靠吸取蜜蜂的身体营养生活;人取食其蜜,以上均属于第二消费者。在蜜蜂社会集团(蜂群)内部,工蜂酿制的蜂蜜、蜂粮和咽腺分泌的蜂王浆,是雄蜂、蜂王、幼虫的食物,因此,雄蜂、蜂王和幼虫同属第二消费者。工蜂在采集花粉、花蜜时,同时为植物传授花粉,使植物能繁衍后代,增加数量。工蜂的数量取决于食物条件(蜜、粉源)和蜂王的产卵力。雄蜂的品质好坏也通过与蜂王交配,遗传给下一代。这些因素都是会影响工蜂数量变化的。

二、蜜蜂在自然生态系统中的作用

从蜜蜂与植物的关系可以知道,蜜蜂与显花植物相互依存,即显花植物为蜜蜂提供食物(花蜜和花粉),植物是生产者,蜜蜂是消费者;反之,蜜蜂为植物传播花粉,促进生产者的数量增加,提高了生产者的生产能力。它们在自然生态系统中的作用是直接的、重要的。从蜜蜂为农作物、果树授粉产生的增产效果便可以看出蜜蜂在建立生态农业工程中的重要地位。蜜蜂对动物(家畜和野生动物)的间接关系也是十分明显的。蜜蜂传粉的植物还为野生动物提供了保护场所和栖息地。所以说,蜜蜂是生态系统中的一个重要组成部分。

第十一章　最理想的授粉昆虫——蜜蜂

第一节　蜜蜂授粉的优越性表现

一、形态结构上的适应性

蜜蜂的足具有专门适应采集花粉的花粉刷、花粉铲、花粉耙和花粉筐,以及便于吸食花蜜的口器——喙。蜜蜂周身的绒毛有的呈分叉羽毛状,容易黏附花粉。只要它从一朵花飞到另一朵花上去采集花粉,便可很快地完成授粉。一只蜜蜂全身携带的花粉可达500万粒,超过其他任何昆虫。一只蜜蜂 1 min 可以采集 30 朵花,每飞行一次可以采集300 朵花。酿造 1 kg 的蜂蜜,蜜蜂需要飞行 50000～60000 次。一群蜂 1 年需要 200 万团花粉粒,需要采集 1.68 亿～6.012 亿朵花。此外,蜜蜂具有独特的视觉和嗅觉,能够嗅出花粉内微量花蜜的香味,能够及时地找到采集目标。

二、生理结构上的适应性

有的蜜蜂在采回花蜜和花粉时,会在巢脾上以相应的舞蹈形式,告知和激发其同伴蜜粉源的地点、方位、距离和蜜源种类,从而使其他同伴飞出、采集这种蜜粉源植物的花蜜或花粉,以很好地组织和完成采集和授粉任务;工蜂腹部末端的臭腺分泌的化学物质具有很强的诱惑力,能招引空中飞翔的采集蜂飞向蜜粉源植物;蜜蜂的嗅觉灵敏,善于发现花粉和花蜜散发的化学信息;蜜蜂的视觉也善于识别花的形状和颜色等物理信息。

三、蜜蜂采集的专一性

蜜蜂在采集花粉和花蜜的过程中,在一定的时间内,每次出巢的采集工作会自动固定在一定区域内的同一种植物的花粉和花蜜上,一直到花谢蜜少的时候,才转移到其他植物上。这种特性对于同一种异花传粉植物完成授粉作用,是十分有利的。正是这种采集的专一性,使植物有机会充分得到本品种植物的异花花粉,从而达到最佳的授粉效果,使植物得以顺利完成受精,保证后代的生命力。据观察研究发现,经过蜜蜂授粉,不但可以大幅度地提高产量,而且还可以提高产品的品质。

四、蜜蜂的群居性

蜜蜂是高度社会化的群居性昆虫。一群蜂就是一个完整的有机体。成年工蜂的主要工作就是采集花蜜和花粉，成千上万只工蜂忙于采集花蜜和花粉，为农作物和果树的授粉发挥着重要的作用，这是其他昆虫所不及的。一个强大的蜂群，在一年内可育虫 25 万～30 万只，需花粉 50～60 kg，要采集 1.5 亿～1.8 亿朵苹果花或 2 亿～2.5 亿朵桃花。尤其是早春，正当油菜、苹果等开花的时候，多数野生昆虫刚刚开始繁殖，在自然界里的数量很少，群居越冬的蜜蜂便可为植物授粉发挥巨大的作用。蜜蜂群势的可变性，对授粉也是有利的。在早春百花盛开的季节，由于蜜蜂巢内温度较高，可以提前繁殖，所以当花期到来时，群势已经很大。在花期里，也可加强蜂群的繁殖，加大哺育蜂的哺育能力，迫使采集蜂出外采集，提供更多的食物。而其他的授粉昆虫，由于保温差，迟迟不能繁殖，更加突显出蜜蜂授粉的重要性和优越性。蜜蜂群体生命力强，适应各种条件下的授粉工作。

五、蜜蜂的食物储存性

在自然界里，植物的开花期是短暂的，多则几十天，少则几天。蜜蜂在长期的自然选择过程中，形成了与之相适应的、能在短期内大量储存食物的生物学特性。它们在巢内能储存花粉和花蜜，以便应付环境的恶劣变化，这是其他昆虫很少具有的优越性。哺育 1 只蜜蜂大约需要 10 个花粉团，1 个强群 1 年大约可培育出 20 万只蜜蜂。由于蜂群对花粉的需求量很大，工蜂必须在植物开花的短暂时间里勤奋采集，因此授粉的效果特别好。

六、蜜蜂的可转运性

蜜蜂是人类大量饲养的经济昆虫，生活在用活框饲养的蜂箱内，人们可以根据自己的授粉需要，当傍晚蜜蜂返巢后，关上巢门，钉好包装，然后把蜜蜂运到任何需要授粉的地方，这一特性为人类充分利用蜜蜂授粉提供了便利条件。

七、蜜蜂的可训练性

蜜蜂对不同植物花的特殊香味会形成条件反射。为了加强蜜蜂对某种植物的授粉作用，可以利用条件反射原理，在这种植物开花时，用糖浆浸泡此种植物的花，然后饲喂蜜蜂，反复多次，就可诱导蜜蜂对此种植物进行有目的地授粉。野生昆虫则不具备人为训练授粉的条件。

第二节　蜜蜂授粉在农业生产中的重要性

养蜂和农业生产的关系十分密切。利用蜜蜂为农作物、果树授粉是一项不占耕地面积、不增加生产投资的重要增产措施。在现代农业发展中，蜜蜂授粉创造了巨大的经济效益、生态效益和社会效益，越来越引起各国的重视。在经济发达国家，利用蜜蜂为农作物授粉已成为一项特色产业，并实现了蜜蜂授粉专业化、规范化、商业化和产业化。

一、规模化农业和产业化农业需要蜜蜂授粉

规模化农业和产业化农业造成一定区域内的授粉昆虫数量相对不足,不能满足作物授粉的需要。世界上的大部分农作物属虫媒植物,通过昆虫授粉可以提高产量,改善果实和种子品质,提高后代的生命力。尽管双翅目的蝇类、鳞翅目的蝶类和鞘翅目的甲虫类等许多昆虫都可为农作物授粉,但是膜翅目的蜂类其独特的形态结构和生物学特性,在授粉昆虫中占绝对的主导地位。为农作物授粉的昆虫中,蜜蜂占80%,其他昆虫占20%。蜜蜂是农作物最理想的授粉者,而且授粉效果显著。为适应农业规模化、产业化的快速发展,必须引进蜜蜂进行授粉。

二、改善生态环境需要蜜蜂授粉

蜜蜂是自然生态链中不可或缺的重要组成部分。在农业发展初期,掠夺式的开发给生态环境造成了巨大破坏,部分地区的生态环境严重退化,生态系统濒临崩溃。近年来,国家重视生态保护和修复工作,修复被破坏的生态系统结构和功能,其中动植物种群结构的恢复和构建是核心内容之一。而蜜蜂通过给显花植物授粉,帮助植物繁育,增加种子的数量和活力,有效促进了动植物群落系统的恢复,对修复植被、改善生态环境发挥了重要的作用。

三、大面积使用农药导致授粉昆虫减少

随着现代科学技术的迅速发展和机械化水平的不断提高,土地被大面积平整,杀虫剂及化肥在世界各国得到了普遍的应用,这些不仅毁坏了大量野生授粉昆虫的巢穴,而且改变了其原有的生态环境。在同一季节往往大面积栽培单一作物,花期仅出现于较短暂的阶段,使野生授粉昆虫的生存繁殖得不到持续的食料供给,造成了自然界中大部分的野生昆虫死亡,野生授粉昆虫数量也就锐减。高浓度、大剂量地使用杀虫剂,对控制害虫、保护农作物正常生长起到了积极作用,但也造成了自然界中有益昆虫的大量死亡。以上这些使得授粉昆虫数量急剧减少,农作物因授粉不足而减产。因此,虫媒作物对人为引入授粉昆虫授粉的依赖性更大。目前,除了积极研究生防技术、研制新型高效低毒农药、保护昆虫生态平衡外,还必须通过发展蜜蜂来弥补授粉昆虫的不足。

四、设施栽培发展需要蜜蜂授粉

由于设施栽培农作物有较高的经济效益,因此,其在我国的发展速度相当快。在设施栽培生产中,由于大棚(或温室)内几乎没有授粉昆虫,因此作物授粉直接受到了影响,造成了结实率低、产量低、质量差的现象。因此,向温室引入昆虫授粉是非常必要和重要的。由于蜜蜂群势大、虫口多,人工饲养容易,且能随意搬动,所以蜜蜂是设施栽培最为理想的授粉昆虫,而且设施栽培依赖蜜蜂授粉来提高产量和品质的重要性也逐渐被人们所认可。

五、蜜蜂授粉成本低

蔬菜制种和温室栽培黄瓜、西葫芦、西红柿、果树,以前都采用人工授粉的办法来提高

坐果率、结籽数,从而提高产量,但是近年来由于劳动成本的提高,使生产成本大幅上升,特别是十字花科蔬菜制种时,人工授粉费用很高。近年来,蜜蜂授粉的应用不仅降低了制种成本,而且提高了产量和质量。农业生产中的制种类作物,如黄瓜、西葫芦、大豆、油菜,过去采用人工授粉,667 m²(1 亩)制种田,3 天人工授粉一次,每次需 30 个人进行人工授粉,授粉 8 次,按每人 100 元/天计算,需要人工费 24000 元。大量研究表明,应用蜜蜂授粉,一群蜂可以代替 2000 个人工,既降低了制种成本,又提高了产量和质量。

六、蜜蜂授粉增产效果显著

在长期的进化过程中,蜜蜂与植物形成了互相依赖的关系。蜜蜂作为理想的授粉者,促进农作物增产的效果十分显著。国内外的大量研究资料表明,蜜蜂授粉对作物的增产率分别是棉花 18%～41%、大豆 14%～15%、向日葵 20%～64%、油菜 12%～15%、荞麦 43%～60%、西瓜 170%、甜瓜 200%～500%、苹果树 209%、梨树 107%、杏树 600%、樱桃树 200%～400%、紫花苜蓿 300%～400%等。李海燕的研究结果显示,蜜蜂授粉对 36 种作物生产贡献的经济价值达到了 3042.2 亿元,占作物总产值的 36.25%,相当于全国农业总产值的 12.3%,是我国养蜂业总产值的 76 倍。从某种意义上讲,蜜蜂授粉是重要的生产要素,应列为"生产资料"范畴。不论是增加肥料、增加灌溉,还是改进耕作措施,其增产效果都不如蜜蜂授粉的显著。

第三节　蜜蜂授粉增产的机理

一、最佳时间授粉,效果好

一般情况下,植物的花在刚开花的一段时间内其柱头的活力最强。蜜蜂授粉比人工授粉效果好的主要原因之一就是蜜蜂不间断地在开花植物的花间进行采集时,常从花的柱头上擦过,这样可在柱头活力最强的时候适时地将花粉传到上面,使花粉萌发,形成花粉管,达到受精,而人工授粉由于授粉效率低,每天只能进行一次,未能在柱头活力最强的时候及时授粉,而错过柱头活力最强的时间,从而造成受精不佳,影响后期果实的发育以及产量、质量。

二、授粉充分,花粉萌发快

蜜蜂的周身密生绒毛,易于黏附花粉,采集过程中 1 只蜜蜂体上黏附的花粉,可达 1 万～2.5 万粒,甚至更多。蜜蜂授粉时,一方面,可以将身上黏附的大量花粉传至柱头,使作物受粉充分,另一方面,1 朵花在开花期间被不止 1 只蜜蜂采集,而多只蜜蜂的采集确保了每朵花都能够得到充分的受粉。

三、受精完全,果实品质好

蜜蜂受粉使花柱头上的花粉多而且及时,为子房中的胚珠都能得到精子创造了条件,这样就不会因为哪一个子房的胚珠因未受精而影响果实的发育,造成畸形果,从而为提高果实的商品质量创造了有利条件。

四、异花传粉,花粉萌发快

蜜蜂每次采粉时所采花朵数量之多,确保了植物异花传粉能顺利完成,而异花传粉可使花粉快速萌发。蜜蜂授粉提供了来自不同地段、不同植株的数量惊人的成熟花粉,增强了植物受精作用的选择性。蜜蜂授粉带给植物柱头上的花粉数量越多,植物受精作用的选择性越强,选择范围越大,近亲繁殖率越低,植物籽实产量越高。有了受粉作用的选择性,就能保证同种遗传上有性细胞的差别愈明显,其活力就愈强。

五、蜜蜂授粉植株生长兴奋

植物经蜜蜂授粉后会产生一系列受精生理反应。雌蕊柱头接受蜜蜂传粉后,由钝性状态转为敏感活动状态,水解酶、淀粉酶、过氧化氢酶、转化酶、酪氨酸酶等酶类活力提高6倍以上,磷含量也迅速增加,引起雌蕊以及整个植株进入兴奋状态,植株光合作用增强,物质流动速度加快。当受精后合子生成时,合子中生长激素的合成速度加快,数量增多,刺激营养物质向子房运输,促进果实和种子发育。因此,受精质量高,胚珠发育好,籽实增长快,这也是提高坐果率和结实率,从而增产的又一原因。

六、有效花得到充分利用

蜜蜂授粉是选择那些健壮鲜艳的花朵。蜜蜂采集时对花的选择,使得有效花朵得到充分利用,从而获得增产。由于蜜蜂交替轮流不间断地在植物花朵上采集,所以当植物雄蕊上的花药成熟并散粉后,蜜蜂能在第一时间将活力最强的花粉采集起来,并在不同花朵之间飞行采集时,将具最强活力的花粉传递到雌蕊柱头上,从而达到有效授粉。花朵枯萎或花粉失去活力时,其对蜜蜂也无吸引力,蜜蜂会选择性地采集色泽鲜艳、花粉活力强的花朵。而在人工传粉时,却无法细致区分花朵以及花粉活性,只能较为盲目地进行传粉,效率自然低下,效果也不如蜜蜂。2008年5月,山西省榆次市在苹果花期遭受严重雪灾,由于无法识别受冻花,人工授粉无法进行,而北田乡放置蜜蜂的授粉区域,蜜蜂对未受冻的花朵进行了有效利用和传粉,种植户获得了丰收,其周边无蜂区绝收。

七、安全传粉

1只蜜蜂的重量只有约0.1 g,在采集过程中轻起轻落,不会对花器造成任何的损伤,不但及时有效而且安全(见图11-1)。而人工传粉可能会对雌蕊柱头造成机械损伤,从而影响授粉效果,或造成畸形果等。

图 11-1　蜜粉在传粉

八、促进果实提早生长

陈盛录等人观察经蜜蜂授粉和不经蜜蜂授粉的柑橘花柱头上的花粉数量发现,蜜蜂授过粉的有 4000 粒花粉,未经蜜蜂授粉的柱头上只有 250 粒花粉,两者相差 16 倍。这可以用花粉萌发群体效应来解释,即经蜜蜂授粉后,花粉多的萌发得就快,柑橘花花粉经蜜蜂授粉后 120 h 进入子房,未经蜜蜂授粉的很难找到花粉管,蜜蜂授粉加快了授精的速度,从而使果实提前生长、提早成熟、提早上市。观察棉花发现,当棉花自花的花粉落在柱头时,历时 2 h 也未见萌发,但异花的花粉落到柱头时,只需要 5～10 min 就开始大量萌发。

九、电荷传粉

研究表明,蜜蜂能利用电荷功能吸集花粉,这增强了载运花粉的能力和收集花粉的有效性。电荷功能和机械共同作用,使得蜜蜂在携带大量花粉飞行时减少了花粉的脱落,这就提高了蜜蜂在地段间、植株间传播花粉的有效性。当采集蜂携带花粉飞临其他花朵柱头时,电荷发生变化,花粉则很容易被黏性很强的柱头留下,达到授粉的目的。

十、互惠感应

蜜蜂在与植物长期协同进化的过程中,其形态结构、活动习性与植物的形态结构、生理生化特性和授粉的最佳时间等方面都形成了相互依赖的关系。如蜜蜂需要花蜜和花粉,需要授粉的植物就在长期进化过程中形成了鲜艳的花瓣,同时散发香味,产生蜂蜜和花粉,但每一朵花上的量又很少,蜜蜂一次飞行需要采几十或几百朵花才能满载而归。同时,植物为了吸引蜜蜂来传粉,蜜汁和花粉一般互生在一块,蜜腺位于花朵底部,这样蜜蜂在采蜜的过程中就必须刷擦花药或柱头,从而完成了传递花粉和授粉的过程。如此,蜜蜂获得了食物而植物完成了受粉,两者建立起了互惠互赢的生态模式。

(一)蜜蜂授粉效果的评价方法

目前,蜜蜂授粉效果的评价方法主要有公式计算法、产值比较法和百分比法三种。

1.公式计算法

$$V_{hb}=V_xD_xP$$

式中,V_{hb}——每年蜜蜂为农作物授粉产生的价值;

V_x——由农业统计数据获得的农作物价值;

D_x——农作物对昆虫授粉的依赖性;

P——农作物有效授粉昆虫中蜜蜂所占的比例。

而:

$$D_x=\frac{(Y_o-Y_c)}{Y_o}$$

式中,Y_o——开花授粉区农作物的产量或罩网有蜂区农作物的产量;

Y_c——无昆虫小区的产量。

那么,蜜蜂为农作物授粉的价值计算公式就转换成为:

$$V_{hb}=\frac{V_xP(Y_o-Y_c)}{Y_o}$$

公式评价法比产值比较法更合理,它不仅考虑了某作物对昆虫授粉的依赖性,还考虑了在授粉昆虫中蜜蜂所起的作用。这种方法更接近于蜜蜂授粉的实际贡献。

2.产值比较法

产值比较法是将需昆虫传粉或由昆虫传粉而受益的各种作物的价值总和,与全国蜂产品的价值总和形成一个比值,以此来评价蜜蜂授粉对国民生产总值的贡献。产值比较法没有考虑自然界其他昆虫授粉的因素,可能夸大了蜜蜂的授粉作用,因为大部分作物是露天种植的,不仅仅只有蜜蜂授粉。

3.百分比法

以上两种评价方法都是专业宏观评价蜜蜂授粉经济效果的方法。蜜蜂授粉对某一种作物或某一经济性状直接作用的大小,通常采用百分比法计算。算式为:

$$S = \frac{(P - P_o)}{P_o} \times 100\%$$

式中,S——蜜蜂授粉提高的百分数;

P——蜜蜂授粉(试验区)数值;

P_o——不采用蜜蜂授粉(对照区)数值。

这一计算公式可用于评价产量、坐果率、结实率,以及某些质量指标,如畸形瓜率、优质瓜率等。

(二)蜂类授粉的概率测算

蜂类对花的选择模式一直是众多研究的焦点。访花专一性,或者访花忠诚度,是指某一种授粉植物要求它的访花者具有单一种类或形态的倾向。

花粉载量分析蜂类访花专一性的测算公式为:

$$PPI = PCP \times PBP$$

式中,PPI——访花专一性指标,指某种蜂采特定植物花的专一性指标;

PCP——花粉载量比例,指蜂上携带的某种花粉数量与总携带花粉量的比值;

PBP——采集蜂比例,指采集该植物某种蜂的数量与采集该植物的蜂的总量的比值。

PPI 的大小表示某种蜂采集这种植物的访花专一性,其值越大,表明某种蜂对这种植物的访花专一性越强,即某种蜂对该植物的授粉概率越大。PPI 的范围为 $0 \sim 1$:当 PPI 为 0 时,说明某种蜂没有采集该植物;当 PPI 为 1 时,说明某种蜂只采集该植物。

第十二章　蜜蜂授粉概况

第一节　国外蜜蜂授粉概况

一、蜜蜂授粉在全球农业生产中的地位

世界上的主要农作物有 85% 依赖于蜜蜂等昆虫授粉,油料作物、蔬菜类、水果类和坚果类等的蜜蜂授粉效果尤为显著,且这几类作物在全球范围内的分布非常广泛,所以,蜜蜂授粉在农业生产中占据着十分重要的地位。

作物种类属性不同,对蜜蜂授粉的依赖程度也不一样。刺激类作物(咖啡、可可豆、可乐树和茶等)依赖蜜蜂等昆虫授粉的程度为 36.8%;坚果类作物依赖蜜蜂等昆虫授粉的程度为 31%;水果类、蔬菜类和油料作物等在全球农产品总产值中占有较大的比重,这几类作物依赖蜜蜂等昆虫授粉的程度为 12.2%～23.1%;豆类作物依赖蜜蜂等昆虫授粉的程度为 4.3%;香料作物依赖蜜蜂等昆虫授粉的程度为 2.7%。谷类作物、糖料作物和薯类作物不依赖蜜蜂授粉。但总体而言,蜜蜂等昆虫因为全球农作物授粉而带来的增产价值达 2170 亿美元,占全球食用农产品总产值的 9.5%。

在现代化农业生产中,尤其是在设施生产中,蜜蜂授粉可代替繁重的人工授粉,降低社会成本。在设施瓜果类和水果类等生产过程中,蜜蜂授粉还可以取代 2,4-D 等植物生长调节剂的使用,不仅可以促进坐果、提高产量,更为重要的是蜜蜂授粉改善了果实品质,避免了激素污染,有利于消费者的身心健康。利用蜜蜂授粉还可以进行农作物病虫害的生物防治,减少化学农药的使用。所以,农作物利用蜜蜂授粉不仅经济效益显著,而且社会效益和生态效益深远。

二、主要国家或地区的蜜蜂授粉概况

近几十年来,由于现代化、集约化农业的发展,大量使用杀虫剂和除草剂,致使野生授粉昆虫锐减,因此,家养蜜蜂的授粉作用尤显突出。世界上许多经济发达国家都十分重视利用蜜蜂为农作物授粉,以改善农田的生态环境,保证粮食、油料、水果、蔬菜、牧草等农作物的优质高产。

（一）美国

美国是全球农业最发达的国家之一，十分注重蜜蜂授粉的应用。美国养蜂业的主要目的是提供蜂群为农作物授粉，养蜂者90％的收入是依靠出租蜜蜂授粉获得的，蜂产品的收入仅占10％。美国绝大多数作物对蜜蜂授粉的依赖程度很大。其中，杏100％依赖蜜蜂授粉，苹果、洋葱、花椰菜、胡萝卜和向日葵等依赖蜜蜂授粉的程度均在90％以上，甜瓜的依赖程度在70％以上，苜蓿的依赖程度在60％以上，其他水果类、坚果类、瓜果蔬菜类等对蜜蜂授粉也有一定程度的依赖性。美国现有蜂群240多万群，其中约200万群是用来出租授粉的。据估算，美国蜜蜂对主要农作物授粉的年增产价值达到了146亿美元。

（二）欧洲

在欧洲，超过150种农作物直接依赖蜜蜂等昆虫授粉，而这150种作物占到了欧洲作物种类总数的84％。在畜牧业中，其经济地位仅次于牛和猪。蜜蜂为农作物授粉的年增产价值为142亿欧元，其中欧盟成员国的蜜蜂等昆虫授粉的价值占农产品总产值的10％，欧盟非成员国的价值更高，占农产品总产值的12％，均超过9.5％的世界平均值。英国蜜蜂授粉的年经济价值达10亿英镑，油菜、草莓、苹果、山莓和梨是其主要授粉对象。其中，油菜所占的比例最大，蜜蜂为油菜授粉的年增产总值达4亿英镑，占全国农作物蜜蜂授粉增产总值的40％。

（三）澳大利亚

蜜蜂为澳大利农作物授粉的年增产总值达14亿美元。澳大利亚授粉昆虫有1400多种。在农作物授粉贡献中，蜜蜂占80％～90％，其他授粉昆虫的贡献仅占10％～15％，说明蜜蜂在农作物授粉中占绝对优势。澳大利亚现有蜂群46万～50万群，其中有30万群用于出租授粉。蜜蜂授粉经济价值较高的作物主要有水果类、蔬菜类、坚果类、牧草类和向日葵等油料作物。

（四）韩国

韩国主要水果和蔬菜年产值为120亿美元，其中58亿美元来源于蜜蜂授粉的贡献。韩国现有蜂群200万群，其蜂产品的年产值仅为3.5亿美元。即在韩国，蜜蜂授粉所产生的经济价值约是蜂产品产值的17倍。

三、世界农作物属性种植变化情况

农作物依赖蜜蜂授粉的程度主要与作物种类属性有关，非虫媒作物如粮食作物依赖蜜蜂授粉的程度很低，尤其是谷类和薯类等粮食作物不依赖蜜蜂授粉，而水果类、蔬菜类、坚果类和油料作物等虫媒作物依赖蜜蜂授粉的程度很高。自1961年以来，全球农作物在种植属性上发生了明显的变化，即全球虫媒作物不论是在种植面积上还是在产量上，均呈现明显上升的趋势，这一现象在发展中国家尤为显著；非虫媒作物在发展中国家也略有上升，但在发达国家则呈现下降的趋势。1961年，农产品总产值的3.6％依赖蜜蜂授粉，而到了2006年，这一比例变成了6.1％，增长速度超过69％。总体而言，从种植结构上看，不管是发展中国家还是发达国家，依赖授粉的作物越来越多，即农业生产依赖于蜜蜂等昆虫授粉的程度越来越高。

四、世界蜂群数量的动态变化情况

1961 年,全球蜂群数量约 4500 万群,发展至 2007 年,全球蜂群数量约 7400 万群。1961~2006 年,全球蜂群数量基本呈现上升的趋势,但不同地区之间的发展并不平衡,非洲、亚洲和南美洲的蜂群数量逐渐上升,欧洲和北美洲的蜂群数量则呈现下降趋势。就主要国家而言,美国、俄罗斯和德国等的蜂群数量下降超过了 50%,而一些主要依靠蜂产品出口的国家如中国和阿根廷的蜂群数量则呈现上升趋势。近半个世纪以来,全球蜜蜂数量的增长不到 50%,但全球虫媒作物种植的增加量超过了 300%,即全球农作物授粉需求量的增长速度远远大于全球蜂群数量的增长速度。

受全球温度上升、集约化农业、农药使用、生物多样性丧失和污染等因素的共同影响,蜜蜂正面临巨大威胁。尤其是 2007 年以来,欧美许多地方出现了蜜蜂无故消失的现象,导致很多国家的蜂群数量急剧下降。蜜蜂无故消失的现象在美国最为严重。2015~2016 年冬季,美国损失了 28.1% 的蜂群,加拿大损失了 16.8% 的蜂群。

人类的粮食中有 1/3 是需要蜜蜂进行授粉的,如农作物、果树、蔬菜等。有了蜜蜂的授粉,农作物等的产量可以增加数倍到几十倍。假设全球的蜜蜂数量越来越少,就会导致作物无法授粉,造成产量减少,而人类数量越来越多,最终将引发粮食危机。

第二节　国内蜜蜂授粉概况

一、我国利用蜜蜂授粉概况

自 20 世纪 50 年代初开始,中国科学院养蜂所与果树所在旅大市(今大连市)用蜜蜂为果树授粉,浙江农大陈盛禄等研究用蜜蜂为棉花授粉,都取得了显著成果。其后,我国的蜂学工作者在利用蜜蜂为果树、油料作物、瓜类、蔬菜制种、牧草等授粉方面做了大量的研究和应用,并取得了显著的增产效果。自 20 世纪 80 年代开始,我国的一些水果产区欢迎蜜蜂蜂场进入果区为果树授粉,并通告果树花期不准喷洒农药,防止授粉蜂群中毒。自 20 世纪 90 年代开始,我国对蜂类其他授粉昆虫的生物学、饲养技术和授粉应用技术进行了探讨研究。20 世纪 90 年代中期,蜜蜂授粉作为一项增产措施,相继在山东、河北、山西、福建等地的草莓和果树授粉上推广应用。自 20 世纪 90 年代后期开始,我国的一些果区免费为进入果区的养蜂者搬运蜂群,并为进入果区放蜂的蜂场提供方便,欢迎蜜蜂授粉。2003 年,福建农林大学蜂学学院开设蜜蜂授粉学课程,教学内容涉及蜜蜂授粉的发展,蜜蜂授粉的重要性,蜜蜂总科中蜜蜂、熊蜂、壁蜂、切叶蜂和无刺蜂等主要授粉蜂类昆虫的生物学、授粉特性、人工饲养和授粉应用技术的基础理论、知识与方法等。

二、我国蜜蜂授粉现状

2018 年,我国蜂群规模约 920 万群,占世界蜂群总数的 13%。其中,西方蜜蜂约 600 万群,中华蜜蜂约 320 万群。我国蜂蜜产量约为 54.25 万吨,蜂王浆产量约为 2820 吨,蜂胶毛

胶产量约为700吨,蜜蜂产品总量位居世界前列。从数量上看,我国是目前全球当之无愧的第一养蜂大国,但养蜂业的发展还是以获取蜂产品为主要目的,出租授粉占养蜂收入的比例很低。

尽管我国大田作物租赁蜜蜂授粉的比例非常低,但大田作物蜜蜂授粉的经济价值依然存在,而且十分巨大。据估计,每年蜜蜂授粉促进农作物增产的产值超过660亿元。我国养蜂业以生产蜂产品为主,而为了获取更多的产品,约有500万群蜜蜂蜂群为流动蜂群,即养蜂场跟着大宗蜜源植物的花期而在全国各地流动。这样,在生产大量蜂产品的同时,也可为大宗农作物授粉。蜜蜂为荞麦等粮食作物,为油菜、向日葵和油茶等油料作物,为苹果、梨、柑橘、荔枝、龙眼和枇杷等果树,为紫花苜蓿、紫云英、苕子和草木樨等牧草授粉的经济效益十分显著。另外,我国还有约400万群蜜蜂蜂群为固定蜂群。这些固定蜂群在生产蜂产品的同时,也同样为当地的多种作物、水果和蔬菜授粉。近十年来,我国设施农业发展迅猛,设施作物应用蜜蜂授粉的重要性也逐渐被人们所认识,尤其是在温室草莓、桃和杏等水果的生产过程中,租赁蜜蜂授粉的比例已经达到了80%以上,其他瓜果蔬菜的应用比例也在逐步提高。如果将各种作物、果树、蔬菜、牧草和野生蜜源植物都计算在内,那么,我国蜜蜂授粉的经济价值是十分惊人的。

三、我国蜜蜂授粉业存在的缺点

(一)认识上有偏差

蜜蜂授粉是农业增产的要素之一。我国的蜜蜂授粉业远远落后于农业发达国家。养蜂生产一直停留在只注重蜂产品生产、忽视蜜蜂授粉的单向生产模式;缺少蜜蜂授粉中介服务机构、蜜蜂授粉激励政策和蜜蜂授粉保护措施;至今仍处于生产蜂产品时顺带的、不充分授粉的状态;投入授粉蜂群比例甚微;我国尚未对蜜蜂授粉产值进行科学计算。我国蜜蜂授粉滞后的症结是多方面的。从整体而言,蜜蜂授粉促进农业增产的知识较贫乏,普及不够,宣传不力,认识不深。固守和注重原有的土壤改良、肥料、种子和用农药进行病虫害防治等"显性"的生产要素,忽视和冷落蜜蜂授粉这一关键的"隐性"增产生产要素。

(二)相关部门不够重视

相关部门对蜜蜂授粉工作重视不够,没有建立相应的机构,群众对蜜蜂授粉的作用认识不足。2012年2月1日实施的《养蜂管理办法(试行)》明确要求,各级农业主管部门应当广泛宣传蜜蜂为农作物授粉的增产提质作用,积极推广蜜蜂授粉技术,但因相关部门对蜜蜂授粉工作不够重视,没有建立和制定与之相对应的机构和扶持政策,造成蜜蜂为农作物授粉工作开展不力。与此同时,人们对蜜蜂授粉的重要性认识不足,宣传力度不够,专业性授粉蜂群数量很少,养蜂为农作物授粉增产技术普及率不高。目前,粮食、水果、蔬菜等农作物流蜜期喷洒农药现象普遍,局部地区造成蜂群死亡的情况时有发生,给养蜂者造成了巨大的经济损失。

四、蜜蜂授粉的发展趋势

(一)蜜蜂授粉是一个新兴起的产业

蜜蜂授粉是农业可持续发展的有效措施,是当前农业生产中必不可少的重要增产措施。以大量应用化肥、激素和农药为主要增产措施的生产潜力目前已几乎挖掘殆尽,蜜蜂授粉作为重要的农业增产措施在国内外愈来愈受到重视。蜜蜂授粉对农业生产的好处是其他农业增产措施无法比拟的。如增产幅度大,便于大面积推广;比人工授粉的速度要快得多;效果好,授粉后农作物的品质好;比人工授粉节省 80% 的时间和 80%～90% 的成本,而且节省劳动力。蜜蜂授粉是立足于利用闲置自然资源的"空中产业",是符合农业可持续发展的增产措施。蜜蜂授粉必将发展成一个新的产业,成为新世纪我国农业生产可持续发展的最有效措施。

(二)多种授粉昆虫的综合利用

在昆虫授粉的植物中,直接及间接被人类所利用的植物大约有 1/3 与昆虫授粉有关,可见授粉昆虫的重要性。目前,用于农作物授粉的昆虫还是以蜂类为主。除了蜜蜂之外,熊蜂、切叶蜂、地花蜂、壁蜂、木蜂等均被大量应用于农业授粉。另外,在杧果授粉上应用丽蝇的效果也很好。设施农业的快速发展,利用温室、大棚栽培作物种类以及栽植面积不断增加,再加上劳动力成本快速上升,人们对无公害食品需求越来越迫切,使得昆虫授粉越来越体现出其重要性,授粉昆虫的利用与需求量也相对提高。从自然界中开发多样性的授粉昆虫,并将其应用于农作物授粉上,是现今发展设施农业不可或缺的重要因素。

(三)蜜蜂授粉产生巨大的生态效益

受经济发展和自然环境变化的影响,自然界中的野生授粉昆虫的数量大量减少,家养蜜蜂对生态环境的作用更加突出。现今世界上已知的 16 万种由昆虫授粉的显花植物中,依靠蜜蜂授粉的占 85%。蜜蜂授粉对于保护植物的多样性和改善生态环境有着不可替代的作用。蜜蜂授粉能够帮助野生植物顺利繁衍,修复植被,改善生态环境。蜜蜂为药用植物和野生植物授粉所产生的生态效益更加不可估量。养蜂不使用农药化肥,没有排污物,不会污染环境,这也是一种生态效益。发展养蜂必须栽培蜜粉源植物,保护山林草地,而将养蜂生产与发展果树、造林绿化紧密地结合起来,可促进生态环境的改善。

第十三章　蜜蜂授粉的研究

第一节　影响蜜蜂授粉的因素

蜜蜂为植物授粉受到了诸多因素的影响。

一、天气因素

蜜蜂授粉的效果受到天气的影响特别大。一般情况下,适宜植物开花泌蜜的温度为16 ℃～25 ℃,植物花粉发芽的最适温度为20 ℃～30 ℃。天气的好坏,是蜜蜂授粉作用能否充分发挥的关键。只有在晴朗的天气,蜜蜂才出勤积极,为植物充分授粉,取得好的授粉效果。

(一)低温阴雨天气

一则由于花朵泌蜜少或不泌蜜,就没有引诱蜜蜂的花香味,所以蜜蜂不愿光临这些花朵,致使蜜蜂出勤少,不能充分为植物授粉;二则因为低温不利于花粉的萌发及花粉管的生长,若长期阴雨,又会阻碍雄蕊吐粉,所以即使有少数的花朵得到授粉,受精效果也不好。气温低于16 ℃时,蜜蜂飞行次数显著减少。强群在低于13 ℃、弱群在低于16 ℃的条件下,几乎停止采集授粉,所以只有当气温为18 ℃～30 ℃的晴朗天气时,花朵泌蜜量大,蜜蜂访花传粉积极,授粉工作才能有效、迅速地进行。

(二)高温天气

当气温高达40 ℃及以上时,多数植物所分泌出的花蜜以及花粉中的水分被蒸发掉,使花蜜处于结晶状,花粉失去黏性,蜜蜂就采不到花蜜和花粉,飞行次数显著减少,所以经常出现怠工现象,授粉工作也受到影响。

(三)刮风天气

风力在5级以上,风速达每小时24 km以上,一则影响蜜蜂的飞翔,当风速达每小时34～40 km时,完全停止飞翔;二则花粉常被吹散,同时蜜汁被吹干,因此蜜蜂采集不积极,也影响授粉效果。寒冷的西北风和干燥的西南风,也会影响授粉。为了避免恶劣天气的影响,必须科学间种授粉树和准备充足的蜂群,才可能充分地利用短暂的有利天气进行授粉,获得较好的效果。

二、蜂群群势因素

群势的大小、采集蜂的多少、蜂王的优劣以及蜂群的繁殖力,都会直接影响授粉的效率。蜂群里能够外出采集的蜜蜂中,青壮年蜂越多,授粉的效率越高。一蜂群的数量达成千上万只。授粉蜂群要选用生命力旺盛、能维持强群、不易分蜂、产卵力强的优质蜂王。群内应保持有大量幼虫和子脾,这样采集蜂会大量出巢采集花粉饲喂幼虫,从而增加植物授粉概率和次数。授粉蜂群的大小由温室或大田的面积决定。一般 667 m²(1 亩)地的大棚配授粉群,每群 3 脾蜂(6000~8000 只)。大田授粉蜂群至少 6 脾蜂以上(30000~50000 只),才能保证授粉的效果。群势越壮,出勤采集的工蜂比率越高,采集积极性也越高,对植物来说,得到的授粉也越充分;反过来,群势弱的蜂群,采集花蜜和花粉的积极性就不高,为植物授粉也就不充分;而无王群和处女蜂王群由于群内没有幼虫,工蜂失去繁衍后代的欲望,出勤采集不积极。刚交配的处女蜂王群产卵力还不高,工蜂哺育幼虫负担轻,饲料需求量小,出勤采集不积极,因此授粉作用都差。所以,授粉的蜂群群势越壮越好,不要用弱群或刚交配的处女蜂王群去授粉,更不能用无王群、处女蜂王群或病群去授粉。

三、授粉时间因素

蜂群能否适时地运达授粉目的地,对授粉的成败影响很大,尤其是需要授粉的作物对蜜蜂的吸引力比同时期开花的其他植物小时。一般来说,各种作物的每朵花都有严格的最佳受精时间,长者 1 天左右,短者只有 2~3 h。如果错过这个时间,受精效果就不好,所以要达到授粉的最佳效果,就必须事先对所要授粉的作物、开花的时间和习性了解清楚,特别是要掌握好盛花期的具体时间和花期的长短。对于那些花期短的作物,更要及时地将蜂群运到授粉地,一天也不能耽误。对于大田作物的授粉,一般情况下应在作物开花之前 10 天把授粉蜂群运到授粉地。这样,蜜蜂才有时间去调整飞行觅食的行为和建立飞行的模式。但对于花蜜含糖量较低的作物和对蜜蜂吸引力较小的植物如梨树等,应在开花25%以上时,才把蜂群运入;紫花苜蓿应在花后 10 天,先运进一半蜂群,再经 7 天,才将另一半运入;樱桃、向日葵、杏树等则一开花就应立即把蜂群运去。对于那些雌雄异株的授粉果树,更应该在雌、雄花同时开的前 2~3 天将授粉蜂群运到授粉地,否则就失去授粉的意义了。不同植物在一天内开花的时间也不一样,如荔枝在晴朗天气的清晨就会开花、泌蜜和吐粉,而多数植物是在太阳升起后的 9~10 时才开始开花、泌蜜、吐粉。掌握好各种作物的开花时间及受精特性,对于授粉效果更有利。

对于大棚或温室作物的授粉,应根据具体作物的花期情况确定授粉蜂群进入棚室的时间。对于花期短、开花期较集中的作物,如果树,授粉蜂群应在开花前 5 天入室,让蜜蜂有几天时间试飞、排泄和适应环境,并同时补喂花粉,奖励糖浆,刺激蜂王产卵,待果树开花时蜂群已进入积极授粉状态。而对于初花期花少、开花速度慢、花期较长的作物,如蔬菜,授粉蜂群的进入时间可定在开花时。

四、施用农药因素

在作物花期喷洒农药,是对蜜蜂授粉有害的一个重要因素。它不但会使大量授粉蜜蜂中毒死亡,甚至会给蜂群致命的打击,作物因缺乏蜜蜂授粉而降低产量,而且在花期施药会造成花器药害而减产,还会造成产品污染、质量降低,对两方面都造成巨大损失。为了达到最好的授粉效果,在蜜蜂运进授粉场地后,不要施用农药。如果必须施用农药防治病虫害时,也应在花前或花后施药,这样才能防止蜜蜂中毒死亡,保证授粉工作顺利完成。为了确保蜜蜂安全授粉,种植者与养蜂者必须密切配合,做到开花前把作物的病虫害控制到最低程度,开花期一律不施用农药。对于某些暴发性的虫害,非在开花期施用农药不可的,那也应事先通知养蜂者,以便做好防避工作,关闭蜂巢门,或将蜂群暂时搬到4 km以外,待7天后农药毒性基本消失后再搬回授粉。平时喷农药时,注意不污染水源、喷洒到相邻地段等,这是签订授粉合同的一项重要内容。或者选择使用一些相对蜜蜂无毒或毒性少的农药杀虫剂及杀螨剂。

五、植物所处的地理位置因素

一般来说,植物所处的位置平坦,风力不大,授粉效果就好;植物所处的位置正处在风口处或山顶上,一则植物的花粉容易被吹干,二则植物的柱头容易被吹干,即使授粉昆虫为之授粉,花粉粒也难于粘在柱头上,使子房不能受精,三则由于风力大,昆虫授粉也更加困难、吃力,所以,给这样的地方配给授粉蜂群时应该相对多一些、壮一些。春季风大,如想给上风向的植物授粉,则应将蜂群布置在授粉植物的下风向处,这样蜜蜂便可逆风飞到上风向的蜜源植物进行采蜜、采粉,同时为植物授粉,采集完成后,可顺风返回蜂巢,减少飞行途中的能量消耗。

六、蜂群与授粉植物的距离因素

蜂群与授粉植物的距离是影响蜜蜂为授粉植物授粉的另一个因素。蜜蜂通常在离巢2.5 km的范围内进行采集活动,强群的采集半径可扩大到3～4 km。以半径2 km计算,蜜蜂的利用面积可达1200 km² 以上。蜂群离授粉植物越近,蜜蜂采集授粉植物花朵的次数就越多,授粉就越充分,蜜蜂飞行时的体力、蜜粉消耗就越小。反之,蜂群离授粉植物越远,蜜蜂采集授粉植物花朵的次数就越少,为植物授粉的机会也就越少。中国农科院果树研究所等单位对蜜蜂为苹果树授粉的研究表明,当苹果树距蜂群50 m时,蜜蜂为花朵授粉次数要比距蜂群500 m时多得多,距离50 m时平均每朵花授粉58.3次,距离200 m时授粉40.95次,距离500 m时仅授粉10.7次。

七、种植者与养蜂者的合作因素

种植者与养蜂者的密切配合是确保蜜蜂授粉成功的重要因素。双方必须友好合作,签订合同,明确权利和责任。倘若彼此之间不相互配合,势必会严重影响授粉效果。如果种植者不明确养蜂者进入或搬出时间和放置地点,养蜂者就会无所适从;如果种植者在植物花期喷施农药,不仅会严重影响蜂群的安全,也会严重影响植物的受粉效果;如果养蜂者不能及时运蜂进入授粉区,也会贻误授粉时机。所以,种植者要为养蜂者提供良好的生产、生活条件;养蜂者必须保持具有良好的蜂群,认真地为授粉服务。

八、其他因素

蜜蜂授粉使植物增产,主要是使植物花朵受粉充分,提高受精率。但是,当植物栽培管理不当、植物营养不足时,易使植物在花柄、果柄处产生离层而出现大量落花落果,致使蜜蜂授粉的效果显示不出来。

第二节 蜜蜂授粉存在的问题

一、主动授粉(出租授粉)的蜂群很少

我国大田作物租赁蜜蜂授粉的蜂群占不到蜂群总数的5%,这同美国、英国、法国、德国、澳大利亚和韩国等农业发达国家50%以上的蜂群用于专业授粉相比还有很大的差距。尽管我国蜜蜂在生产大宗蜂产品的同时,也为大宗农作物起到了较好的授粉作用,但其他零星分布的果树、蔬菜、牧草和粮油等大多数作物都没有充分利用蜜蜂授粉,严重影响了农作物的产量。

二、对蜜蜂授粉的重要性认识严重不足

尽管已有大量的研究结果表明,蜜蜂对多种粮食作物、油料作物、果树、蔬菜和牧草等授粉有较好的增产提质作用,但在生产实践过程中,种植者主要考虑的还是品种和水肥等管理措施。甚至到目前为止,还有一部分种植者认为,蜜蜂采走了花朵的精华,或者说蜜蜂咬坏了花朵,还要向养蜂者收取所谓的"损失费"。他们没有意识到,蜜蜂采蜜起到了为农作物传花授粉的作用,可以大大提高农作物的产量。一些地区不仅没有为流动蜂群提供便利条件,还要强行多次收取所谓的"检疫费"和"进场费"等,致使有些养蜂者因为生产成本过高,放弃了放蜂计划,最终导致当地作物受粉严重不足而减产。

三、我国农作物使用农药的现象比较严重

在过去几十年中,化学农药的使用一直是中国农作物病虫害防治最有效的手段,其严重的副作用也逐渐显现出来。农药的大量使用,在杀死作物害虫的同时,也杀死了大量的授粉昆虫,影响了作物受粉受精,严重破坏了农田生态平衡。化学农药残留在作物体内,形成一定的累积,也不利于消费者的身体健康。同样,蜜蜂对化学农药非常敏感,尤其是一些毒性较大的农药或缓释性农药,对蜜蜂的毒害非常大,这种现象在中国设施生产中更为常见。人们经常见到蜜蜂在温室内时,宁愿在巢内饿死,也不会飞出蜂箱去采集花蜜、花粉,这主要就是因为温室内过度用药。

四、我国设施果菜滥用化学激素

近十年来,随着种植结构的不断调整,设施农业迅猛发展,我国各类设施栽培面积达$4×10^6 \text{ km}^2$,是当今世界设施生产的第一大国。但我国设施生产的产品品质不高、效益低

下,在国际市场上的竞争力不强。缺乏昆虫授粉是影响我国设施生产效率低下的主要因素之一。茄果类和瓜果类在我国设施栽培中占有很大的比重,但在生产过程中,绝大部分采用喷施化学激素物质来促进坐果。激素喷花的生产成本很低,坐果也比较理想,但是生产者没有认识到采用2,4-D、吲哚乙酸、赤霉素等激素物质处理的花朵,没有经过正常的受粉受精,只是激素刺激子房发育长大成果实,果实没有种子,品质较差。另外,激素处理会提高番茄等作物灰霉病等发生的概率,又会造成激素污染果实,严重影响了我国设施农产品的质量,阻碍了蜜蜂授粉的进程。

五、蜜蜂授粉相关产业体系链尚未形成

由于蜜蜂授粉知识普及不够、宣传不力,农民对蜜蜂授粉促进农业增产的认识不深,从而影响对蜜蜂授粉技术的采用意愿,年龄越大的农户越容易安于现状,接受及获取新事物的能力越低,不愿冒险承担风险,对蜜蜂授粉技术的采纳意愿越低,其更加习惯传统的人工授粉方式,而农民学历越高,绿色生产意识可能越强,采纳蜜蜂授粉技术的积极性也会越高。蜜蜂授粉是自然生态系统的一项重要功能,能够有效地增加农作物产量。大多数农户缺乏对蜜蜂授粉这一绿色产业模式的认知,担忧蜜蜂授粉技术的效果难以达到传统种植方式的效果,因此不愿意采用蜜蜂授粉技术。蜜蜂授粉技术在一定程度上节约了人工成本,但也增加了租(购)蜂群授粉的成本,且授粉蜂群需通过一定技术进行管理。目前,蜜蜂授粉存在的明显优势并未为大众所知,蜜蜂授粉相关产业体系链尚未形成。

第三节　发展蜜蜂授粉的措施

一、加大对蜜蜂授粉的宣传力度

通过广泛宣传,使农民充分认识蜜蜂授粉在农业生产中的特殊地位,蜜蜂授粉是不可替代的增产要素,也是成本低廉、增产显著、无污染的绿色措施。只有农民接受了蜜蜂授粉,蜜蜂授粉业才能发展起来。因此,农业主管部门可组织一些基层干部和技术人员下乡宣传,为农民面对面地传授蜜蜂授粉知识、蜜蜂授粉作用、授粉技术、授粉政策和保护蜜蜂等相关知识,使广大农户逐渐了解并愿意采用蜜蜂授粉技术。为了让农民对蜜蜂授粉所带来的经济效益有更清晰的认识,可通过政府部门的主导来树立一定数量的典型,通过蜜蜂授粉和非蜜蜂授粉产量的对比,来让其他农民清楚地看到蜜蜂授粉对产量的影响,从而真正地接受蜜蜂授粉这一新兴产业。

二、成立蜜蜂授粉中介组织

关于蜜蜂授粉业的发展,虽然养蜂者和农民最终都能受益,但是养蜂者的时间和精力有限,没有额外的去推广蜜蜂授粉,而农民作为消费者,在没有对蜜蜂授粉有着充足认识的情况下,也不会主动去寻找养蜂者来进行合作。因此,在这种情况下,就需要一些人来加强养蜂者和农民之间的沟通,通过他们的努力来促进蜜蜂授粉业的发展。这些人可以成立蜜蜂授粉中介组织,在宣传介绍和组织下,使农民逐步了解并接受蜜蜂授粉,将蜜蜂授粉推向市场。

三、实行蜜蜂授粉的有偿服务

温室大棚租赁蜜蜂进行授粉的现象越来越普及,主要是因为大棚有一定的阻隔性,其他的授粉昆虫难以进入,而且大棚一般都是反季节种植,缺乏足够的授粉昆虫,人工授粉的工作量又大,难以进行。但是对于大田农民来说,则不存在这一问题。大田作物一般都是按季节种植,在风及其他授粉昆虫的作用下,一般也能完成受粉,并获得一定的收成,因而对于蜜蜂授粉的需求并不强烈。而养蜂者在外面(如棚外)也有足够的蜜源,如果免费为作物授粉,动力不足。因此,可在政府部门的主导下,初期对蜜蜂授粉的养蜂者进行一定的补贴,提高他们的积极性,待农民真正认识到蜜蜂授粉的优势之后,这部分费用可由农民向养蜂者支付。农民虽然支付了一定的费用,但是产量提高所带来的收益更大。养蜂者获得了稳定的蜜源,还有一定的收益,这样定能促进蜜蜂授粉业的发展。

四、加强对蜜蜂的保护

当前,各种病虫害频繁发生,给农作物的种植带来了重大威胁。农民在种植农作物时都习惯使用大量的农药,而蜜蜂对化学农药非常敏感,尤其是一些毒性较大的农药或缓释性农药,对蜜蜂的毒害非常大,这就严重威胁了授粉蜜蜂的安全。因此,在宣传蜜蜂授粉的优势时,也要向农民介绍清楚农药、化肥等的大量使用给蜜蜂带来的隐患,加强对蜜蜂的保护。

五、重视野生授粉蜜蜂的研究工作

野生蜜蜂是指膜翅目蜜蜂总科的昆虫,在自然界中所起的传粉总作用并不亚于家养蜜蜂。因此,开展野生蜜蜂授粉的研究,是充分利用授粉昆虫资源的重要组成部分。要分类研究野生授粉蜜蜂的区系,筛选出最佳授粉蜜蜂种类,对最佳授粉蜜蜂进行生物学研究,开展野生蜜蜂的引种、保护和驯养研究。

六、政府充分发挥引导作用

推动蜜蜂授粉业的发展,需要在政府部门的主导和农业科技部门的协助下开展长期的工作。通过出台有关政策加强市场监管和加大研发支出,为农户提供稳定的蜜蜂授粉来源并提供技术保障,能够确保蜜蜂授粉技术与时俱进、不断更新。

七、签订蜜蜂授粉合同

随着蜜蜂授粉技术的推广,农作物应用蜜蜂授粉的数量越来越多。为保障授粉工作顺利进行,保障养蜂者和种植户双方的合法权益,双方应事先签订书面合同,将双方的责任和义务在合同中加以说明,以避免发生不必要的麻烦。

(一)核实身份

签订合同时应首先核实对方的身份,如果是企业还要有企业的公章,没有公章的要核实合同签订人有无代表企业或他人签订合同的资格。凡不是代表本人的,一定要有授权委托书,代表企业的要加盖公章。如是他人授权,授权委托书上应写明授权范围、权限并有授权人的签名、盖章。合同文本有修改的应在修改处盖章,注明并保存双方存留合同文字内容的一致性。合同签订后,应将合同正式文本复印几份,将原件存档,平时应尽量使用复印件,以免因原件丢失而带来举证上的困难。

(二)做好服务和生产记录

在授粉期间,养蜂者要积极采取措施,调整蜂群状态,使蜜蜂保持较高的授粉情绪,尽可能地为种植户做好授粉服务,还要做好生产记录。做好生产记录是每一位真正养蜂人必备的基本素质,不仅对蜂群管理有利,必要时也可作为证据。在蜜蜂授粉期间,养蜂者应对蜂群入场时间、蜂群状况、蜜蜂采集状况、蜜粉状况等做全方位记录,以掌握蜂群授粉情况,及时改进,而且还可以利用智能手机拍摄照片或录制视频,一旦出现纠纷时都可作为证据。

(三)签订蜜蜂授粉合同

1.合同的主体

在合同中应写明养蜂者和租用者的姓名、地址、电话及身份证号码等信息。

2.蜂群的数量和群势标准

合同中应写明授粉蜂群的数量和群势标准。蜂群的数量通常以群计,而群势标准通常以群内有多少脾蜂计算,以巢脾上爬满蜜蜂为1足框蜂,蜂箱内有多少个巢脾即为多少框蜂。如果是大棚授粉,因使用蜂群数量较少,多以双方当面检查认定为准。而其他作物授粉时,也多以双方约定为准。授粉蜂群运抵场地安定后,租用者应根据合同及时随机抽样,核对养蜂者提供的蜂群数量和群势。

3.租金的标准和支付办法

在合同中应写明每个授粉蜂群的租金和租金的支付方式。授粉蜂群租金的支付方式通常有预付、到场支付或部分支付和授粉完成后一次性支付等形式。

4.授粉的时间

在合同中应写明授粉蜂群进入和离开授粉场地的具体时间。

5.养蜂者在授粉期间的责任

养蜂者应将蜂群调整到最佳授粉状态,加强管理,保证有足够的蜜蜂出巢采花授粉。

6.租用者的责任

应保证在授粉期间不喷洒农药,并说服周围邻居也不喷洒农药,若违约应承担责任和必要的经济赔偿。

第十四章　大田授粉蜂群管理技术

第一节　大田授粉蜂群的配置

一、大田授粉蜂群进场时间

根据不同植物的流蜜情况,具体决定蜂群进场时间。对于荔枝、龙眼、向日葵、荞麦、油菜等蜜粉丰富的植物,可提前 2 天把蜜蜂运到场地;对于梨树等泌蜜量少的植物,应等植株开花 25％左右时再把蜂群运到场地;对于紫花苜蓿,可在开花 10％左右时运进一半的授粉蜂群,7 天后再运进另一半;对于桃树、杏树、甜樱桃等花期较短的植物,则应在初花期就把蜂群送到授粉场地。

二、大田授粉蜂群需求数量

蜂群数量取决于蜂群的群势、授粉作物的面积与布局、植株的花朵数量和长势等。一个 15 框蜂的蜜蜂强群可承担连片分布的授粉作物的面积如下:油菜 2000～4000 m²(3～6 亩)、荞麦 4000～6000 m²(6～9 亩)、向日葵 6667～10000 m²(10～15 亩)、棉花 6667～10000 m²(10～15 亩)、紫云英 2000～3334 m²(3～5 亩)、苕子 2000～3334 m²(3～5 亩)、牧草类 4000～53334 m²(6～8 亩)、瓜果蔬菜类 4667～6667 m²(7～10 亩)、果树类 3334～4000 m²(5～6 亩)。在早春时,因蜂群正处于繁殖阶段,群势相对较弱,每群蜂所能承担授粉的面积相对较小,应适当增加授粉蜂群数量。

三、大田授粉蜂群摆放

执行授粉任务的蜂场,蜂群排列方式应考虑蜜蜂飞行半径、风向以及互相传粉的因素。一般采用小组散放,不宜 1 个蜂场放在一起,也不宜单排蜂箱排列。如果采用集中摆放,离蜂箱较远的作物授粉不充分,而蜂箱附近的蜜蜂则过剩。采用单群排列方式,一是管理不便,二是蜜蜂飞行范围受限,不利于异花传粉。在果园里,特别是有树体高大的果树时,采用小组散放更有利于异花传粉。单箱排放蜂箱的蜜蜂局限在果园的有限面积上采集,甚至一系列的采集飞翔活动都局限在一棵树或者相邻的几棵树上。如果这几棵树中没有授粉树,这几棵树的结果量就会下降,造成减产。如果采用小组散放,蜜蜂建立起飞行路线时,蜂群与蜂群之间、小组与小组之间有互相授粉交叉区,1 个蜂群内的蜜蜂,有的在主栽品种上采蜜采粉,有的在授粉树上采蜜采粉,它们归巢以后,在蜂箱里来回移动,将自身携带的花粉经过摩擦传到另一只蜜蜂身上,这只蜜蜂再飞往自己的采集路线时,将花粉传过去,同样也达到了异花传粉的目的。授粉蜜蜂进入场地后,蜂群的摆放应遵循如下原则:如果授粉作物面积不大,蜂群可布置在田地的任何一边;如果面积在47 hm²(700 亩)以上,或地块长度在 2 km 以上,则应将蜂群布置在地块的中央,减少蜜蜂飞行半径。授粉蜂群一般以 6～10 群为一组,分组摆放,以便使相邻组蜜蜂的采集范围相互重叠。

第二节　大田授粉蜂群的管理

一、授粉蜂群准备

选用"优新"蜂王,即选用生命力旺盛、能维持强群、不好分蜂、产卵力强的优质蜂王。最好用上一年秋季培育的新王,或者用当年春季培育的新王,淘汰老王。在植物开花需要授粉前 40 天左右,即着手培育适龄授粉蜂,切实保持群内卵多、幼虫多、采集蜂多,加强预防和积极治疗蜜蜂病虫害,确保以健康蜂群进场授粉。

二、早春保温

早春气温低,蜂群群势弱,放蜂地应选在避风向阳处,采取蜂多于脾和增加保温物的方法来加强保温。因为早春蜂群弱,外界温度低且变化幅度大,如果不加强保温,大部分蜜蜂为了维持巢温会降低出勤率,影响蜜蜂的授粉效果。保温可采用箱内和箱外双重保温的办法。

三、保持强群

给早春油菜、梨树、苹果树等植物授粉时,要组织强群,以便在较低温度下可以正常开展授粉活动。因为这个时期的蜂群刚经过越冬,春繁第一批蜂刚出房,数量少,蜂群内子多蜂少,内勤工作量大,负担重,能够出勤的蜜蜂少,只有选择 6 脾蜂以上的强群,才能保证出勤率。研究表明,强群在外界温度为 13 ℃时开始采集,但弱群则在外界温度达 16 ℃时才开始出巢采集。一般春季气温比较低,温度变化幅度大,因此,只有强群才能保证春季作物的授粉效果。

四、及时采收花粉

对于花粉丰富的植物,应及时采收花粉,提高蜜蜂访花的积极性。对于花粉多的植物可以采用脱收花粉的办法,提高蜜蜂采花授粉的积极性。有些植物面积大或者花粉特别丰富,可以采用脱粉的办法。脱粉的强度首先是要保证蜂群内的饲料不受影响,但是不能让蜂群内有过多的花粉,出现粉压子的现象。当蜂群处于繁殖状态下,花粉仅仅能满足蜂群需要而没有剩余时,蜜蜂采集积极性最高。

五、蜂群饲喂

蜜蜂授粉期间主要饲喂花粉、糖浆和水,饲喂种类和数量应视授粉作物蜜粉的情况而定。对于油菜、芝麻、柑橘、荔枝、荞麦、向日葵、棉花、西瓜、杏树、梨树、苹果树、枇杷、山楂以及牧草等蜜粉较为丰富的作物,在蜜蜂授粉期间,保证干净的饮水供应即可;对于枣树等少数缺粉的作物,应饲喂花粉,以补充蛋白质饲料;对于玉米、水稻等有粉无蜜的作物,则应适当饲喂糖浆(糖水比约为 2∶1)。

六、训练蜜蜂积极授粉

针对蜜蜂不爱采集某种作物的习性,或为加强蜜蜂对某种授粉作物采集的专一性,在初花期至花末期,每天用浸泡过该种作物花瓣的糖浆饲喂蜂群。

花香糖浆的制法:先在沸水中溶入相等重量的白糖,待糖浆冷却到 20 ℃～25 ℃时,倒入预先放有该种作物花瓣的容器里,密封浸渍 4 h,然后进行饲喂,每群每次喂 100～150 g。第一次饲喂宜在晚上进行,第 2 天早晨蜜蜂出巢前再补喂一次,以后每天早晨喂一次。也可在糖浆中加入该种作物香精用于喂蜂,以刺激蜜蜂采集。

七、调整蜜蜂授粉临界点

为提高授粉积极性,当外界综合因素如温度、光强度和花蜜浓度达到临界点时,才让蜜蜂开始采集授粉,而处于临界点以下时,对蜂群采取一些调控措施,也可为那些原先没有吸引力的果树授粉,如梨树。常用的调控措施有蜂群幽闭法。幽闭一天半后,搬到新场地,在中午前后放开,蜜蜂急切出巢,出巢后立即在附近的花上采集,在短时间内它们会不加辨别地采集。采集后的蜜蜂返回巢内,用跳舞的方式告诉同伴,然后又投入其采集植物区内采集,这样就完成了为目标作物授粉的任务。经过调控的蜂群到达新场地后,飞翔范围在 100 m 之内。蜂群采取幽闭措施时,应加强蜂群通风,用纱盖代替覆布,同时给纱盖喷水,用"V"形铁纱堵塞巢门。

第三节　大田蜜蜂授粉作物的管理

一、用药注意事项

在植物开花前,种植户不得使用剧毒、残留期较长的农药;在开花期,授粉作物及其周边同期开花的其他作物均应严禁施药。若必须施药,应尽量选用生物农药或低毒农药。不要用打过农药的器具喷洒水,以免药械中的残留农药引起蜜蜂中毒。更重要的是要保证授粉范围的水源不被农药污染,否则也会引起大范围的蜂群中毒。

二、开花前期管理

对作物进行常规的水肥管理,清除所有与农药有关的物品,待药味散尽后再运蜂进场。授粉作物不进行去雄处理。

三、合理配置授粉果树

利用蜜蜂为果树授粉时,对于自花传粉能力较差的品种,应间隔均匀地栽培一些供粉植株。对于盛果期的单一品种果园,可将授粉品种果树的花粉放在蜂巢门口,通过蜜蜂的身体接触将花粉带到植物花朵上,起到异花传粉的作用。

四、授粉后管理

经蜜蜂授粉后,应根据需要及时对作物进行疏花疏果、施肥浇水,提高产品的产量和品质。

第十五章 设施作物蜜蜂授粉技术

第一节 设施作物授粉蜂群前期准备

一、授粉蜂群的获得与前期准备

和大田作物授粉蜂群一样,设施作物的授粉蜂群也可以通过购买或租赁等方式来获得。由于温室内的空间和蜜粉源植物均有限,以使用授粉专用箱为宜,这样能较好地控制蜂群的群势,既能使作物授粉充分,也不会使作物授粉过度。同时为了长期保持蜂群良好的授粉能力,入室前应喂足饲料和防治蜂螨。如果利用蜜蜂为制种作物授粉,要特别注意在蜂群进入温室或网棚授粉之前,先让蜜蜂在授粉前2～3天不采集其他植物,尤其是相同或相近作物,让蜜蜂清除体上的外来花粉,避免引起作物杂交。

二、授粉蜂群的组织与配置

(一)授粉蜂群

授粉蜂群应含有1只当年培养的优质健康新蜂王,适龄授粉蜂3脾,6000～8000只工蜂、卵、幼虫、蛹若干,无雄性蜂,无白垩病、蜂螨和爬蜂等病症。蜂箱内保持充足的蜂蜜或糖浆和适量的花粉,以保证蜂群繁殖。授粉蜂箱小于郎氏标准封箱,为外径50.5 cm、宽22～30 cm、高26.5 cm的小型蜂箱,具有良好的保温、吸潮和隔热特性,且便于携带和操作。按照1个蜂群承担600～900 m²的授粉面积配置,实际生产中可根据授粉效果适当增减蜂群。

(二)蜂箱摆放

授粉蜂箱应放置在大棚内通风的位置,其上应有遮挡以避免阳光直射。选好位置后不宜更换位置。拱棚内使用蜜蜂授粉时,蜂箱放置在拱棚中部、作物垄间的支架(离地面20～50 cm)上;日光温室内使用蜜蜂授粉时,蜂箱放置在北侧墙体的中上部,高度以不影响农户正常行走为宜;连栋温室内使用蜜蜂授粉时,蜂箱均匀放置在立柱中上部、不妨碍正常农事操作的地方。

三、适时繁育授粉蜂群

大棚或者温室种植的作物因受人为控制温度的影响,同样的作物开花时间也会不一致,应根据设施大棚作物预计开花时间,提前 40 天左右,着手培育适龄授粉蜂,切实保持进棚授粉蜂群内卵多、幼虫多、采集蜂多。加强预防和积极治疗蜜蜂病虫害,确保以健康蜂群进棚授粉。大棚果树花期短,开花期较集中,应在果树开花前几天及时将蜂群搬进温室,让蜜蜂试飞,排泄,适应环境,并同时补喂花粉,奖饲糖浆,刺激蜂王很快产卵,待果树开花时,蜂群已进入积极授粉状态。若为草莓或蔬菜授粉,初花期花量少,开花速度也慢,花期延续时间长,授粉期长,等到作物开花后,再将蜂群搬进温室就可以保证授粉效果。

第二节　设施作物授粉期间的蜂群管理技术要点

一、适时进入大棚或温室

经过繁殖、调整群势等处理后,及时将蜂群运到大棚或温室内进行授粉。具体进棚时间:樱桃、蓝莓、油桃等花期较短的果树开花 5%～10% 时即可放入蜂群,草莓或其他水果、蔬菜等花期较长的作物开花 20%～25% 时即可放入蜂群,傍晚将蜂群送入设施大棚或温室内。

二、适应环境,诱导授粉

蜂群进入大棚或温室后的首要问题,就是让蜜蜂尽快地适应温室的环境,诱导蜜蜂采集需要授粉的作物。蜂群摆放好后,不要急于打开巢门,应先进行短时间的幽闭,让蜜蜂有一种改变了生活环境的感觉,同时也可平息由运输过程中的颠簸造成的蜜蜂躁动。待静置 2 h 或者更长时间以后,微开巢门,使得每次刚好能进出 1 只蜜蜂,这样蜜蜂就能重新认巢,容易适应小空间飞翔。由于温室内的花朵数量较少,有些植物的花香浓度相对淡一些,对蜜蜂的吸引力也就比较小,因此,应及时喂给蜜蜂含有授粉植物花香的诱导剂糖浆。第一次饲喂最好在晚上进行,第 2 天早晨蜜蜂出巢前再饲喂一次,以后每日清晨饲喂,每群每次喂 100～150 g。实践证明,这样能强化蜜蜂采粉的专一性。蜜蜂一经汲取,就形成了一种记忆,在出巢访花过程中就会陆续去采集该种植物的花朵,诱导效果明显。

诱导剂糖浆的具体制作方法:先用沸水融化同等重量的白砂糖,糖浆冷却至 20 ℃～25 ℃时,倒入预先盛有需要授粉植物花朵的容器内,密封浸渍 4～5 h 后即可饲喂。

三、保温防潮,防暑降温

由于大棚或温室内夜晚温度较低、白天中午温度过高,因此,需要进行必要的处理。在夜间,由于温度较低,蜜蜂紧缩,使外部的子脾因无蜂保温而冻死,因此,加强蜂箱的保温措施,使箱内温度相对稳定,保证幼虫的正常发育,以使蜂群正常繁殖,保持蜜蜂的出勤积极性,延长蜂群授粉寿命和提高授粉效果。在白天,蜂群必须保持良好的通风状态,同时加盖保温物。加盖保温物同样能使蜂箱内的温度保持在一定的范围内,不至于闷热环境对蜂群造成为害。由于温室内湿度较大,蜂群又小,调控能力有限,应经常更换保温物或放置木炭,保持箱内干燥。

四、喂水喂盐,确保生存

蜜蜂的生存离不开水。由于大棚或温室内缺乏清洁的水源,蜜蜂放进大棚或温室后必须喂水。大棚或温室内要有供水装置,以便蜜蜂采水,或者在蜂箱中喂水。蜂箱外饲喂水的方法有两种:一是采用巢门喂水器饲喂;二是在大棚或温室内固定位置放 1 个浅盘,每隔 2 天换一次新鲜水,水面上可以放一些漂浮物或树枝,防止蜜蜂溺水致死。在喂水时加入 5‰食盐,以满足蜂群幼虫和幼蜂正常生长发育的需要。

五、喂蜜喂粉,维持群势

充足的蜜、粉是蜜蜂维持蜂群正常生长需要的必要条件。大棚或温室内的作物一般流蜜不好,尽管是泌蜜较好的作物,也因面积小、花量少,根本不能满足蜂群正常的生活和生长需要。同时由于大棚或温室环境恶劣,蜜蜂饲粮消耗量很大,要长期维持蜂群授粉能力,就必须要喂蜜喂粉。尤其是在为蜜腺不发达的草莓等作物授粉时,更应该饲喂糖水比为 2∶1 的糖浆,每 2 天喂一次。

喂花粉应采用喂花粉饼或抹梁饲喂的办法。花粉饼的制作方法:选择无病、无污染、无霉变的蜂花粉,用粉碎机粉成细粉状,将蜂蜜加热至 70 ℃趁热倒入盛有花粉的容器内(蜜粉比为 3∶5),搅匀浸泡 12 h,让花粉团散开。其硬度以放在框梁上不流到箱底为原则,越软越利于蜜蜂取食。每隔 7 天左右喂一次,直至大棚或温室授粉结束为止。如果花粉来源不明,应采用湿热灭菌或者微波灭菌的办法进行消毒灭菌,以防把病菌带入蜂群。

六、妥善保管多余巢脾

大棚或温室内的湿度大,容易使蜂具发生霉变引发病虫害,所以蜂箱内多余的巢脾应全部取出来,放在大棚或温室外妥善保存。

七、前期扣王,中期放王,防止蜂王飞逃

在为前期花量较少的作物授粉时,作为种植者而言,一般都想早期就搬进蜂群,收获早期的优质果。根据蜂群的发展规律,蜂王开始产卵后,蜂群开始进入繁殖期,工蜂采集活跃,出勤率高。在为草莓等花期较长作物授粉时,应前期扣王,使其停止产卵,这样可以有效地制约蜂群的出勤和活动,少数蜂的出勤足以使前期有限的花得到充分的授粉,有利于保持和延长大量工蜂的寿命。每次扣王的时间不得超过 15 天。进入盛花期后,放王产卵,调动较多蜜蜂出勤,既达到了充分授粉的目的,也使蜂群得以发展。温室环境恶劣,加上管理措施不到位,有时会出现蜂群飞逃现象,因此,可采取剪掉蜂王 2/3 翅膀的方法,防止蜂群飞逃。

八、缩小巢门,严防鼠害

冬季老鼠在外界找不到食物,很容易钻到大棚或温室生活繁殖。老鼠对蜂群为害很大,咬巢脾,偷吃蜜蜂,扰乱蜂群秩序。蜂群入室后应尽量缩小巢门,只让1~2只蜜蜂同时进出,防止老鼠从巢门钻入蜂群。同时,应采取放鼠夹、堵鼠洞、投放老鼠药等一切有效的措施消灭老鼠。

九、提前施药,预防蜜蜂中毒

大棚或温室内果蔬所生长的环境最大的特点就是高温高湿,大棚或温室内果蔬更易患病虫害,因此,在授粉前期需要对大棚或温室内的授粉果蔬作物进行全面检查,必要时提前防治病虫害,并尽量使用高效、低毒、低残留药物,防治后进行充分通风换气,排出有毒气体。同时,还需检查棚室缓冲间等,取出所有与农药有关的物品,待药味散尽后再运蜂进大棚或温室。检查大棚或温室和缓冲间时,应清除使用过的农药瓶和喷过农药的喷雾器或具有刺激气味的肥料等空气污染源,防止蜜蜂不出勤或中毒。填平温室内小水坑,以防水坑中残留的农药为害蜜蜂。特别提醒养蜂者和菜农,未点燃的熏烟剂放在大棚或温室内阳光直晒的地方,当天气晴朗时药包内的温度升高就有自燃的可能,所以也应将其移除。

十、加盖防虫网,防止蜜蜂飞逃

授粉蜂群进大棚或温室前要检查棚膜是否有破洞,防止蜜蜂从破洞通风口飞出,无法返回。通风口要加盖防虫网,防止授粉蜂飞出。棚膜与棚壁之间,要压平整,不能有缝隙。刚进大棚或温室的蜜蜂由于对环境不适应,一直想寻找能飞出的地方,而蜜蜂进入缝隙会闷死。大棚或温室地膜要贴紧地面压平,不能有褶皱,防止积水淹死蜜蜂。

十一、适时出室,及时合并

授粉期结束时,及时将授粉蜂群移除大棚或温室,此时大部分蜂群蜂量很少,无法进行正常繁殖,应及时合并蜂群,或从蜂场正常蜂群中抽调蜜蜂进行补充。

十二、大棚或温室蜜蜂授粉注意事项

大棚或温室利用蜜蜂授粉应避免强烈震动和敲击蜂箱。蜜蜂喜欢安静的环境,震动和声响会惊扰蜂群,导致蜜蜂蜇人。再就是勿喷香水后靠近采摘式温室、大棚的蜂箱,花果香味的香水和化妆品内的某些成分与蜂类散播的信息素成分类似,会引起蜜蜂骚动、伤人。

第三节　设施作物授粉期间的管理措施

一、调温控湿,提供良好授粉环境

蜜蜂授粉期间,对温湿度的要求更加严格。设施大棚温度应控制在 10 ℃～28 ℃,湿

度要控制在 $40\%\sim60\%$，出现偏差应及时采取措施。大棚作物会因为温度的大幅波动，生长和流蜜不好，不利于吸引蜜蜂授粉。对于蜜蜂而言，当温度高于 $32\ ℃$ 时，蜜蜂一般就会滞工降温，全部爬出蜂巢，在箱外结团。湿度过大容易使蜜蜂得麻痹病，飞出蜂巢后不易再返回，群势快速下降，甚至造成蜂群全部死亡。因此，必须通过采取科学的水肥管理措施和严格的控制温室环境，增加作物的花量，提高花朵的质量。这样，花朵的流蜜量大，提高了作物对蜜蜂的吸引力，有利于提高蜜蜂授粉效果。

授粉期间温湿度出现偏差时，采取简便有效措施是：当温湿度过大时，一般通过启放棚上保温帘、保温膜的时间与风口大小来控制通风换气，以实现降温降湿；当温湿度过低时，通过电炉、火炉来升温，通过洒水来增加空气湿度。

二、加强授粉果蔬作物水、肥、花管理

一般温室种植单一果蔬作物，也有多种作物同室的。由于蜜蜂具有典型的采集专一性，同一棚室内的多种作物同时开花时，容易产生对蜜蜂的竞争，竞争力弱的作物的授粉效果将受到影响，应采取提高授粉竞争力的措施，或增加蜂群数量，或种植花期错开的几种作物。由于蜜蜂具有沿行采集花粉的习性，因此，温室果树授粉树的种植方式应同一行内主栽品种和授粉品种混栽，不能分行定植。果树要适时修剪，每一行都应有等距离的授粉树。授粉后根据需要疏花疏果，根据情况加施肥料和浇水。在温室生产管理时，常去除雄花，以减少植株营养消耗和浪费。而应用蜜蜂授粉的作物不应打掉雄花，否则会影响蜜蜂授粉效果。另外，大棚或温室中的作物与外界生长的同类作物相比，水分、肥料、光照、通风、温度和湿度等条件都有较大的不同，均需要及时采取措施，使之符合授粉植物果实的生长发育，否则会造成落果。

第四节　设施作物蜜蜂授粉现状和前景

一、设施作物蜜蜂授粉作用

（一）提质增产成效显著

设施果蔬是集生物技术、工程技术、环境技术、信息技术为一体的现代农业生产方式，是现代高新农业技术的集中体现。设施果蔬由于使用塑料薄膜或玻璃将自然界中的授粉昆虫和风等隔离在外，给设施作物授粉带来了很大困难，而蜜蜂授粉技术是设施果蔬作物发展的重要配套技术之一。为了达到授粉的目的，在大棚中使用蜜蜂授粉，可以提高作物产量，显著地降低果实畸形果率，避免因喷施激素而使农产品品质降低等问题。目前，大棚种植采用激素处理在增加产量上较为理想，但果实品质差，畸形果率高，更为重要的是造成了激素污染，直接影响消费者的健康。蜜蜂授粉能显著提升果实的品质和口感，不仅增加了农民收入，还能让消费者吃上真正自然成熟的果蔬。

（二）作物药残明显降低

蜜蜂对杀虫剂非常敏感，如果大棚中随意用药，会导致蜜蜂大量死亡而不能完成授粉，因此，也从另一方面起到了监督使用农药的作用。在大棚中有飞舞的蜜蜂，表明农药

的用量减少了,生产的果实的质量安全更有了保障。

(三)替代人工授粉,效率高

设施作物为了达到授粉的目的,种植农户一般都采取诸如人工蘸花来为果蔬授粉,以促进坐果。人工授粉不但费工费时,劳动强度大,而且坐果率低,畸形果率高。人工授粉属于劳动需求密集型工作,不符合现代农业的发展方向,使用蜜蜂授粉替代人工授粉,在解放农业生产力的同时,也使我们的授粉方式对环境更加安全。

二、山东省主要设施作物蜜蜂授粉现状

(一)草莓设施种植

山东省草莓产业发展飞速,已逐渐成为农民经济创收的主要手段之一。草莓播种面积全国排名第二,达到 14666.7 hm²(22 万亩)。随着生活水平的提高,以及对草莓品质及药物残留认识的提高,人们不仅向鲜食草莓要营养,更要健康。近年来,在推广应用草莓绿色防控技术、加强通风透光、控制棚内温湿度、推广应用生物病虫害防治技术的同时,设施草莓大棚都采用蜜蜂授粉(见图 15-1)。

图 15-1 草莓大棚蜜蜂授粉

蜜蜂为大棚种植草莓授粉,会自动选择最佳时机授粉,比人工授粉更均匀,而且不损伤花朵,因此,产量更高,果形更周正,口感风味更好。经蜜蜂授粉的草莓比其他同类浆果更加鲜艳、明亮,并且这些草莓出现畸形的情况更少。蜂媒草莓在品质方面的提升可能是蜜蜂在授粉的过程中刺激了植物生长素的分泌,促进了细胞分裂和生长,进而增加了果实的重量和致密程度。相比人工授粉草莓,蜜蜂授粉草莓更加结实,保质期长达约 12 h,原因可能是在蜜蜂授粉的过程中赤霉酸的分泌延缓了草莓成熟,从而增强了果实在运输过程中的抗擦碰能力。

（二）樱桃设施种植

山东是我国最早栽培大樱桃的地区之一，也是截至目前栽培面积最大、产量最高的省份。大樱桃作为种植业中的高效作物，近年来得到了快速发展，成为山东省特色优势产业，在助推乡村振兴、增加主产区农民收入等方面发挥着越来越重要的作用。大樱桃设施栽培发展迅速，面积已达 5333.3 hm^2（8 万余亩）。设施类型主要是日光温室和塑料大棚，另有部分避雨防霜棚，栽培品种以红灯、美早、先锋等为主。设施樱桃栽培授粉方式有人工授粉、蜜蜂授粉、喷施植物生长调节剂等。蜜蜂为大棚栽培大樱桃授粉（见图 15-2）时，会自动选择最佳时机授粉，比人工授粉更均匀，不损伤花朵。因此，作物产量更高，果形更周正，口感风味更好。

图 15-2 樱桃大棚蜜蜂授粉

蜜蜂是世界公认的、最理想的授粉昆虫,但蜜蜂对化学农药非常敏感,在蜜蜂授粉期间整个设施大棚不能使用化学农药,如使用易引起蜜蜂直接接触药剂而中毒死亡,这对设施大棚种植技术提出了更高的要求。随着人们对大樱桃品质及药物残留认识的提高,种植户针对大樱桃病虫害多采用人工防治和生物防治措施,尽最大可能地减少化学药物的使用。

(三)油桃设施种植

山东多丘陵地势,土壤肥沃,自然环境优美,农业资源丰富,适宜的气候和土壤造就了大批的油桃基地,大棚油桃种植面积 6666.7 hm²(10 万亩左右)。油桃果面光滑洁净,色泽艳丽,果实营养丰富,风味独特,深受消费者喜爱。油桃早果性强,极易丰产,可采用高度密植栽植,扣棚当年即可获得较高收益。近年来,油桃已成为果树保护地栽培的主要树种之一。由于油桃棚内的高湿环境不利于花粉传播和授粉受精,因此,必须通过提高大棚内气温和通风除湿降低相对湿度。对自花传粉能力较差的品种如曙光油桃等,应配置花期一致的适宜授粉树。当棚内已配置好花期一致的授粉树或棚内品种自花结实能力很强时,即可利用蜜蜂授粉。蜜蜂在 12 ℃～30 ℃范围内均能活动,效率高且省人工(见图15-3)。

图 15-3　油桃大棚蜜蜂授粉

(四)蓝莓设施种植

蓝莓种植业为我国的新兴果树产业。山东省蓝莓种植业发展迅猛,栽培品种主要是北高丛蓝莓,其次是半高丛,已成为我国北高丛蓝莓的主产区。山东省地处北温带,属温带季风气候或海洋性季风气候,春秋凉爽,夏无酷暑,冬无严寒,四季分明。山东省内丘陵坡地较多,砂质土壤比较适合蓝莓的生长。其中,日照市东港区66.2％的土壤 pH 在5.5以下,微酸性土壤为蓝莓种植业提供了有利的条件。蓝莓设施种植分日光温室塑料保温大棚和无保温被覆盖的塑料薄膜冷棚两种模式。山东蓝莓设施栽培面积:温室大棚为300 hm²(4500 亩)、冷棚为1000 hm²(15000 亩),其中日照蓝莓占一半以上。蜜蜂为大棚种植蓝莓授粉时,会自动选择最佳时机授粉,比人工授粉更均匀,不损伤花朵,因此,产量更高,单果增大,果实圆润饱满,果粉多,色泽亮,口感风味更好,商品性提高。蓝莓是坛状花冠,呈钟状、筒形,开口朝下,柱头隐藏在花冠内,不能自花传粉。大棚蓝莓人工授粉时,须选择有花粉的花取粉,常常难以把握最佳的授粉时机,且因蓝莓开花量大,容易漏授,导致果实品质下降和减产。总之,人工授粉劳动强度大,成本较高,果实一级果率低。蜜蜂为大棚栽培蓝莓授粉(见图15-4)时,必须搭配好蓝莓授粉品种,只有与主栽品种亲和而且花期相遇的品种才能作授粉树。部分蓝莓品种自花结实率低,高丛蓝莓和矮丛蓝莓虽然自花结实率较高,但配置授粉树可提高果实品质和产量。

图 15-4　蜜蜂为蓝莓授粉

随着人们对蓝莓品质及药物残留认识的提高,种植户对蓝莓虫害多采用人工防治和生物防治措施,尽最大可能地减少化学药物的使用,蜜蜂为设施种植蓝莓授粉越来越受到种植户的认可和重视。温室大棚昼夜温差大,影响蜜蜂的出勤积极性,且蓝莓花具有黏性,搭配熊蜂授粉效果更佳(见图15-5)。

图 15-5 蓝莓大棚蜜蜂加熊蜂授粉

三、设施作物蜜蜂授粉前景

蜜蜂授粉是一项高效益、无污染、可持续发展的增产技术。随着我国设施农业的快速发展,设施农业对蜜蜂授粉提出了强烈需求。设施作物对蜂类授粉的依赖性日渐增强,这为蜂类授粉研究提供了广阔的发展前景。我国在设施作物授粉蜂种的驯化、筛选、利用等方面虽已取得了一定的进展,但仍需借鉴其他先进国家蜂类授粉的研究经验和技术,进一步在深度和广度上加强研究,从而推进我国设施农业的发展,促进农业产业结构的调整。

第十六章　我国养蜂历史及蜜蜂文化发展

第一节　养蜂历史

我国是中华蜜蜂的发源地。原始的养蜂可追溯到人类最早采集野生蜂蜜的时代。据文献记载,我国养蜂已有两千余年的历史。中华民族将野生中蜂逐步饲养为家养中蜂,经历了原始采集蜂蜜和人工饲养蜜蜂两个阶段。我国古代的养蜂发展缓慢。19世纪末、20世纪初,西方蜜蜂和活框养蜂技术传入我国。我国近代养蜂几经兴衰,逐渐形成并发展。

一、蜂产品的原始采集和有关蜜蜂的早期文字记载

原始社会时期,蜜蜂处于野生状态,岩穴、树洞是天然蜂窝。人类以采集天然植物和渔猎为生,野生蜂巢也是采集对象。原始人从野生动物掠食蜜蜡中受到启发,学会了从树洞、岩穴中寻取蜂巢。最初是捣毁蜂窝,火烧成蜂,掠食蜜蜡、蜂子。其后,人们逐渐改变了这种对于蜜蜂来说是"既毁我室,又取我子"的原始掠夺式采集方法,而有意识地利用蜂群的再生产能力,发展成用烟熏驱蜂,保留蜂窝,索取蜜蜡、蜂子。随着生产力的发展和社会的进步,原始的野外养蜂开始萌芽。人们在漫长的采集野蜂实践中,开始尝试对树洞或其他地方所发现的蜂群略加照看,由采摘野蜂巢发展到"原洞养蜂"。割蜜人用烟火驱散蜂群,用炭火加宽蜂洞,再用泥草、牛粪涂抹洞口,留一小孔容蜂出入,最后在树干上刻痕为记,以示蜂窝有所归属。此后,除按时采蜜外,毫无其他管理措施。我国西南傈僳族、怒族、独龙族等民族至今还保留着原始的驱蜂取蜜法和原洞养蜂法。

二、中华蜜蜂的古代人工饲养

(一)东汉时期

东汉时期进入蜜蜂的人工饲养阶段。1世纪初,出现了文献上记载的第一位养蜂专家——姜岐。据《高士传》记载,姜岐隐居山林,"以畜蜂豕为事,教授者满天下,营业者三百人,民从而居之者数千家"。在当时,教授养蜂成为一门专门的学问。东汉的养蜂先行者已不满足于原洞养蜂、照看蜂群。为了更便于割蜜,开始移养蜜蜂。移养是蜜蜂由野蜂变成家蜂的过渡阶段。他们砍下附有野生蜂窝的树干(即原始天然蜂窝),挂在屋檐之下,

蜂窝所放置的方向与原树干生长的自然姿势保持一致。移养无须管理,蜜蜂生活在半野生状态下。云南怒族、傈族人民至今仍沿用这种移养方法饲养无刺蜂。

东汉人开始观察蜜蜂和蜂房。当时对蜂产品的利用已经发展到医药、印染、制烛。3世纪的《神农本草经》已将石蜜、蜂子、蜜蜡列为医药上品,指出蜂蜜有除百病、和百药的作用,而且发现蜂子有抗衰老、滋润皮肤的美容功效。"若久服(蜂子),令人光泽好,颜色不老。"蜡烛由西汉时期的岭南(今广东、广西一带)所制作。蜜蜡用于民间印染可能从汉代开始。3世纪张华的《博物志》中明确记载,山区养蜂者"以木为器","以蜜蜡涂器内外令遍",安檐前或庭下,诱引野蜂春月作窠生育的方法。这一时期已将移养后的半野生态的蜜蜂诱养到仿制的天然蜂窝或代用的木桶蜂窝中,逐渐向蜜蜂家养过渡。

(二)西晋时期

蜜蜂家养,使西晋人更便于观察蜜蜂生态和生物学特性。魏晋南北朝,道家郭璞的《蜜蜂赋》首次记述了蜜蜂是社会性昆虫。蜂群中有总群民的"大君",司管保卫的"阍卫",作蜜源调查的先遣蜂。还描述了蜜蜂"营翠微而结落""应青阳而启户"的筑巢条件和喜暖向阳的习性。认识到蜂蜜是蜜蜂"咀嚼华滋",酿制而成。蜂产品的加工技术和利用此时也有较大发展。三国时期时,蜂蜜用于制作清凉饮料和浸渍果品。

(三)唐代时期

唐代时,家庭养蜂并不普遍。唐人将蜂窝与燕巢并列于柱梁或悬于庭院前檐,并配有果树蜜源。杜甫留下了"柱穿蜂溜蜜,栈缺燕添巢"的诗句。但是蜜蜡主要还是由半野生状态的蜜蜂制作,蜂糖、蜂蜡、蜜烛多产在南北山区,特别是南方,并列为"常贡"。唐末的韩鄂在《四时纂要》中把"六月开蜜"列为农家事宜,这是现存收编养蜂技术最早的农学著作,也反映出养蜂副业的发展已引起农学家的注意。

唐代蜂产品的加工技术突破了历代以来的窠臼,特别是拓宽了蜂蜡的利用范围。利用蜂蜡浇烛可能从李唐开始。在陕西永泰公主及章怀太子墓的墓道上,都有侍女秉烛而行的壁画。隋唐盛行用蜂蜜酿制蜜酒。药王孙思邈记载了"葡萄、蜜等酒不用曲"的自然发酵法,并介绍了酿制蜜酒的方法,还利用蜜酒治病。

李商隐在《闺情》中的诗句"红露花房白蜜脾"明确提出了"蜜脾"的概念。唐人段成式最先记述雄蜂,称雄蜂为"相蜂"或"将蜂",具有"生三四月,黑色""不能采花,但能酿蜜"的生物学特性,并总结了"相蜂过冬,蜂族必空"的养蜂经验。

(四)宋元时期

宋元时期是中蜂人工饲养发展的重要阶段。家庭养蜂较为普遍,出现了专业养蜂场。王禹偁撰写的《小畜集·蜂记》较具体地描述了蜂王生物学和分蜂的情状:"蜂王其色青苍,大于常蜂,无毒。失其王,则蜂群溃乱。分蜂时,蜂群或团如罂,或铺如扇,拥王而去。"

宋代已初步观察到工蜂后足在特异变化后产生的器官——花粉筐。《尔雅翼》(1184年)有"采花须粉置两腓"的描述。宋人还发现工蜂采水是酿蜜泌蜡的需要,因而制定了"春三月供水,不致渴损"的管理措施。宋元时期的养蜂技术日臻完善,且具有很高的管理水平。控制自然分蜂的原则是"一群不留二王"。宋代以前是采取追捕、诱引蜂群"延客住"的抢救办法。宋至元出现了三次较大的技术突破。第一次,棘刺王台和早摘新王。第二次,人工分蜂。《农桑辑要》记载了若有数个蜂王,"当审多少、壮与不壮",淘汰弱者,只留蜂王 2 只,分为两窝的方法。第三次,培养强群。意思是群势强就可以进行人工分蜂,群势弱则应加强饲喂,以强补弱;一窝之中不能两王并存。此外,在养蜂技术上还有一些重要的发明。如两人配合用烟驱、蜜诱的方法收集分蜂群;三面洒水扬尘,阻其蜂路和撒土收蜂追捕蜂群的技术;至晚蜂息再转移的经验;用薄荷叶涂手面和用草衣蔽身防蜂蜇的方法等。

宋代记载了多种蜜源植物及各种蜂产品。《图经本草》(1061 年)记述了黄连蜜、梨花蜜、桧花蜜和何首乌蜜等名称、蜜色和产地。在蜜渍储藏果品的基础上,已发展加工成蜜饯、果脯。元代有多种人工蜂窝。如砖垒小屋,两头泥封的砖砌蜂窝;编荆囤两头泥封的荆编蜂窝等。尤为重要的是《郁离子·灵丘之丈人》首次记载了"刳木以为蜂之宫,不罅不庮"的原始独木蜂箱。自此,在中国开创了木制蜂箱的历史。至元代末年时,养蜂业已具备相当规模,不仅有分散的副业养蜂,而且已发展成专业养蜂场。

(五)明清时期

明清时期郝懿行编著的《蜂衙小记》十五则,总结了一套"分蜂—召收—留蜂—镇蜂—防护—割蜜—藏蜜—炼蜡"的技术,为我国第一本养蜂专著。自明至清,养蜂业日趋昌盛。一般农户养十余群蜂,专业养蜂户养数百窝蜂,但蜂蜜"十居其八靠山野收蜂采蜜,十居其二靠家庭养蜂"。

明清时期在养蜂技术和蜂箱的改革上也有了新的进展。《农政全书》首次记载"用纱帛蒙头及身上截,或皮套五指"的原始面网和防蜇手套。《物理小识》记述了蜂箱的立体排列法,这比"五五为伍"的平面排列更能充分利用光源。明末已出现了原始继箱的雏形。《致富全书》有"先照蜂巢样式,再做方匣一二层……令蜂作蜜脾子于下"的记载。"方匣一二层"具有继箱的作用。晚清以后,在江苏、浙江、湖南、广东一带也相继出现了带有原始继箱的旧式改良蜂箱,如嘉湖式、温州式、横形篓篓式和方形多层木箱等。

从宋至清,记载了蜜蜂的多种敌害及其原始的御敌方法,但未见病害的报道。对蜜蜂生物学的认识,从西周至清末代代深入,但明清学者更有见地。李时珍首先看到"蜜蜂嗅花则以须代鼻",说明他已认识到蜂须不仅是蜜蜂的触觉器官,还是它的嗅觉器官。明清学者还观察并记载了蜜蜂个体发育的四个阶段,分别描述了卵、幼虫和蛹的形状、大小和颜色,但统称"蜂子"。

截至清末,全国饲养的中蜂约 20 万群。以浙江、福建、江苏、山东居多,其次为河北、吉林、广东、广西、四川、贵州等地。每群蜂年平均产蜜量 5 kg,蜂蜡 0.3～0.5 kg。

三、西蜂的传入与活框养蜂的推广

活框养蜂即新法养蜂。我国养蜂业以引进西方蜜蜂和近代活框养蜂技术为契机,发展迅速而曲折,大抵分为三个时期。

(一)活框养蜂技术与西方蜜蜂的引入

清末,一些进步知识分子为了寻求富国救民之道,积极倡导"西学"。活框养蜂技术也随之传入我国。1896 年后,东北黑蜂及新法养蜂技术由俄国传入东北。1900 年,东正教徒把高加索蜂带至伊犁和阿尔泰两地饲养,即后来的新疆黑蜂。现在的伊犁黑蜂和阿尔泰黑蜂从体色和某些行为表现看,均属苏联高加索蜂种的两个不同品系。

张品南于1913年春购意蜂4群及西方蜂具和著作回国。他毕生致力于活框养蜂技术的研究与推广,为开创我国近代养蜂事业之先驱。早期与张品南齐名的是无锡的华绎之。1900～1910年,华绎之在无锡荡门镇试办蜂场。1911年,参考欧美新法饲养中蜂,并自制巢础,供本场扩充。1916年和1918年,先后从日本引进意蜂王3只和意蜂12群。1921年,又从美国引进意蜂5群。华绎之为开拓中国近代养蜂事业作出了积极贡献。1895年10月,台湾被日本强占,随后意蜂由日本传入,至1919年已发展到1.55万多箱。1921～1925年,台北农业试验所畜产系(现台南新化的畜产试验所)试验、推广日本农林省畜产试验场养蜂育种室提供的意蜂良种。

(二)近代蜂业的形成和发展

我国利用活框蜂箱养意蜂始于1913年福建闽侯县,20世纪20年代初盛于江浙,后转盛于华北,30年代中后期传遍全国。与此同时,一些普及活框养蜂技术的专著始陈于世。1920年,由张品南编印的《中华养蜂杂志》问世,这是我国第一本养蜂杂志。这些书刊在推广普及近代养蜂技术上发挥了一定的作用。20世纪20年代中后期,蜂场增多,规模日益扩大。南京在1923年开始养蜂时,全城不过20箱;到1930年初,城乡内外已有2000箱以上,大小蜂场10余家。

养蜂的关键在于养王。20世纪20年代初,养蜂界重视养王,而卓有成效者为数寥寥。大约在1920年前,张品南就掌握了意蜂的移虫育王技术。他培育的人工蜂王除供本国销售外,每年还返销日本数百只。其次是华绎之。1921年,他又从美国购买意蜂,翌年育成新王180多只,均为意蜂纯种。1928年,华绎之养蜂公司仅春夏两季就育成蜂王600只左右。到20世纪30年代初,育王技术逐渐推广,且日臻完善,因而人工蜂王锐增,大大刺激了近代蜂业的发展。到20世纪30年代中期,李林园养王场每年邮寄到全国各地的蜂王可达1000只以上。

20世纪20～30年代,我国在蜂具的发明和仿制上也取得了重要成就。1926年,黄于固仿制出意大利蜂巢础机,为全国首家;1930年,再创中蜂巢础机;其后还研制成功全套保险巢箱、转地饲育箱等。在蜂具的研制上颇有成效的还有吴小峰。他一生设计了40多种蜂具,主要有防蟾蜍夜袭器、摇蜜机等。此外,徐受谦小型中蜂巢箱、解景戊中蜂巢箱、郦辛农转地饲养箱、张进修式中蜂箱和于博亚高窄式中蜂箱等均在各地推广。

(三)近代蜂业的兴起、失败与停滞

20世纪20年代末至30年代初,新法养蜂进入勃兴时期,其特点是形成了以分蜂贩种为目的的畸形蜂业,最显著的地域是华北。华北的养蜂中心是北平(今北京)。1929年,仅北平附近和保定一带就有蜂16000～17000箱,占全国新法养蜂业的大半。养蜂需要大量蜂种,但供不应求。有的蜂场不惜喂糖分蜂,专营贩种之业。1928年,幼虫病在北平地区地方蜂群中发生。20世纪30～40年代,迅速在华北、华中地区蔓延,吞噬了无数蜂场。加之城市蜂场林立、蜜源紧缺、转地受阻、广大养蜂户缺乏管理意蜂的经验等原因,使华北蜂业乃至全国蜂业遭到连锁性失败。1931～1934年,华北养蜂跌入低谷。与此同时,意蜂和新法养蜂技术却因华北地区蜂业的兴衰而传播到全国。正当全国蜂业开始复苏时,1937年日本帝国主义侵略我国,使刚刚抬头的养蜂生产再次受到毁灭性的打击,无数农村蜂场被捣毁,城市蜜源短缺,转地受阻,蜂业凋敝。江浙养蜂协会战前有百

余场,战时仅存40余场。抗战胜利时,我国养蜂业已濒于破产。我国近代蜂业在连年战争和病害的摧残下,基本处于停滞阶段。至1949年,我国蜂群达50万群(含中蜂、意蜂),年产蜂蜜8000吨。中华人民共和国成立以后,养蜂业才得以蓬勃发展。

第二节　绚丽多彩的蜜蜂文化

蜜蜂的历史文化特色就如同一瓶陈酿的美酒,是经过了漫长的岁月积淀而形成的,也记载了一个事物的发展轨迹,是不可复制的宝贵财富,有着非常大的开发空间。人类在认识蜜蜂、饲养蜜蜂、研究蜜蜂以及利用蜜蜂产品的历史进程中,也形成了丰富多彩的蜜蜂文化,并渗透到人们的衣、食、住、行及文学艺术、宗教、民俗、医药等各个领域,这些都是中华民族优秀文化的组成部分。

一、精神文化

创世神话《最古的时候》是用"先基"(唱歌)的形式流传的史诗,在其中"盘庄稼"一段中唱到"黄石头里面,住着蜜蜂,那一巢蜜蜂啊,是最早盘庄稼的人。世上的人们啊,不会做活计,快去跟蜜蜂学;不会盘庄稼,快去跟蜜蜂学。"说明古先民在认识自然的过程中,也认识了蜜蜂。古代许多著名诗人曾写下优美的诗句来赞美蜜蜂的勤劳。宋代诗人陆游在《见蜂采桧花偶作》中写道:"来禽海棠相续开,轻狂蛱蝶去还来。山蜂却是有风味,偏采桧花供蜜材。"晋代郭璞则在《蜜蜂赋》里描述到:"嗟品物之蠢蠢,惟贞虫之明族,有丛琐之细蜂,亦策名于羽属。"近代文学家鲁迅、高尔基及大数学家华罗庚也写下了对蜜蜂精神及其产品功效予以赞美的诗篇。鲁迅说:"必须如蜜蜂一样,采过许多花,这样才能酿出蜜来。"列宁指出:"蜜蜂终日繁忙,辛勤地往来在蜂巢和蜜粉源之间,是从不浪费点滴时间的劳动者,是可靠的向导。"

二、饮食文化

最早记载蜂蜜、蜂子食用的文献《礼记·内则》中有"枣栗饴蜜以甘之"和"爵鹦蜩范"。爵鹦蜩范所指的"范"可能是蜂的幼虫或蛹。饮用"蜜酒"大约从东周开始,当时还用蜂蜜与稻、黍熬煎成粗粆、粗粆蜜饵等蜂蜜食品。三国时期蜂蜜用于制作清凉饮料和浸渍果品,《三国志·吴志·孙亮传》记载有蜂蜜作蜜饯"使黄门中藏取蜜渍梅"。唐代女皇武则天是一个嗜食花粉者,常年食用"花精糕"。明代《便民图纂》收载了"菊花(花粉)酒"的制法,并指出"一切有香无毒的花粉,仿此用之,皆可。"潘崇陆著的《燕京随时记》中记录的用花粉做的糕点有榆钱糕、玫瑰糕、藤萝花粉饼、九花饼、花糕等。直至近现代,许多学者对蜂蜜、花粉等蜂产品成分及其功能因子进行了深入研究,开发出了名目繁多、品种多样的蜂产品保健食品。

三、医药文化

蜂产品用于人类医疗保健历史悠久。汉代问世的我国最早药典——《神农本草经》收

录了 365 味药材,分为上品、中品、下品三类,将蜂蜜、蒲黄、蜂蜡、蜂子列为上品,并指出:
"蜂蜜味甘、平、无毒,主心腹邪气,诸惊痫痉,安五脏诸不足,益气补中,止痛解毒,除百病,
和药,久服强志轻身,不饥不老,延年。"明代大药学家李时珍著的《本草纲目》中收载的蜂
蜜、蜂蜡、蜂子的词条下,均扩展了治验附方。孙思邈著有的《千金要方》和《千金翼方》的
许多治病良方中对蜂产品也多有应用。蜂针疗法在我国民间流传已久,但古代医书中未
有直接记述。赵学敏的《本草纲目拾遗》中收载了方以智著的《物理小识》所述将蜜蜂器官
作药灸的"药蜂针"配方和效用,是关于蜂针疗法的最早记载。近百年中,由于各国学者的
努力,已形成一支具有独特风格的自立体系。

第三节　历史文人与蜜蜂诗词

　　蜜蜂在大自然中以其轻巧的身材、优美的舞姿、嗡嗡的鸣声,穿梭于五彩斑斓的花海,
使大自然平添生趣。于是,历代的文人墨客用各种美丽的词语、诗句、歌谣、格言赞颂蜜
蜂,成为千古绝唱。

一、李商隐蜜蜂诗词

　　晚唐乃至整个唐代,李商隐是为数不多的刻意追求诗美的作者。李商隐擅长诗歌写
作,其诗构思新奇,风格秾丽,尤其是一些爱情诗和无题诗写得缠绵悱恻,优美动人,广为
传诵。这些诗词有的描写蜜蜂,有的赞美蜂花粉,有的咏叹蜂蜡制成的蜡烛。

(一)描写蜜蜂的诗句

　　赞美蜜蜂辛勤劳动的高尚品格,为酿蜜而劳苦一生,积累甚多而享受甚少,同时借咏
蜂寄寓幕府寂寥、怀想京华之情与远离妻室之恨。

蜂

小苑华池烂熳通,后门前槛思无穷。

宓妃腰细才胜露,赵后身轻欲倚风。

红壁寂寥崖蜜尽,碧帘迢递雾巢空。

青陵粉蝶休离恨,长定相逢二月中。

二月二日

二月二日江上行,

东风日暖闻吹笙。

花须柳眼各无赖,

紫蝶黄蜂俱有情。

(二)赞美蜂花粉的诗句

　　李商隐一生不得志,长期郁郁寡欢。847 年,他身患黄肿和阳痿等病,百药无效,后食
玉米蜂花粉而愈。《古今秘苑》中收载了他介绍玉米蜂花粉的诗句。

无题

栎林蜀黍满山岗,穗条迎风散异香。

借问健身何物好,天心摇落玉花黄。

(三)咏叹蜡烛的诗句

蜂蜡还用以制烛。葛洪的《西京杂记》记载道:"南越王献高帝食蜜五斛,蜜烛两百枚,帝大悦"。陕西乾陵永泰公主墓中有大幅壁画,中有一侍女子持细长之烛,其粗细和烛心与今日石蜡烛相同,而长几倍,颜色黄,据专家考证,为蜂蜡制成无疑。一千多年来,蜡烛一直是不求回报、乐于奉献的崇高精神的象征。

无题·相见时难别亦难

相见时难别亦难,东风无力百花残。

春蚕到死丝方尽,蜡炬成灰泪始干。

晓镜但愁云鬓改,夜吟应觉月光寒。

蓬山此去无多路,青鸟殷勤为探看。

夜雨寄北

君问归期未有期,巴山夜雨涨秋池。

何当共剪西窗烛,却话巴山夜雨时。

二、苏轼、苏辙蜜蜂诗词

苏轼是宋代文学的代表,并在诗、词、散文、书、画等方面取得了很高的成就。苏辙诗词风格淳朴无华。不为人知的是,苏轼、苏辙兄弟俩都还是蜜蜂和蜂蜜的热爱者。

(一)描写收蜜蜂情景的诗句

《收蜜蜂》是苏辙写蜜蜂分蜂后去收蜜蜂的情景,非常翔实,可见人类对蜜蜂的认识和了解已经非常久远了。如果不是细心观察和亲身体验,是不可能写得这么生动形象的。我们敬佩古人早就掌握了蜜蜂分蜂的规律,许多方法现在我们都还在沿用。

收蜜蜂

空中蜂队如车轮,中有王子蜂中尊,

分房减口未有处,野老解与蜂语言,

前人传蜜延客住,后人秉艾催客奔,

布囊包里闹如市,坌入竹屋新且完,

小窗出入旋知路,幽圃首夏花正繁,

相逢处处命俦侣,共入新宅长子孙,

今年活计知尚浅,蜜蜡未暇分主人,

明年少割助和药,惭愧野老知利源。

(二)描写喜食蜂蜜的诗句

精通医术的苏轼喜食蜂蜜,不只为饱口福,品其美味,而为用它养身延年。苏轼在流放黄州和惠州时,曾养过蜜蜂,因而深爱之。仲殊和尚与苏轼的嗜好相同,两人都爱食蜂蜜,因而"蜜"味相投,一见如故,成为好友。仲殊和尚用餐时,喜欢先把素菜浸于蜂蜜中,或以蜂蜜沾菜后才吃,他人都很嫌弃,不愿与仲殊和尚共餐,唯独苏轼与仲殊和尚嗜同味合,一同进食甚欢。

安州老人食蜜歌

安州老人心似铁，老人心肝小儿舌，

不食五谷惟食蜜，笑指蜜蜂作檀越，

蜜中有诗人不知，千花百草争含姿，

老人咀嚼时一吐，还引世间痴小儿，

小儿得诗如得蜜，蜜中有药治百疾，

东坡先生取人廉，几人相欢几人嫌，

恰似饮茶甘苦杂，不如食蜜中边甜，

因君寄与双龙饼，镜空一照双龙影，

三吴六月水如汤，老人心似双龙井。

（三）描写花粉功效的诗句

花粉是昆虫蛋白质的主要来源，蜂蜜与王浆就是用花蜜和花粉制成的。《齐民要术》卷五中有胭脂、香泽、面脂、香粉的制法，其配料中均有花粉。宋代陈敬的《香谱》记载了花液制成的香水："蔷薇水，大食国花露也。今则采茉莉取其液以代焉。"花粉不仅可入药，还可用于美容。

松花歌

一斤松花不可少，八两蒲黄切莫炒，

槐花杏花各五钱，两斤黄蜜一起捣，

吃也好、浴也好，红白容颜直到老。

（四）描写蜜脾的词

苏轼在《木兰花令》词中最后一句的"蜜脾"和现代养蜂中的叫法一样，指蜜蜂以蜂蜡造成片巢房，其形状像"脾"。黄蜂指黄色蜜蜂，应该是避免同一句使用两个蜜字的修辞问题，不是指胡蜂，因为胡蜂不采蜜。

木兰花令

垂柳阴阴日初永，蔗浆酪粉金盘冷。

帘额低垂紫燕忙，蜜脾已满黄蜂静。

高楼睡起翠眉嚬，枕破斜红未肯匀。

玉腕半揎云碧袖，楼前知有断肠人。

三、吴承恩蜜蜂诗词

吴承恩是中国明代杰出的小说家，是《西游记》的作者，但吴承恩写诗作赋的天分更是不错。

咏蜂

穿花度柳飞如箭，粘絮寻香似落星。

小小微躯能负重，器器薄翅会乘风。

诗人的灵感来源于对生活的细致观察。轻巧乘风的小精灵正是蜜蜂，而在吴承恩的心中，仿佛和这大自然的小精灵如至交一般。

四、顾太清蜜蜂诗词

古代的诗词"兴于唐,盛于宋,衰于元明,到了清代又出现一派中兴繁荣景象"。清代关于蜜蜂的诗词作品层出不穷,但在诸家作品中发现有关蜜蜂诗词之多的,莫过于女诗人顾太清。

落花(其一)

乱撒轻红点碧苔,开开落落为谁来。
三春消息劳蜂使,几度摧残怨蝶媒。
好梦不离芳草渡,暗香犹恋避风台。
非关薄幸留遗憾,结子成阴莫慢猜。

——《天游阁集》卷五

枣树

西院阶前多枣树,荔墙掩映绿烟遮。
高枝已结垂垂实,低处犹开琐琐花。
凤子趁晴朝晒粉,蜂儿抱蕊午开衙。
晚来又见云阴合,准拟今宵雨势加。

——《天游阁集》卷五

雨中偶检《清秘阁集》,用苦雨韵

人言夏潦最宜禾,电闪金龙雷震鼍。
野卉短丛纷落瓣,瓦盆积水小生波。
将雏燕乍添新垒,酿蜜蜂频补旧窠。
尽日忘饥观物化,时铿小句学阴何。

——《天游阁集》卷五

迎春乐·乙未新正四日看钊儿采茵蔯

东风近日来多少。早又见、蜂儿了。
纸鸢几朵浮天杪,点染出、晴如扫。
暖处有、星星细草,看群儿、缘阶寻绕。
采采茵蔯茱苴,提个篮儿小。

——《东海渔歌》卷一

鹧鸪天

半夜谈经玉漏迟,生机妙在本无奇。
世人莫恋花香好,花到香浓是谢时,
蜂酿蜜,茧抽丝,功成安得没人知?
华鬘阅尽恒沙劫,雪北香南觅导师。

——《东海渔歌》卷一

风光好·春日

好时光,恁天长。
正月游蜂出蜜房,为人忙。

探春最是沿河好，

烟丝袅。

谁把柔丝染嫩黄，大文章。

——《东海渔歌》卷四

第四节　蜜蜂在当代文化中国的深刻内涵及现实意义

蜜蜂与大自然共存、与花草同生，勤劳采集，生存亿年，繁衍不息，形成了很深很广的蜜蜂文化。蜜蜂是以群体方式生存、生活的。我们之所以称其为"蜜蜂王国"，就是因为蜂群是一个有机整体，法规严明，分工协作，信息灵通，上下统一，蜂王产卵，工蜂劳作，雄蜂交配，各司其职，各有侧重又精诚协作，总是能圆满地完成任务，保证了蜜蜂王国的和谐安定、繁荣昌盛，使蜜蜂王国形成了一个绝对高效的集体，俨然是一个讲民权、重文明的王国社会。

一、蜜蜂当代文化的特征

(一)聪明能干，技艺高超

蜜蜂虽是昆虫，但它们重教、好学，凭借言传身教，能很好地把酿蜜技艺代代相传。它们酿造的蜂蜜，科技含量很高，不仅味道甜美，而且营养丰富，无菌无毒，能长期保存，堪称名牌珍品。蜜蜂在没有一定设备的条件下竟然能把工艺复杂的蜂蜜生产出来，这不能不令人佩服它们的聪明和能干。蜜蜂的好学精神也是令人感动的。酿蜜不是一件简单的事情，既需要原料和辅料，还需要发酵、转化，做到恒温、保湿，可见蜜蜂祖祖辈辈和子子孙孙都是勤学苦钻的博学者。

(二)勤劳敬业，富裕强盛

蜜蜂的勤劳除了牛和马之外其他任何动物都比不上。在百花盛开的时候，它们废寝忘食、早出晚归、不畏艰辛、不辞劳苦，不停地飞来飞去，飞到万花丛中采集花蜜、花粉，然后送回蜂巢进行酿造。酿造 1 kg 蜂蜜，蜜蜂需要采 12 万～15 万朵花的花蜜。而为了采 1 kg 蜜所需的花蜜与花粉，蜜蜂需要飞行 240000～300000 km。可见，它们需历尽千辛万苦才能完成酿蜜工作。所以说，蜜蜂的敬业精神令人钦佩。蜜蜂本来是技艺高超的建筑师，它们蜂巢的科技水平很高，但是它们从来不把筑巢业作为"支柱产业"，它们清醒地认识到，只有制造业(酿蜜)才能支撑起蜜蜂家族的富裕和强盛。蜜蜂有远见卓识，它们知道动物世界竞争十分激烈，谁的制造业占据领先地位谁就主动、就胜利、就强盛；谁落后了，谁就被动、就失败、就挨打。动物世界的竞争在某种意义上讲是争时间。如果用很大的精力、很多的时间以及很多的资金去搞筑巢业，就会耽误支柱产业的发展，其后果是十分严重的。蜜蜂乃是昆虫，它的"支柱产业观"堪称是远谋深虑，比那些目为寸光的高明得多。蜜蜂家族是动物世界的富豪之家，它们酿造的蜂蜜自吃有余还要赠送给人类。

(三)团结勇敢，保卫家园

蜜蜂的团结和勇敢表现在外敌入侵时，它们万众一心，团结一致，显示了齐心合力的团队精神。在抗敌斗争中,每一只蜜蜂都勇敢地冲到前线,绝不退缩。家园安危重于自己的生命,所以它们舍生忘死、视死如归。它们的牺牲精神真是可歌可泣。蜜蜂能够强有力地抵抗外敌有两个很重要的原因:一个是有敢打敢拼、敢于胜利的勇气和决心,另一个是拥有能够战胜敌人的武器。它们的抗敌武器是自己身上的螯针。螯针通常在蜜蜂腹部末端的体腔内,锐利的螯针杆尖端会露在外面,是蜜蜂的自卫器官。当工蜂自卫时,螯针刺入敌体,可以使敌人中毒身亡。莫看蜜蜂体形小,它们有很强的战斗力,很多外敌望而生畏。纵有胆大妄为者,它们在蜜蜂面前也只能以惨败告终。

(四)善良纯朴,重德爱洁

蜜蜂的善表现为不搞以强欺弱,不搞强征暴掠,不搞称王称霸,不搞损人利己,以邻为善,以邻为伴,公平正义,和睦相处。蜜蜂的优秀品质中,最突出的要数良好的生活习惯了。它们的巢穴总是打扫得干干净净。它们采集花粉时,不但不会损坏庄稼和其他植物,而且还会帮助传播花粉,让庄稼和其他植物更好地受粉育果。它们从事酿蜜生产过程中产生的废气、废水、废渣也都处理得无影无踪。可以说,蜜蜂是与大自然和谐相处的环保世家。

二、蜜蜂当代文化的现实意义

蜜蜂文化是一种美德文化,它们把"道德"作为衡量是非的"尺子"。不论是蜂王还是工蜂,其思想意识和言论、行动都要接受"道德"的检验。所以它们虽然富裕强盛却没有特殊阶层,它们分配公平,没有贫富差距,它们走的是共同富裕的道路。有王就有臣,蜂群里有蜂王,当然也就有层层当官的,以管理巢中政事,而一个蜂群能够秩序井然地住在一个巢穴,就在于"德为治巢之本",当官的不敢搞贪腐,因此,蜜蜂社会没有行贿受贿,没有买官卖官,没有官商勾结,没有剥削压迫。长官廉洁,百姓遵纪守法。所以,蜜蜂社会不存在偷、抢、拐、骗和制假贩假,充满着诚信友爱。蜜蜂社会是一个文明、富强、和谐、稳定的社会。蜂文化是美德文化,值得我们为它喝彩,也值得我们学习、借鉴。

第五节　依托载体传承蜜蜂文化

一、发展蜜蜂特色小镇

"特色小镇"这一概念最初产生于浙江省,它是指按创新、协调、绿色、开放、共享发展理念,结合自身特质,找准产业定位,科学进行规划,挖掘产业特色、人文底蕴和生态禀赋,有明确产业定位、文化内涵、旅游特色和一定社区功能,形成"产、城、人、文"四位一体、有机结合的重要功能平台。党的十九大报告提出了农业现代化、适度规模化经营、新型农业,推动农村第一、二、三产业融合发展等方面的乡村振兴战略,并阐述了乡村振兴战略实施的具体方向。特色小镇作为乡村振兴的重要载体,其发展模式为第一、二、三产业的融合发展提供了新的研究方向。以蜜蜂产业为主体,附之以蜜蜂文化宣传、蜜蜂产品体验,拓展蜜蜂产品销售视角,助推乡村旅游发展,打造蜜蜂"特色小镇"(见图16-1)。

图 16-1　浙江省江山市江山镇蜜蜂雕塑

（一）蜜蜂产业和旅游产业双轮驱动发展

蜜蜂特色产业与旅游产业互相促进，相互支撑，共同推进特色小镇的建设，其盈利模式、收入来源、打造方式是产业驱动型、旅游驱动型两种特色小镇的综合体。在双产业驱动型特色小镇发展中，特色产业是以第一产业的蜜蜂养殖和第二产业的蜂产品加工为载体。双产业驱动型产业链的培育不仅需要旅游产业链的建设，配套蜂产品体验馆、蜜蜂科普馆、蜜蜂文化墙等，还需要特色产业的产业链建设，对原有养蜂场地进行扩建，筑建充满"蜂味"的个性化房屋，完善旅游步道（见图 16-2），并通过建立六大服务体系培育完整的旅游产业链，同时立足于蜜蜂特色的产业性质，促进特色产业的产业链建设，不断推进特色产业链与旅游产业链的双驱动和双发展。发挥产业优势，实现纵向和横向维度上的延伸。注重以特色产业本身为出发点，发挥产业的特点优势，在纵向维度上往上向研发延伸，往下向应用营销管理和服务延伸，在横向上与旅游、教育与会议等泛旅游产业广泛融合，实现全产业链集聚。

图 16-2　供游客参观蜂场的步道

（图片由长兴意蜂蜂业科技有限公司提供）

（二）推进蜂产业链条的线上整合与线下整合

在蜜蜂特色小镇的发展中，推进产业链条的线上整合与线下整合。线下整合指依托特色小镇打造实体产业链整合平台，通过对小镇的总体布局，实现产业链线下整合，包括空间上的合理布局、产业的运作分配等。线上整合指依托互联网平台形成产业链整合平台，运用互联网技术实现产业链间产业、资本、信息、资源的互联互通，完善产业链间的对接机制，从而更好地实现蜜蜂特色小镇的合理布局、信息共享。

（三）立足蜂产业链打造蜂产业生态圈的形成

蜜蜂特色小镇产生一个个项目的联结，形成产业链。通过产业链的延伸，完善和整合构建特色小镇建设的面，即打造蜂产业生态圈的形成。蜜蜂产业生态圈即指蜜蜂产业在一定区域内形成的以自身主导产业为核心，通过资源和产业的集聚形成的具有较强市场竞争力的多维度产业网络体系。蜜蜂特色小镇生态圈的形成是促进特色小镇形成的重中之重。确保特色产业在小镇中的主导地位，围绕其来打造完整的产业生态圈来激发小镇的经济，在特色小镇区域内形成产业链、配套链、服务链、延伸链的有机融合，促进产业间的深度融合，从而打造蜂产业生态圈的形成。

二、建设蜜蜂文化园

在实现中国蜂产业化的进程中，通过利用蜂产业内外的力量加快蜜蜂文化产业园区和蜜蜂产业基地的建设，在相关地域建设一批富有特色的蜂业旅游休闲度假胜地，利用实物、图片展示养蜂人古往今来的奇特生活方式和各种蜜源植物的开花泌蜜规律。让更多的人了解蜜蜂世界的神奇趣味,蜂与生物、人类共存的原因以及蜜蜂产品的功效对人类健康的好处,了解古今中外蜜蜂文化的发展历程,提倡"关注蜜蜂,就是关注人类健康"的理念,鼓励人类以行动关爱蜜蜂,给蜜蜂以福利,借以推动养蜂事业的健康发展。建立集蜂蜜生产、蜜蜂知识科普、蜂产品销售于一体的蜜蜂文化园,不仅可促进我国蜂产业的发展,亦有利于我国旅游业的发展。文化园由(蜜粉源)植物园、蜜蜂广场、蜜蜂博物馆、蜜蜂谷、蜜蜂小镇等几个板块组成。蜜蜂文化园可分为蜜蜂养殖区、蜂产品销售区和蜜蜂博物馆三大功能区。园区规划应具有知识性和趣味性,不仅能够让游客品尝到最天然的蜂蜜,更重要的是可以通过蜜蜂博物馆,向游人展示神奇的蜜蜂世界,让游人了解到蜜蜂不仅仅能追花逐蜜,更能给植物授粉,使作物增产提质,改善生态环境。

（一）蜜蜂养殖区（蜜蜂谷）

蜜蜂养殖园区内种植有不同花期、不同颜色的蜜源植物,既可为蜂群提供蜜源,又可美化蜂场环境。养殖蜜蜂时使用不同类型、不同造型的蜂箱,并可在蜂箱上做一些与蜜蜂相关的彩绘,展示蜜蜂饲养过程中形成的蜂箱文化。游客可近距离地了解蜜蜂采蜜酿蜜的过程,还可穿戴蜂衣、蜂帽,亲手体验摇蜜和刮蜡制烛的乐趣。蜂场内还可以摆设蜜蜂的模型(见图16-3),供游人合影留念。在养殖方面可以推陈出新,如推出认养业务,认养期一年,其间由文化园的工作人员代养,认养人可通过手机实时监控,收蜜时可以亲自割蜜或与文化园工作人员合作,让消费者看得清清楚楚、吃得明明白白,也可推出寄养业务。

图16-3　山东日照嗡嗡乐园蜜蜂卡通模型

（二）蜂产品销售区

在蜂产品销售区可将成熟蜂蜜推销给广大游客,扩大销量和知名度(见图16-4)。销售区的货架除了摆放蜂蜜和精深加工蜂产品外(见图16-5),还可以摆放蜜蜂小摆件、小饰品,既有装饰作用,又可进行销售,提高收益。此外,还可以设置蜂蜜饮品区,让游客品尝以蜂蜜为原料制作的各式饮品。蜂蜜是一种天然食品,具有养肺以及润肺的功效。其他食品只要合理搭配蜂蜜,就能够让其自身的营养价值翻倍,如蜂蜜可以和枸杞、雪梨、生姜、金银花、柠檬、牛奶等搭配。合理搭配除了可以使游客了解蜂蜜饮用的多样性外,更重要的是可以产生巨大的经济效益。此外,利用蜜蜂产品可以制作很多用品,如手工皂、唇膏、口红、蜡染布艺等。设置 DIY(自己动手做)区现场制作,可让游客体验动手的乐趣。蜂箱安装、蜂箱彩绘可以和蜜蜂寄养模式结合,用自己安装、绘制的蜂箱寄养蜜蜂,让游客充满期待。

图 16-4　工作人员向游客介绍蜂产品

图 16-5　蜂产品展示

（三）蜜蜂博物馆

蜜蜂博物馆集蜂文化、科普、旅游为一体，所以，它的建筑造型需结合周边的自然环境，体现出蜜蜂文化的内涵，具有较强的视觉感染力（见图16-6）。博物馆的内部设计和布局应立足于大众的消费层次，体现蜜蜂的知识性和趣味性。展出内容包括蜜蜂的起源和化石、养蜂业发展史、蜜蜂与人类文化的渊源、中国的养蜂资源、蜜蜂生物学、养蜂技术、蜜蜂授粉、蜂产品和蜂疗、中国现代养蜂业发展成就和科技成果。通过图片、表格、标本、实物、景观模型、录像播放等手段，以生动直观的形式介绍和展现我国源远流长的养蜂发展历史、蜜蜂的生物学知识、现代养蜂的科学技术和蜂产品市场的繁荣。内部可设置蜜蜂科普区、蜜蜂与环境区、蜜蜂与健康区、蜜蜂体验大厅等。蜜蜂科普区可对蜜蜂的分类、发育、生活、舞蹈语言、巢房等作简单的介绍，让游人对蜜蜂有初步的了解。蜜蜂与环境区展示蜜蜂与各种植物的照片，让游客通过照片清楚地看到蜜蜂的千姿百态，从而对蜜蜂有更加全面、深刻的了解。蜜蜂与健康区可利用实例，向游客介绍蜂产品的医疗保健功效。蜜蜂体验大厅可利用蜜蜂观察箱、多媒体互动体验墙、电子签名屏幕、3D影院等使游客对蜜蜂生活有进一步的了解。游客还可以了解到蜂产品的生产过程、蜜蜂生物学知识，以及现代养蜂科学技术和蜂产品的相关知识。总之，蜜蜂博物馆就是把精彩纷呈的蜜蜂文化呈现给大家，让更多的人认识蜜蜂，了解蜜蜂，呵护蜜蜂。

图16-6 中国蜜蜂博物馆（浙江馆）

三、举办蜂产业博览会和世界蜜蜂日活动

蜜蜂文化是中华文化的重要组成部分,不仅丰富多彩,而且源远流长。弘扬蜜蜂精神,发展蜜蜂文化,是中国蜂业人义不容辞的责任。蜜蜂文化是中国蜂业的灵魂所在,是推动甜蜜事业健康发展的动力和源泉。

(一)蜂产业博览会

通过举办蜂产业博览会,搭建起一个集中展示和交流的平台,使蜂产业从业者和蜜蜂爱好者能够了解蜂产业最新发展动态,增进和蜂业界其他同仁的交流,与养蜂者的交流,与蜂产业企业的交流,与各个地方养蜂学会的交流(见图16-7)。蜂产业博览会参展产品丰富多样,涵盖各类蜂具、蜂产品展示、展销、企业推介,蜂蜜延伸产品展销,蜂业新技术、新产品、新成果推介与展示,以及蜂产品加工设备、蜂日化产品、养蜂资源整合、蜜蜂文化产品等,集中展示当代中国蜂业的最新成果。通过参加蜂产业博览会,可以提升蜂业从业人员的思想境界,拓宽发展思路,从而提升养蜂技术,提高蜂产品质量,全力推进蜂产业转型升级和提质增效。

图16-7 蜂业企业参加山东省畜牧业博览会

(二)世界蜜蜂日主题活动

2015年,斯洛文尼亚政府向联合国正式申请,以该国养蜂先驱安东·扬沙的出生日5月20日作为“世界蜜蜂日”。2017年12月20日,联合国在纽约正式宣布每年5月20日为“世界蜜蜂日”。为响应国际蜂联号召,倡导关爱蜜蜂、保护地球、保护人类健康、传播

蜜蜂文化、弘扬蜜蜂精神、践行生态文明建设和加强国际蜜蜂文化交流并与国际接轨,中国养蜂学会决定将每年5月20日确定为中国"世界蜜蜂日"。人们都说,5月20日是个"甜蜜"的日子,数字谐音同"我爱你"。

1.世界蜜蜂日活动会徽

徽章图形(见图16-8)主体通过球形腹部和心形翅膀的组合演变成"蜜蜂"造型,极具世界蜜蜂日的主题特点。飞翔的心形翅膀象征着关爱、勤劳、积极向上的特性,球形的腹部带有地球世界和通达全球的寓意。此外,"5.20"是世界蜜蜂日的日期,"CBPA"又是中国蜂产品协会的英文缩写,内容丰富。图形选择绿色与橙色,既能体现蜂产业的特色,又能表现欣欣向荣的气氛。从整体上看,形简而意深,饱满而大器,极具时代感,更具传播和识别能力。"团结、协作、无私、勤奋"这一蜜蜂精神通过徽标可以得到更广泛的传播,提醒公众在享用蜜蜂带给人们舌尖上的甜美和身体康健的同时,关注蜜蜂生存现状,关心养蜂者生计,更充分理解蜜蜂之于生态可持续的意义。

图16-8　世界蜜蜂日活动会徽

(图片由中国蜂产品协会提供)

2.世界蜜蜂日活动主题与内容

世界蜜蜂日活动多以"发展蜜蜂产业,共享甜美生活""感恩蜜蜂,与爱同行"为主题。蜜蜂传花授粉,使植物得以繁衍和进化,促进了自然界植物的多样性,所以说,蜜蜂是农作物的"助产师",被称为"农业之翼"。可设立主题为"蜜蜂授粉,自然好味"的创意蜜蜂市集、蜜蜂故事长廊、小蜜蜂儿童创意乐园、蜜蜂授粉产品体验等四大区域,也可根据当地情况增加1～2个特色主题区域。开展购销签约、结对帮扶、蜂产品竞拍、"蜜蜂小天使"评选等活动,举行蜜蜂产业发展培训班专题讲座,通过舞蹈《辛勤的小蜜蜂》表演蜂蜜、蜂王浆的现场采收,举行蜂产品知识有奖竞答等互动活动。设置蜂产品品鉴专区和优秀蜂产品展示展销专区。主会场增加群众歌舞表演等娱乐活动,增加现场人气,邀请主流媒体到场,进行网络直播。各地分会场可组织各蜂产品生产企业把5月20日当天作为产品促销日,在专卖店、超市、网店广泛开展各种形式的产品促销活动,发放中国蜂业协会统一制作的世界蜜蜂日宣传海报和科普资料。各养蜂专业合作社组织养蜂者成员在蜂场等地庆祝世界蜜蜂日,形成蜂场联动。参与世界蜜蜂日主题活动的企业和个人可统一配备印有"世界蜜蜂日"永久徽标的 T 恤衫、海报或彩旗和吉祥物。通过普及和展示蜜蜂王国的生物学特性和蜜蜂为农作物、植物传花授粉以及各种蜂产品的生产过程,向人们宣传蜜蜂不求索取、只求奉献的精神,让蜜蜂精神激励、鼓舞和鞭策人们的日常行为。

四、蜂业组织是蜜蜂文化的实践者和传播者

各种形式的蜂业组织和生产企业是蜂产业文化发展的有生力量和生力军,也是蜜蜂文化的实践者和传播者(见图 16-9)。企业文化是现代企业生存与发展必不可少的重要环节,也是打造企业核心竞争力和建立现代企业制度的重要组成部分。企业文化是企业兴盛的关键,强有力的、适应战略的企业文化能够促进企业持续、健康发展。企业作为重要而有影响力的社会成员,有责任帮助保持和改进社会的种种福利,以期担当社会责任和付出。企业文化建设重在过程,重在使企业倡导的文化落地生根。世界上存活了百年以上的企业在其企业文化中都有一种"勤奋、诚实、协作、奉献"的蜜蜂精神,有着担当、责任和奉献的品质。正是这种蜜蜂精神在企业最困难的时候发挥了超越物质和金钱的巨大作用,帮助企业创造了辉煌。

图 16-9　浙江江山健康蜂业有限公司科普馆

附件一　蜜蜂饲养管理相关标准

ICS 65.140

B 47

NY

中华人民共和国农业行业标准

NY/T 1160—2015
代替 NY/T 1160—2006

蜜蜂饲养技术规范

Technical specification of beekeeping mannagement

2015-05-21 发布
2018-08-01 实施

中华人民共和国农业部　发布

前　言

本标准按照 GB/T 1.1—2009 给出的规则起草。

本标准代替 NY/T 1160—2006《蜜蜂饲养技术规范》，与 NY/T 1160—2006 相比，除编辑性修改外，主要技术性修改内容如下：

——增加蜂种选择相关内容；

——增加了"记录"相关内容；

——删除了强群饲养技术（"双箱体养蜂"和"双王体饲养"）一节，并入增长阶段管理一节；

——修改了术语和定义；

——修改了"蜂场保洁和消毒"和"蜂机具及卫生消毒"内容；

——修改了"蜜蜂病敌害防治"相关内容。

本标准由农业部畜牧业司提出。

本标准由全国畜牧业标准化技术委员会（SAC/TC274）归口。

本标准主要起草单位：中国农业科学院蜜蜂研究所、农业部蜂产品质量检测监督测试中心（北京）。

本标准主要起草人：吴黎明、韩胜明、周婷、石巍、赵静、陈黎红。

本标准的历次版本发布情况为：

——NY/T 1160—2006。

蜜蜂饲养技术规范

1 范围

本标准规定了蜜蜂饲养的养蜂场地、蜂场卫生保洁和消毒、蜂种、饲料、蜂机具及卫生消毒、蜂群饲养管理的常用技术、增长阶段管理、蜂产品生产阶段管理、越夏阶段管理、越冬准备阶段管理、越冬阶段管理、蜜蜂病敌害防治、记录等技术方法。

本标准适用于西方蜜蜂(A*pis mellifera*)的活框饲养

2 规范性引用文件

下列文件对于本文的应用是必不可少的。凡是注日期的引用文件,仅注日期的版本适用于本文件。凡是不注日期的引用文件,其最新版本(包括所有的修改单)适用于本文件。

GB 3095 环境空气质量标准

GB/T 19168 蜜蜂病虫害综合防治规范

NY/T 637 蜂花粉生产技术规范

NY/T 638 蜂王浆生产技术规范

NY/T 639 蜂蜜生产技术规范

NY 5027 无公害食品 畜禽饮用水水质

农业部农医发[2010]41号 蜜蜂检疫规程

农业部公告第193号 食品动物禁用的兽药及其他化合物清单

中华人民共和国国务院令第404号 兽药管理条例

3 术语和定义

下列术语和定义适用于本文件

3.1 蜂群 colony

蜜蜂的社会性群体,是蜜蜂自然生存和人工饲养管理的基本单位。一个自然蜂群通常由1只蜂王、数千至数万只工蜂和数百至上千只雄蜂(季节性出现)组成。

3.2 巢脾 comb

蜂巢的组成部分,是由蜜蜂筑造的、双面布满六角形巢房的蜡质结构,是蜜蜂生活、繁殖、发育和储存食物的场所。

3.3 群势 power of colony

衡量蜂群强弱的主要指标,通常用强、中、弱表示。

3.4 蜂路 bee space

蜂箱内巢脾与巢脾、巢脾与箱壁之间蜜蜂活动的空间。

3.5 蜂脾关系 bee density

蜜蜂在巢脾上附着的密集程度。常用蜂少于脾、蜂脾相称或蜂多于脾来表述。

3.6 蜂脾相称 proportionality between bees and comb

每个巢脾两面均匀又不重叠地附着约2500只工蜂，其间没有空隙。

3.7 主要蜜粉源植物 mian nectar plant，mian pollen plant

数量多、分布广、面积大、花期长、蜜粉丰富，能生产商品蜂蜜或蜂花粉的植物。

3.8 辅助蜜粉源植物 subordinate nectar plant，subordinate pollen plant

能分泌花蜜或产生花粉，并被蜜蜂采集利用，对维持蜜蜂生活和蜂群发展起作用的植物。

3.9 有毒蜜粉源植物 poisonous nectar plant，poisonou pollen plant

产生的花蜜或花粉会造成蜜蜂或人畜中毒的蜜粉源植物。主要有雷公藤(*Tripterygium wilford*)、博落回(*Macleaya cordata*)、狼毒(*Stellera chamaejasme*)、羊踯躅(*Rhondodendrom molle*)、藜芦(*Veratrum nigrum*)、紫金藤(*Tripterygium hypoglaucum*)、苦皮藤(*Celastrus angulatus*)、乌头(*Aconitum carmic haeli*)、断肠草(*Gelsemium elegans*)等。

4 养蜂场地

4.1 蜜粉源植物

4.1.1 距蜂场半径3 km范围内应具备丰富的蜜粉源植物。定地蜂场附近至少要有1种以上主要蜜源植物和种类较多、花期不一的辅助蜜粉源植物。

4.1.2 距蜂场半径5 km范围内有毒蜜粉源植物分布量多的地区，有毒蜜粉源植物开花期，不能放蜂。

4.2 蜂场环境和用水

4.2.1 蜂场周围空气质量符合GB 3095中环境空气质量功能区二类区要求。

中华人民共和国国家标准《环境空气质量标准》(GB 3095—2012)

4 环境空气质量功能区的分类和质量要求

4.1 —环境空气质量功能区分类

环境空气质量功能区分为二类；一类区为自然保护区、风景名胜区和其他需要特殊保护的区域；二类区为居住区、商业交通居民混合区、文化区、工业区和农村地区。

4.2 环境空气质量功能区质量要求

一类区适用一级浓度限值，二类区适用二级浓度限值。一、二类环境空气质量功能区质量要求见表1和表2。

蜂场周围空气质量应符合表1和表2的规定。

表1　环境空气污染物基本项目浓度限值

序号	污染物项目	平均时间	浓度限值		单位
			一级标准	二级标准	
1	二氧化硫 （SO_2）	年平均	20	60	$\mu g/m^3$
		24 h平均	50	150	
		1 h平均	150	500	
2	二氧化氮 （NO_2）	年平均	40	40	
		日平均	80	80	
		1 h平均	200	200	
3	一氧化碳（CO）	24 h平均	4	4	mg/m^3
		1 h平均	10	10	
4	臭氧（O_3）	日最大8 h平均	100	160	$\mu g/m^3$
		1 h平均	160	200	
5	颗粒物(粒径小于等于10 μm)	年平均	40	70	$\mu g/m^3$
		24 h平均	50	150	
6	颗粒物(粒径小于等于2.5 μm)	年平均	15	35	
		24 h平均	35	75	

表2　境空气污染物其他项目浓度限值

序号	污染物项目	平均时间	浓度限值		单位
			一级标准	二级标准	
1	总悬浮颗粒物（TSP）	年平均	80	200	$\mu g/m^3$
		24 h平均	120	300	
2	氮氧化物 （NO_x）	年平均	50	50	
		24 h平均	100	100	
		1 h平均	250	250	
3	铅（Pb）	年平均	0.5	0.5	
		季平均	1	1	
4	苯并芘 （BaP）	年平均	0.001	0.001	
		24 h平均	0.0025	0.0025	

4.2.2　蜂场附近有便于蜜蜂采集的良好水源,水质符合 NY 5027 中幼畜禽的饮用水标准。

中华人民共和国农业行业标准《无公害食品 畜禽饮用水水质》(NY/T 5027—2008)畜禽饮用水水质应符合表 2 的规定。

表 2　畜禽饮用水水质安全指标

项目		标准值	
		畜	禽
感官性状及一般化学指标	色	≤30°	
	浑浊度	≤20°	
	臭和味	不得有异臭异味	
	总硬度(以 $CaCO_3$ 计,mg/L)	≤1500	
	pH	5.5～9.0	6.5～8.5
	溶解性总固体(mg/L)	≤4000	≤2000
	硫酸盐(以 SO_4^{2-} 计,mg/L)	≤500	≤250
细菌学指标	总大肠菌群(MPN/100mL)	成年畜,幼畜和禽	
毒理学指标	氟化物(F 计,mg/L)	≤2.0	≤2.0
	氰化物(mg/L)	≤0.20	≤0.05
	砷(mg/L)	≤0.20	≤0.20
	汞(mg/L)	≤0.01	≤0.001
	铅(mg/L)	≤0.10	≤0.10
	铬(六价)(mg/L)	≤0.10	≤0.05
	镉(mg/L)	≤0.05	≤0.01
	硝酸盐(以 N 计,mg/L)	≤10.0	≤3.0

4.2.3　蜂场场址选择符合 GB/T 19168 3.1 的要求。

5　蜂场的卫生保洁和消毒

按照 GB/T 19168 3.2 和 4.2 的要求执行。

6　蜂种

6.1　选用适合当地环境条件和蜂场生产要求的蜂种。

6.2　不应从疫区引进蜂群、生产用蜂王或输入育王卵虫。

7　饲料

7.1　用蜜脾、分离蜜或优质白砂糖作为蜜蜂的糖饲料;用蜂花粉或花粉代用品作为蜜蜂蛋白质饲料。不明来源的蜂蜜、蜂花粉或未经消毒的蜂花粉不能喂蜂。

7.2　重金属污染、发酵变质的蜂蜜,陈旧、污染、发霉变质的蜂花粉或花粉代用品不能喂蜂。

7.3　不从疫区购买蜂蜜、蜂花粉或其他蜜蜂饲料。

8　蜂机具及卫生消毒

8.1　蜂机具

8.1.1　饲养西方蜂应选用朗氏标准蜂箱或符合当地饲养习惯的各式蜂箱。

8.1.2　蜂箱、隔王板、饲喂器、脱粉器、集胶器、取毒器、台基条、移虫针、取浆器具、起刮刀、蜂扫、幽闭蜂王和脱蜂器具等应无毒、无异味。

8.1.3　割蜜刀和分蜜机使用不锈钢或无毒塑料制成。

8.1.4　蜂产品储存器具应无毒、无害、无污染、无异味。

8.2　蜂机具卫生消毒

按 GB/T 19168 中蜂机具的卫生消毒要求执行。

9　蜂群饲养管理的常用技术

9.1　蜂群排列

9.1.1　蜂箱排列应根据场地的大小和地形地势摆放。蜂箱排列可采用单箱排列、双箱排列、一字形排列、环形排列。

9.1.2　蜂箱放置稳定,左右平衡,后部稍高于前部。

9.1.3　交尾箱巢门互相错开,并使相邻交尾箱前部颜色不同。

9.2　蜂群检查

9.2.1　箱外观察

观察蜜蜂飞翔、巢门前活动、死蜂及蜜粉采集情况,判断蜂群是否中毒,是否有盗蜂、螨害、白垩病、爬蜂综合征、分蜂热,是否失王等。

9.2.2　箱内检查

9.2.2.1　局部检查

选择部分巢脾进行检查。重点检查边脾储蜜情况,中心巢脾卵、虫和病害情况,是否失王和蜂脾关系等。

9.2.2.2　全面检查

逐脾检查。重点了解蜂群的群势、蜂王产卵、子脾、蜜粉储存量、蜂脾关系、健康状况等。

9.3　蜂群饲喂

9.3.1　糖饲料饲喂

9.3.1.1　奖励饲喂

配制蜜水(蜜:水＝2:1)或糖水(糖:水＝1:1),于傍晚饲喂蜂群,视蜂群强弱每次饲喂量 100～500 g,以促进蜂王产卵和调动工蜂工作积极性。

9.3.1.2　补充饲喂

蜂群储蜜不充足时,可把蜜脾添加到边脾与隔板间或隔板外,或用蜜水(蜜：水＝4∶1)或糖水(糖：水＝2∶1),傍晚饲喂蜂群,直至喂足。

9.3.2　蛋白质饲料饲喂

9.3.2.1　加粉脾

直接把花粉脾加在边脾和隔板间。

9.3.2.2　灌脾

用蜜水或糖水拌和蜂花粉或花粉代用品,抹入空巢房内,放入蜂群的隔板内饲喂。

9.3.2.3　框梁饲喂

用蜜水或糖水将花粉或花粉代用品调制成花粉饼,视蜂群强弱每次取 50～100 g 放于上框梁供蜜蜂取食,花粉饼上部用塑料薄膜或蜡纸覆盖。

9.3.3　喂水

可采用巢门喂水、巢内、蜂场饲水器喂水等。在水里添加少许食盐,浓度不超过 0.05％。

9.4　蜂群合并

9.4.1　直接合并

9.4.1.1　早春、晚秋气温较低,蜜蜂活动弱或大流蜜期蜜蜂对群味不太敏感时,可以直接合并蜂群。

9.4.1.2　蜂群直接合并应就近进行,弱群并入强群,无王群并入有王群。

9.4.1.3　被并群若有蜂王,合并前 1 天将蜂王去除。合并前,彻底检查无王群,并清除王台。对失王已久的蜂群,合并前补给失王群 1～2 张幼虫脾,1～2 天后再并入它群。

9.4.2　间接合并

非流蜜期或失王较久,老蜂多、子脾少的蜂群进行合并时,应间接合并蜂群,并对蜂王保护措施。

9.5　分蜂热控制和自然分蜂处理

9.5.1　分蜂热控制

9.5.1.1　及时用优良新蜂王更换老蜂王。

9.5.1.2　蜂群增长阶段,适时加空脾或巢础,及时加继箱,扩大蜂巢。

9.5.1.3　生产蜂王浆。

9.5.1.4　及时取蜜,避免蜜压子脾。

9.5.1.5　抽调有分蜂热蜂群的封盖子脾给弱群或替换弱群中的卵虫脾。

9.5.1.6　每隔 5～9 天检查一次蜂群,毁净自然王台。

9.5.1.7　外界蜜粉源充足时,及时加巢础造脾。

9.5.2　自然分蜂处理

9.5.2.1　自然分蜂刚开始,蜂王尚未飞离蜂巢时,立即关闭巢门,打开蜂箱大盖,从沙盖上向巢内适当喷水。待蜂群安静后,开箱检查,囚闭蜂王,毁净群内自然王台。

9.5.2.2　蜂王已飞出蜂巢,在附近树枝或建筑物上结团时,用收蜂笼或带有少量储蜜的巢脾靠近蜂团,招引蜜蜂爬进蜂笼或蜂脾上。待收到蜂王,将收回的蜜蜂和蜂王置于有巢础框、粉蜜脾的空箱中组成新蜂群;或者临时放在原群边,彻底检查原群,清除王台后并入原群。

9.6 人工分群

9.6.1 单群平分

9.6.1.1 将原群向一侧移动 0.5~1 m,在原位一侧放置一个空蜂箱。

9.6.1.2 从原群中抽出约一半的带幼虫脾、封盖子脾、蜜粉脾,放入空蜂箱中,不要将蜂王带出。子脾放置在蜂巢中心,边脾外加隔板,并将原群剩下的巢脾布置整齐。

9.6.1.3 次日,给新分群诱入一只产卵蜂王。

9.6.2 混合分群

9.6.2.1 从多个蜂群中各抽出 1~2 框带蜂的成熟封盖子脾或蜜粉脾,放置在一空箱中,并抖入一些幼蜂,组成一个新分蜂群。

9.6.2.2 次日,诱入 1 只产卵蜂王。

9.7 诱王诱入

9.7.1 直接诱王

9.7.1.1 当外界蜜源条件较好,蜂群失王不久或新组织蜂群,各龄幼虫正常,幼蜂多、老蜂少,诱入的蜂王产卵力强,可直接将蜂王放入无王群。

9.7.1.2 诱入蜂王前,毁净无王群中的王台。

9.7.2 间接诱王

9.7.2.1 在外界蜜源不足或蜂群失王已久,用间接诱入法给无王群诱王。

9.7.2.2 直接诱入法包括诱入器、纸筒、扣脾等诱入法。

9.8 被围蜂王解救

9.8.1 向围王球上喷以蜜水、清水或烟雾;也可将围王球投入清水中,驱散围住蜂王的工蜂。

9.8.2 利用间接诱入法将被解救出的蜂王诱入蜂群。

9.8.3 如被解救蜂王已伤残,应及时淘汰。

9.9 巢脾修造和保存

9.9.1 巢脾修造

9.9.1.1 使用 24 号~26 号铁丝,拉直拉紧,每个巢框拉 3~4 道,并保持在一个水平面上。

9.9.1.2 将巢础的一边插入巢框上梁内侧的槽沟内,同时将巢础放入拉好线的巢框内,安装牢固、平整。

9.9.1.3 使用埋线器等工具将巢础框上的拉线埋入巢础,保证巢础平整并不破损。

8.9.1.4 巢础框多加在蜜粉脾与子脾之间。在群强蜜粉足、气温较高时,也可将巢础框加在子脾之间。巢础框的数量应根据蜂群群势大小和蜜粉源情况而定。

9.9.2 巢脾保存

9.9.2.1 按蜜脾、粉脾、空脾分类装箱。巢脾须保存在干燥的房间内,堵严蜂箱裂缝。

9.9.2.2 密闭熏杀防治巢虫,熏杀方法参照 GB/T 19168 的规定执行。

9.9.2.3 有条件的蜂场可采用冷冻保存。

9.10　防止盗蜂

9.10.1　盗蜂预防

9.10.1.1　流蜜期结束前,调整或合并弱群,使蜂场内蜂群群势保持平衡。

9.10.1.2　堵严箱缝,缩小巢门。

9.10.1.3　蜂场周围不暴露白糖、蜂蜜、蜂蜡和巢脾等。

9.10.1.4　饲喂蜂群时,不要把糖液滴到箱外。滴到箱外的糖液,要及时用水冲洗或用土掩埋。

9.10.1.5　在蜜源缺乏时,一般不做开箱检查。必要时,在早、晚进行。

9.10.1.6　长年保持箱内有充足的蜜粉饲料。

9.10.1.7　放蜂场地蜂群密度较大时,蜜源开始流蜜后进场,花期结束后及时退场。

9.10.2　制止盗蜂

9.10.2.1　当少数蜂群被盗时,将其巢门缩小到只能容1～2只蜜蜂出入,虚掩被盗群巢门。

9.10.2.2　将被盗群撤离原位,放在阴凉处隐藏,原址放一空蜂箱,内放2～3张空脾。巢门内插一根内经1 cm、长20 cm的细管,外口与巢门平齐,堵严巢门缝隙。

9.10.2.3　2天后将该蜂箱搬走,打开箱盖让蜜蜂飞走,同时把原群搬回原处。

9.10.2.4　全场互盗,立即将整个蜂场迁移到离原场地5 km之外的地方。

9.11　蜂群移动

将蜂群进行数米内的移动。每天清晨或傍晚移动一次,每次前后移位不超过1 m,左右移位不超过0.5 m。

9.12　转地放蜂

9.12.1　调查放蜂目的地的蜜源面积、花期、长势、载蜂量、泌蜜情况和花期的天气情况,确定摆放蜂群的位置等,规划好运输路线。

9.12.2　出省放蜂的蜂场,蜜蜂检疫按照农业部农医发[2010]40号的规定执行。

9.12.3　在转地前1～2天做好蜂群的包装,调整强、弱群间的子脾、蜜脾及群势,并进行巢脾固定和蜂箱装订。

9.12.4　汽车运蜂装车,先装蜜蜂,后装用具;强群放车两侧,弱群放中间,绑扎固定。

9.12.5　火车运蜂,要留好通道,空箱、生活用品、蜂机具装在车厢前部,强群装在通风好的地方,巢门向通道。

9.12.6　转运途中,保持蜂群安静,注意遮阴、通风、喂水、洒水降温。骚动严重的蜂群,打开巢门放走部分老蜂。

9.12.7　到达目的地后,尽快把蜂群搬到放蜂场地排列好,待蜂群安静后打开巢门。傍晚或翌日早晨调节巢门,拆除包装,检查、处理死蜂、无王群和缺蜜群。

10　增长阶段管理

10.1　促进蜜蜂排泄

10.1.1　在当地最早的蜜粉源植物开花前20天左右,选择气温8 ℃以上、晴暖微风的天气,促进蜜蜂出巢飞翔、排泄。

10.1.2　室内越冬的蜂群,搬出越冬室排泄时,放在高燥背风向阳处,单箱排列或双箱排列,预防蜜蜂偏集。排泄后一般不再搬回室内,直接包装保温。

10.1.3 在蜜蜂飞翔排泄时进行箱外观察,及时发现蜂群存在的问题,对不正常的蜂群及时开箱检查处理。

10.2 整理蜂巢

10.2.1 在排泄飞翔后,结合第一次蜂群全面检查进行。

10.2.2 清除蜂箱底部的蜂尸、蜡屑等物。若蜂箱、巢脾被毁坏或受潮霉变,则更换蜂箱、巢脾。

10.2.3 抽出多余巢脾,加入花粉脾,对缺蜜群补充蜜脾,保持蜂多于脾。

10.2.4 对于无王群,视其群势大小,或诱入储备蜂王,或并入有王群。

10.2.5 对于弱群则并入他群,或双群同箱饲养。

10.3 调节巢温

10.3.1 进行箱外保温和箱内保温。箱内保温物随着加脾扩巢逐步撤去。当外界气温稳定在 12 ℃以上时,可逐步撤去包装物。

10.3.2 晴天中午气温高时,将巢门放大;早晚和温度低时缩小巢门。

10.4 治螨防病

10.4.1 在蜂群内无封盖子时治螨。若有少量封盖子,先切开封盖子房盖。

10.4.2 患病蜂群进行隔离治疗或销毁。

10.5 饲喂

10.5.1 保证巢内储蜜充足。对储蜜不足的蜂群进行补助饲喂。

10.5.2 为了促进蜂群恢复和快速增长、造脾等,无论巢内是否有储蜜,均需奖励饲喂。

10.5.3 蜜蜂在外界采水困难时,需给蜂群喂水。

10.5.4 巢内缺粉时,应及时加入花粉脾或补饲蜂花粉或花粉代用品。

10.6 扩大蜂巢

10.6.1 扩大产卵圈

每12天检查一次。当蜂王产卵受到存蜜的限制时,割开蜜房盖。

10.6.2 加脾扩巢

蜂巢内巢脾上的子圈都扩大到巢脾下沿时,适当增加巢脾。

10.6.3 加继箱

10.6.3.1 巢箱子脾满箱后加继箱,从巢箱提出 3～4 张封盖子脾或大幼虫脾及 1 张蜜粉脾放在继箱一侧,外加隔板,其余子脾和蜜粉脾保留在巢箱,并补加 1～2 张空巢脾,在巢箱和继箱之间加隔王板。

10.6.3.2 每 10～12 天调整一次蜂巢,将空脾和正在出房的封盖子脾调到巢箱中供蜂王产卵,将刚封盖的子脾和大幼虫脾调到巢箱中。根据蜂脾关系,适当增减巢脾数量。

10.7 双王同箱

10.7.1 将巢箱用闸板隔成两区,每区各开一巢门,每区各有一只蜂王,形成双王同箱。

10.7.2 两区加满巢脾,蜂量达八成以上,子脾大都封盖时可以加继箱。从每区各提 1～2 张封盖子脾放入继箱中部,子脾两侧各加 1 张蜜脾或灌满糖浆的巢脾,并给巢箱两区分别补入 1～2 张空脾。巢、继箱之间加上隔王板,限制蜂王在巢箱各区中产卵,继箱为生产区。

10.7.3 每5~7天调整一次蜂巢,把巢箱各区的封盖子脾或大幼虫脾调入继箱,继箱中已经或正在出房的巢脾调入巢箱或给巢箱添加空脾。

10.7.4 大流蜜期前2周停止调整蜂群,限制蜂王产卵,集中采蜜。

11 蜂产品生产阶段管理

11.1 蜂蜜的采收阶段管理

按 NY/T 639 的规定执行。

11.2 蜂王浆的采收阶段管理

按 NY/T 638 的规定执行。

11.3 蜂花粉的采收阶段管理

按 NY/T 637 的规定执行。

12 越夏阶段管理

12.1 入夏前,应大量培育适龄越夏蜂。

12.2 将蜂群摆放在树荫下,或在蜂箱上架设凉棚,覆盖草帘,打开通气孔、窗,扩大蜂路、巢门,加脾扩巢,以利于蜂群降温。气温超过 35 ℃时,给蜂群箱内喂水和箱外洒水,为蜂群降温。

12.3 非常炎热的地区,如有条件可把蜂群转移到山区凉爽地带越夏。

12.4 就地越夏蜂群,进入越夏期前,应给蜂群留足饲料蜜。没有自然蜜源,要以优质白砂糖提前喂足。

12.5 防止胡蜂、蟾蜍、大蜡螟、小蜡螟等蜜蜂敌害为害蜂群。

13 越冬准备阶段管理

13.1 最后一个蜜源流蜜期,留足越冬饲料。

13.2 用新蜂王更换老劣蜂王。

13.3 在最后一个蜜源将结束时,调整群势,用强群的蜂和封盖子脾补充弱群,撤出多余巢脾,保持蜂脾相称或蜂略多于脾。

13.4 保持巢内充足的产卵空间和蜜粉饲料,并进行奖励饲喂。若出现严重的粉压子现象,要用脱粉器脱粉。

13.5 注意防止盗蜂,及时捕杀胡蜂等蜜蜂敌害。

13.6 适龄越冬蜂培育前和全部越冬蜂出房后需要彻底治螨。

13.7 停卵日期的确定,要确保最后一批出房的工蜂在入冬前能充分排泄。

13.8 补足越冬饲料。

14 越冬阶段管理

14.1 室外越冬

14.1.1 南方室外越冬的蜂场,选择无蜜粉源、地势高燥、避风、安静、阴冷、避免阳光直射的地方摆放蜂群,避免阳光直射巢门,控制蜜蜂出巢。越冬初期,只需在副盖上加保温物。越冬中、后期,进行巢内保温。

14.1.2 北方室外越冬蜂场,选择地势高燥、背风向阳、安静的场所摆放蜂群。华北地区,用保温物将蜂箱包裹严,留出巢门即可;东北、西北严寒地区,包装时,蜂箱上、下、前、后、左、右分别填充保温物。巢门前放凹型板桥,作为蜜蜂出入巢门。

14.1.3 越冬前期,根据气温变化情况及时调节巢门大小,清理杂物、死蜂等,保持巢门畅通。

14.2 室内越冬

14.2.1 保持越冬室内安静、黑暗、洁净、通风、地面干燥,室内温湿度适宜并相对稳定。

14.2.2 当外界气温基本稳定,白天最高气温下降到 0 ℃以下时,将蜂群搬入越冬室。

14.2.3 越冬蜂群摆放在高 40～50 cm 架子上,可选择 2 排多层或 4 排多层方式摆放蜂群。

14.2.4 2 排摆放时,巢门相对,中间留出通道。4 排蜂箱摆放时,边排蜂箱背靠墙壁,中间蜂箱背靠背,所有蜂箱巢门均朝向通道,每排叠放 3～4 层,强群放在下层,弱群放在中、上层。放蜂密度每立方米不超过 1 箱。待蜂群安静后,打开巢门和气窗。

14.2.5 室内越冬,保证室内黑暗;将温度控制在 0 ℃左右,短时间高温不超过 6 ℃,最低不低于－5 ℃;保持室内相对湿度在 75％～85％之间。

14.2.6 越冬期间,不宜过度保温。

14.3 越冬蜂群管理

14.3.1 每 10～15 天进行一次箱外观察,及时发现和处理越冬蜂群的异常状况。

14.3.2 越冬后期,注意每隔 2～3 周清理一次箱底死蜂。

15 蜜蜂病敌害防治

15.1 蜜蜂病敌害防治以预防为主,主要通过蜂群饲养管理手段和蜂群、蜂场的卫生消毒措施,提高蜂群本身的抵抗力来实现。

15.2 必要时可以用药物进行治疗和消毒,所用的药物在符合 GB/T 19168 要求的条件下,同时符合农业部公告第 193 号等的相关规定。所用药物的标签应符合中华人民共和国国务院令第 404 号的规定。严格执行停药期的规定。

16 花粉、花蜜、化学物质中毒防治

按 GB/T 19168 的规定执行。

17 蜂场记录与建档

17.1 建立并保持记录。

17.2 记录包括以下内容:蜂场基本情况、蜂场场地环境、蜂群养殖基本情况、病虫害防治基本情况、蜂产品采收和储运情况等。参见附录 A。

17.3 记录应真实、清晰。

17.4 养蜂者可以自愿向县级人民政府养蜂主管部门登记备案,免费领取《养蜂证》。养蜂证格式参见附录 B。

附录 A
（资料性附录）
蜂场记录

A.1 蜂场基本情况表

见表 A.1。

表 A.1　蜂场基本情况表

蜂场名称			蜂场所属地	省　　市　　县（区）	
蜂场编号					
负责人		蜂场 规模群	<50□	养蜂员 数量	
身份证号			50~80□		
			80~120□		
联系电话			120□		

饲养蜂种：意大利蜂□ 卡尼鄂拉蜂□ 高加索蜂□ 黑锋□ 本地意蜂□ 浙江浆蜂□ 其他蜂种□
（请注明：）

蜂种来源：购自种蜂场□　来自临近蜂场□　自己繁育□　其他□（请注明：）

蜂场是否 转地	定地□　转地□ 小转地□	蜂场生产 产品类型	蜂蜜□　王浆□　花粉□ 蜂胶□　其他□
蜂场是否参加合作社或为企业的生产基地 （请填写合作社或企业名称）		是□　　　否□	
是否签订相关购货合同		是□　　　否□	
近一年是否参加相关业务培训，参加时间和地点		是□（时间：　　　地点： 组织者：　　　） 否□	
蜂场工作人员是否有健康证		是□　　　否□	

填表人　　　　　　　　　填表日期

A.2 蜂场场地环境情况表

见表 A.2。

表 A. 2　　蜂场场地环境情况表

蜂场地址	市(县、区)		乡	村		
主要蜜源植物			与交通主干道距离		<100 m	□
					100～500 m	□
					>500 m	□
蜜源地是否施用农药,何时施用	开花前 7 天以上	□	施用农药名称			
	开花前 7 天以内	□				
	开花期内	□				
	不施用	□				
蜂场附近水源清洁状况	干净 □ 一般 □ 较差 □ 很差 □	附近是否有化肥厂、农药厂、糖厂	是□ 否□	附近是否有垃圾填埋场等污染源		是□ 否□
其他						

填表人　　　　　　　　　　填表日期

A.3　蜂群养殖基本情况表(一)

见表 A.3。

表 A. 3　　蜂群养殖基本情况表(一)

天气		气温(℃)		地点	
蜜源					
蜂场基本活动记录					

填表人　　　　　　　　　　填表日期

A.4　蜂群养殖基本情况表(二)

见表 A.4。

表 A. 4　　蜂群养殖基本情况表(二)

蜂群和用具消毒日期		常用消毒剂名称、厂家	
蜂群饲喂糖饲料	白砂糖□ 蜂蜜□(是否发酵:是□ 否□) 其他□(请注明:　　　　)	来　源 (请注明厂家名称)	

续表

蜂群和用具消毒日期		常用消毒剂名称、厂家	
蜂群饲喂蛋白饲料	花粉□(是否生虫、霉变:是□ 否□) 花粉代用品□(请注明:)	来源(代用品请注明厂家名称)	
糖饲料储存环境	低温干燥□ 常温干燥□ 常温潮湿□ 低温潮湿□	蛋白饲料储存环境	干燥□ 潮湿□
是否使用添加剂、名称及来源		巢础来源	
		巢础厂家	

填表人 填表日期

A.5 病虫敌害防治基本情况表

见表 A.5。

表 A.5 病虫敌害防治基本情况表

防治日期			
蜂群是否有蜂螨为害	是□ 否□	防治措施	生物防治(断子治螨□ 雄蜂蛹诱集□ 割雄蜂蛹□) 药物防治(喷杀螨剂□ 挂螨扑□ 主要成分:)
螨扑名称、成分及生产厂家		试用于蜂群时间	流蜜期前 4~6 周之前 □ 流蜜期前 4~6 周 □ 流蜜期内 □
杀螨剂名称、成分及生产厂家		最后一次喷洒时间	流蜜前 1 月 □ 流蜜前 15~30 天 □ 流蜜期 7~15 天 □ 流蜜期 0~7 天 □ 流蜜期内 □
蜂群发生过或正在发生何种疾病	白垩病□ 微孢子虫病□ 美洲幼虫腐臭病□ 欧洲幼虫腐臭病□ 囊状幼虫病□ 麻痹病□ 其他疾病□(请注明:)		
防治措施	隔离□ 销毁□ 用药□	药物名称、成分及生产厂家	
施用方式	混入饲料□ 喷洒□ 饲喂器□ 其他□(请注明:)		
蜂场如何预防病虫敌害,请简要说明			

填表人 填表日期

A.6 蜂产品采收和储运情况表

见表 A.6。

表 A.6　蜂产品采收和储运情况表

采蜜日期			
摇蜜机、割蜜刀等工具使用前是否消毒	是□　否□	消毒剂类型及厂家	
大流蜜前是否先摇出含有饲料糖的蜜	是□　否□	含糖蜂蜜和用药蜂群所产蜂蜜是否单独存放	是□　否□
摇蜜机材质	不锈钢□　塑料□ 镀锌板□　其他□ （请注明：）	清洗摇蜜机频度	每次□　每天□ 三天□　每周□ 每个花期□
摇蜜地点	室内□　室外□ 帐篷内□	场所是否预先消毒	是□　否□
储蜜桶	塑料□　不锈钢□ 钢桶□　其他□ （请注明：）	钢桶内附材料	食品级涂料□ 塑料袋□ 其他□　无□
原料蜜含水量	波美度		
蜂蜜采集后多长时间提交		提交日期	
蜂蜜运输方式	蜂场雇车□　企业来车□　其他□		
其他产品采收和储存情况			

填表人　　　　　　　　填表日期

附录 B

（资料性附录）

养蜂证

养蜂证格式见表 B.1。

养蜂证

照　片
（一寸）

发证单位	
编　　号	
发证日期	年　　月　　日
有 效 期	至　年　　月　　日

表 B.1　养蜂证格式

场主姓名		性别	
年龄		民族	
身份证号码			
通信地址			
联系电话			
蜂场名称			
蜂群数量			
辅助人员	姓名	性别	年龄

中华人民共和国国家标准

GB/T 19630.1—2011

有机产品　第 1 部分：生产[①]

1　范围

GB/T 19630 的本部分规定了植物、动物和微生物产品的有机生产通用规范和要求。

本部分适用于有机植物、动物和微生物产品生产、收获和收获后处理包装、储藏和运输。

2　规范性引用文件

下列文件对于本文件的应用是必不可少的。凡是注日期的引用文件，仅注日期的版本适用于本文件。凡是不注日期的引用文件，其最新版本（包括所有的修改单）适用于本文件。

GB 3095　环境空气质量标准

GB 5084　农田灌溉水质标准

GB 5749　生活饮用水卫生标准

GB 9137　保护农作物的大气污染物最高允许浓度

GB 11607　渔业水质标准

GB 15618　土壤环境质量标准

GB 18596　畜禽养殖业污染物排放标准

GB/T 19630.2—2011　有机产品　第 2 部分：加工

GB/T 19630.4—2011　有机产品　第 4 部分：管理体系

3　术语和定义

下列术语和定义适用于本文件。

3.1　有机农业　organic agriculture

遵照特定的有机农业生产原则，在生产中不采用基因工程获得的生物及其产物，不使用化学合成的农药、化肥、生长调节剂、饲料添加剂等物质，遵循自然规律和生态学原理，协调种植业和养殖业的平衡，采用一系列可持续发展的农业技术以维持持续稳定的农业生产体系的一种农业生产方式。

3.2　有机产品　organic product

按照本标准生产、加工、销售的供人类消费、动物食用的产品。

3.3　常规　conventional

生产体系及其产品未按照本标准实施管理的。

---

① 作者注：本标准已废止，但没有出台新标准，所以可做参考。

3.4 转换期 conversion

从按照本标准开始管理至生产单元和产品获得有机认证之间的时段。

3.5 平行生产 parallel production

在同一生产单元中,同时生产相同或难以区分的有机、有机转换或常规产品的情况。

3.6 缓冲带 buffer zone

在有机和常规地块之间有目的设置的、可明确界定的用来限制或阻挡邻近田块的禁用物质漂移的过渡区域。

3.7 投入品 input

在有机生产过程中采用的所有物质或材料。

3.8 养殖期 animal life cycle

从动物出生到作为有机产品销售的时间段。

3.9 顺势治疗 homeopathic treatment

一种疾病治疗体系,通过将某种物质系列稀释后使用来治疗疾病,而这种物质若未经稀释在健康动物上大量使用时能引起类似于所欲治疗疾病的症状。

3.10 植物繁殖材料 propagating mateyial

在植物生长或繁殖中使用的除一年生植物的种苗以外的植物或植物组织,包括但不限于根茎、芽、叶、插扦苗、根、块茎。

3.11 生物多样性 biological diversity

地球上生命形式和生态系统类型的多样性,包括基因的多样性、物种的多样性和生态系统的多样性。

3.12 基因工程技术 genetic engineering

转基因技术 genetic modification

通过自然发生的交配与自然重组以外的方式对遗传材料进行改变的技术,包括但不限于重组脱氧核糖核酸、细胞融合、微注射于宏注射、封装、基因删除和基因加倍。

3.13 基因工程生物 genetically engineered organism

转基因生物 genetically modified organism

通过基因工程技术/转基因技术改变了其基因的植物、动物、微生物,不包括接合生殖、转导与杂交等技术得到的生物体。

3.14 辐射 irradiation;ionizing radiation

放射性核素高能量的放射,能改变食品分子结构,以控制食品中的微生物、病菌、寄生虫和害虫,达到保存食品或抑制诸如发芽或成熟等生理过程。

……

10 蜜蜂和蜂产品

10.1 转换期

10.1.1 蜜蜂养殖至少应经过 12 个月的转换期。

10.1.2 处于转换期的养蜂场,如果不能从市场或者其他途径获得有机蜂蜡加工的巢础,经批准可使用常规的蜂蜡加工的巢础,但应在 12 个月内更换所有的巢础,若不更换,则认证机构可以决定延长转换期。

10.2　蜜蜂引入

10.2.1　为了蜂群的更新,有机生产单元可以每年引入 10% 的非有机的蜂王和蜂群,但放置蜂王和蜂群的蜂箱中的巢脾或巢础应来自有机生产单元。在这种情况下,可以不经过转换期。

10.2.2　由健康问题或灾难性事件引起蜜蜂大量死亡,且无法获得有机蜂群时,可以利用非有机来源的蜜蜂补充蜂群,且应满足 10.1 的要求。

10.3　采蜜范围

10.3.1　养蜂场应设在有机农业生产区内或设在至少 36 个月未使用过禁用物质的区域内。

10.3.2　在生产季节里,距蜂场半径 3 km 范围(采蜜半径)内应有充足的蜜源植物,包括有机生产的作物、自然植被或环境友好方式种植的作物,以及清洁的水源。

10.3.3　蜂箱半径 3 km 范围内不应有任何可能影响蜂群健康的污染源,包括使用过禁用物质的花期的作物、花期的转基因作物、高尔夫球场、垃圾场、大型居民点、繁忙路段等。

10.3.4　当蜜蜂在天然(野生)区域放养时,应考虑对当地昆虫种群的影响。

10.3.5　应明确划定蜂箱放置区域和采蜜范围。

10.4　蜜蜂的饲喂

10.4.1　采蜜期结束时,蜂巢内应存留足够的蜂蜜和花粉,以备蜜蜂过冬。

10.4.2　非采蜜季节,应为蜜蜂提供充足的有机蜂蜜和花粉。

10.4.3　在蜂群由于气候条件或者其他特殊情况缺失蜂蜜面临饥饿时,可以进行蜜蜂的人工饲喂,但只能在最后一次采蜜期和在下一次流蜜期开始前 15 天之间进行。如果能够得到有机蜂蜜或有机糖浆,应饲喂有机生产的蜂蜜或糖浆。如果在无法获得有机蜂蜜或有机糖浆,经认证机构许可可以在规定的时间内饲喂常规蜂蜜或糖浆。

10.5　疾病和有害生物防治

10.5.1　应主要通过蜂箱卫生和管理来保证蜂群健康和生存条件,以预防寄生螨及其他病虫害的发生。具体措施包括:

(a)选择适合当地条件的健壮蜂群,淘汰脆弱蜂群;

(b)采取适当措施培育和筛选抗病和抗寄生虫的蜂王;

(c)定期对设施进行清洗和消毒;

(d)定期更换巢脾;

(e)在蜂箱内保留足够的花粉和蜂蜜;

(f)蜂箱应逐个标号,以便于识别,而且应定期检查蜂群。

10.5.2　在已发生疾病的情况下,应优先采用植物或植物源制剂治疗或顺势疗法;不得在流蜜期之前 30 天内使用植物或植物源制剂进行治疗,也不得在继箱位于蜂箱上时使用。

10.5.3　在植物或植物源制剂治疗和顺势疗法无法控制疾病的情况下,可使用表 B.3 中的物质控制病害并可用表 B.3 中的物质对蜂箱或养蜂工具进行消毒。

10.5.4　应将有患病蜜蜂的蜂箱放置到远离健康蜂箱的医治区或隔离区。

10.5.5　应销毁受疾病严重感染的蜜蜂生活过的蜂箱及材料；

10.5.6　不应使用抗生素或其他未列入表 B.3 中的物质，但当整个蜂群的健康受到威胁时例外。经过处理后的蜂箱应立即从有机生产中撤出并并作标识，同时应重新经过 12 个月的转换期，当年的蜂产品也不能被认证为有机产品。

10.5.7　只有在被螨虫感染时，才允许杀死雄蜂群。

10.6　蜂王和蜂群的饲养

10.6.1　鼓励交叉繁育不同种类的蜂群。

10.6.2　可进行选育，但不应对蜂王人工授精。

10.6.3　可为了替换蜂王而杀死老龄蜂王，但不应剪翅。

10.6.4　不应在秋天捕杀蜂群。

10.7　蜂蜡和蜂箱

10.7.1　蜂蜡应来自有机养蜂的生产单元。

10.7.2　加工的蜂蜡应能确保供应有机养蜂场的巢础。

10.7.3　在新组建蜂群或转换期蜂群中可以使用非有机的蜂蜡，但是应满足以下条件：

（a）无法从市场上获得有机蜂蜡；

（b）有证据证明常规蜂蜡未受有机生产中禁用物质的污染；并且来源与蜂盖蜡。

10.7.4　不应使用来源不明的蜂蜡。

10.7.5　蜂箱应用天然材料（如未经化学处理的木材等）或涂有有机蜂蜡的塑料制成，不应用木材防腐剂及其他禁用物质处理过的木料来制作和维护蜂箱。

10.7.6　蜂箱表面不应使用含铅油漆。

10.8　蜂产品收获与处理

10.8.1　蜂箱管理和蜂蜜收获方法应以保护蜂群和维持蜂群为目标；不应为提高产量而杀死蜂群或破坏蜂蛹。

10.8.2　在蜂蜜提取操作中不应使用化学驱避剂。

10.8.3　不应收获未成熟蜜。

10.8.4　在去除蜂蜜中的杂质时，加热温度不得超过 47 ℃，应尽量缩短加热过程。

10.8.5　不应从正在进行孵化的巢脾中摇取蜂蜜（中蜂除外）。

10.8.6　应尽量采用机械性蜂房脱盖，避免采用加热性蜂房脱盖。

10.8.7　应通过重力作用使蜂蜜中的杂质沉淀出来，如果使用细网过滤器，其孔径应大于等于 0.2 mm。

10.8.8　接触蜂蜜的所有材料表面应当是不锈钢或涂有有机蜂蜡。

10.8.9　盛有蜂蜜容器的表面应使用食品和饮料包装中许可的涂料涂刷，并用有机蜂蜡覆盖。不应使蜜蜂接触电镀的金属容器或表面已氧化的金属容器。

10.8.10　防止蜂蜜进入蜂蜜提取设施。

10.8.11　提取设施应当每天用热水清洗以保持清洁。

10.8.12　不应使用氰化物等化学合成物质作为熏蒸剂。

10.9　蜂产品储存

10.9.1　成品蜂蜜应密封包装并在稳定的温度下储存,以避免蜂蜜变质。

10.9.2　提蜜和储存蜂蜜的场所,应防止虫害和鼠类多的入侵。

10.9.3　不应对储存的蜂蜜和蜂产品使用萘等化学合成物质来控制蜡螟等害虫。

表 B.3　蜜蜂养殖允许使用的疾病和有害生物控制物质

名称	使用条件
甲酸(蚁酸)	控制寄生螨。这种物质可以在该季最后一次蜂蜜收获之后并且在添加贮蜜燃箱之前 30 天停止使用
乳酸、醋酸、草酸	控制病虫害
薄荷醇	控制蜜蜂呼吸道寄生螨
天然香精油(麝香草酚、桉油糟或樟脑)	驱避剂
氢氧化钠	控制病害
氢氧化钾	控制病害
氯化钠	控制病害
草木灰	控制病害
氢氧化钙	控制病害
硫黄	仅限于蜂箱和巢脾的消毒
苏云金杆菌	非转基因
漂白剂(次氯酸钙、二氧化氯或次氯酸钠)	养蜂工具消毒
蒸汽和火焰	蜂箱的消毒
琼脂	仅限水提取的
杀鼠剂(维生素 D)	用于控割鼠害,以对蜜蜂和蜂产品安全的方式使用

附件二　蜜蜂授粉规程

农业部关于加快蜜蜂授粉技术推广
促进养蜂业持续健康发展的意见
农牧发〔2010〕5号

各省、自治区、直辖市及计划单列市农业（农牧、畜牧兽医）厅（局、委、办），新疆生产建设兵团农业局，黑龙江农垦总局：

我国是世界养蜂大国，蜂群数量和蜂产品产量多年来一直稳居世界首位。养蜂业发展对于满足蜂产品市场需求、促进农民增收、提高农作物产量和维护生态平衡做出了重要贡献。但我国养蜂业可持续发展的根基还不稳固，标准化规模生产水平不高，组织化程度很低，一些养蜂者的合法权益得不到保障，特别是蜜蜂授粉促进农作物增产观念还没有深入人心，养蜂对农作物增产应有的功效远未发挥，与世界养蜂业发达国家尚有较大的差距。为深入贯彻落实科学发展观，进一步转变养蜂业发展方式，着力强化蜜蜂授粉的产业功能，夯实产业发展基础，提高综合效益，保障蜂产品质量安全，推动养蜂业持续健康发展，提出如下意见：

一、深刻认识养蜂业的重要地位和作用

养蜂业是现代农业的重要组成部分，是维持生态平衡不可缺少的链环，是一项利国利民的事业。发展养蜂业，不仅能够提供大量营养丰富、滋补保健的蜂产品，增加农民收入，促进人民身体健康，而且对提高农作物产量、改善产品品质和维护生态平衡具有十分重要的作用。

（一）发展养蜂业是促进农作物增产的重要手段

实践证明，利用蜜蜂授粉可使水稻增产5％，棉花增产12％，油菜增产18％，部分果蔬作物产量成倍增长，同时还能有效提高农产品的品质，并将大幅减少化学坐果激素的使用。蜜蜂授粉是一项很好的农业增产提质措施，每年我国蜜蜂授粉促进农作物增产产值超过500亿元。按蜜蜂为水果、设施蔬菜授粉率提高到30％测算，全国新增经济效益可达160多亿元，蜜蜂为农作物授粉增产的潜力很大。

（二）发展养蜂业是增加农民收入的有效途径

2008年全国蜂群数量820万群，蜂蜜产量超过40万吨，养蜂业总产值达40多亿元。发展养蜂不与种植业争地、争肥、争水，也不与养殖业争饲料，具有投资小、见效快、用工

省、无污染、回报率高的特点,按照一个家庭蜂场饲养 100 群蜂,正常年份每群蜂纯收入 300 元计算,每户养蜂年收益可达 3 万元,带动农民增收效果显著。充分挖掘养蜂业的自身优势,推进标准化、规模化饲养,有助于促进农民持续增收。

(三)发展养蜂业是满足蜂产品市场需求的重要保障

2008 年全国人均蜂产品消费量仅 0.3 kg,部分城市居民和大多数农村居民基本上还没有消费蜂产品。随着人民生活水平的提高和对蜂产品保健功效认识的不断加深,蜂产品消费量将持续增长,对蜂产品质量安全要求也越来越高。只有推动养蜂业持续健康发展,加大政策扶持和生产监管力度,才能稳步增加蜂产品产量,丰富蜂产品花色品种,提升蜂产品质量安全水平,满足日益增长的市场消费需求。

(四)发展养蜂业是保护生态环境的重要举措

蜜蜂授粉对于保护植物的多样性和改善生态环境有着不可替代的重要作用。世界上已知有 16 万种由昆虫授粉的显花植物,其中依靠蜜蜂授粉的占 85%。蜜蜂授粉能够帮助植物顺利繁育,增加种子数量和活力,从而修复植被,改善生态环境。受经济发展和自然环境变化的影响,自然界中野生授粉昆虫数量大量减少,蜜蜂授粉对保护生态环境的重要作用更加凸显。

二、明确促进养蜂业发展的指导思想、原则和目标

(一)指导思想

全面贯彻落实科学发展观,坚持发展养蜂生产和推进农作物授粉并举,加快推动蜜蜂授粉产业发展;以市场为导向,加强扶持,着力改善养蜂业发展的内外部环境;转变养蜂业生产方式,大力推进养蜂业标准化、规模化、优质化和产业化建设,稳步提高蜂产品质量安全水平,积极促进农业增效和农民增收,努力实现养蜂业持续稳定健康发展。

(二)基本原则

坚持统筹协调,统筹国内、国际两个市场,推动发展养蜂生产和促进农业增产、保护生态的良性互动,强化养蜂为农作物授粉增产的功能。坚持市场导向,充分发挥市场机制配置资源的基础性作用;加大政策扶持,强化行业发展的指导与管理,健全相关法规与标准,营造养蜂业发展良好的外部环境。坚持质量至上,推广先进适用饲养技术,严格兽药等投入品使用监督管理,落实各环节的质量责任制度,提高蜂产品质量安全水平。

(三)发展目标

到 2015 年,全国养蜂数量达到 1000 万群,全国蜂产品产量达到 50 万吨;蜜蜂为农作物授粉增产的配套技术得到普及,形成一批专业化的授粉蜂场,初步实现蜜蜂授粉产业化;生产方式转变取得显著进展,规模化养蜂场(户)和专业合作组织饲养比重由目前的不足 40% 提高到 70%,生产设施化和蜂产品质量安全水平大幅提高,产业化加快发展,养蜂业可持续发展能力进一步增强。

三、普及推广蜜蜂授粉促进农作物增产技术

(一)强化蜜蜂授粉的科学研究

支持开展授粉蜜蜂饲养管理技术、蜂种培育、病虫害防治、授粉机具等方面的研究。

加大蜜蜂授粉的生态效应评价和对农作物增产的机理研究力度,挖掘对主要粮食和经济作物的增产潜力。

(二)大力推广普及蜜蜂授粉技术

选择油菜、棉花、苹果、向日葵、草莓、西瓜、柑橘、枣等蜜蜂授粉增产提质作用明显的农作物品种,推广蜜蜂授粉技术。加强蜜蜂授粉技术的集成与示范,在蜜蜂授粉主要区域,将蜜蜂授粉技术列入农技推广示范的主推技术,加快普及应用步伐。建设一批蜜蜂授粉示范基地,普及授粉蜜蜂饲养技术,探索建立蜜蜂有偿授粉机制。

(三)加快普及绿色植保技术

制定并实施农作物花期农药使用规范,最大限度地减少蜜蜂农药中毒现象的发生。在蜜蜂放养区域特别是授粉关键季节,改进传统的农作物病虫害防控方式,尽量避免花期喷施农药,加大生物防治、生态控制、安全用药等绿色植保技术的推广普及力度,通过对农药的减量替代和使用控制,减轻其对蜜蜂的伤害。

(四)加大蜜蜂授粉技术的宣传

大力宣传蜜蜂授粉对农作物增产和促进生态农业发展的意义与作用,大力宣传各地推行蜜蜂授粉的成功经验和典型事例,使蜜蜂授粉技术的经济和生态效益为社会所认同,营造推广蜜蜂授粉技术的良好社会氛围。

四、推动蜂产品生产健康发展

(一)优化养蜂业区域布局

要根据区域蜜源植物、蜜蜂饲养、蜂产品加工等条件,明确区域功能定位,充分发挥资源优势、形成各具特色的养蜂业发展区域。东中部地区要利用资金、技术优势,加大科研推广力度,建立一批蜂产品标准化生产基地和优质蜂产品出口生产基地。西部地区要充分发挥蜜源植物丰富的区位优势,增加蜜蜂饲养数量,提高规模化水平,发展特色蜂产品。

(二)完善蜜蜂良种繁育体系

通过畜禽良种工程等项目,加大蜜蜂良种繁育体系的建设的扶持力度,建设蜜蜂育种中心和一批蜜蜂资源场、种蜂场、基因库,满足蜜蜂资源保护以及生产发展的需要。保护和利用好中华蜜蜂资源,严格蜜蜂资源进出口管理。加强省级以上蜜蜂遗传资源保护区、保种场的管理,禁止外来蜂场进入放蜂。加快蜂种种质监督检验测试站建设,强化种蜂质量检测能力。建设蜜蜂良种数据库和信息交流平台,收集、分析、发布全国优良蜂种信息,鼓励推广优良种蜂。

(三)转变养蜂生产方式

制定推广蜜蜂饲养管理相关标准,积极推广规模化、养强群,生产成熟蜜的先进技术。支持建设一批规模化成熟蜜、蜂王浆等优质蜂产品的生产示范基地,建立养蜂日志,健全养殖档案,规范兽药等投入品的使用,实行质量可追溯体系,提高蜂产品质量安全水平。积极推行定地结合小转地放蜂。引导转地放蜂蜂场科学利用蜜源场地,蜂场之间保持适当的距离。鼓励企业、行业协会(学会)、科研院所和大专院校加大养蜂生产技术推广力度,重点对基地、蜂农合作社、大型养蜂场生产人员的培训。

（四）做好蜜蜂疫病防控

强化蜜蜂疫病防控工作，做到种蜂无主要疫病，从源头上提高蜜蜂健康水平。研制推广一批安全有效、低残留的抗菌类蜂用兽药。进一步加强蜂用兽药生产、销售、使用等管理。严禁在蜜蜂巢础生产过程中添加任何药物。研究推广蜂病现场快速诊断技术，提高蜜蜂疾病的诊断准确率。规范蜜蜂检疫行为。强化蜂场日常卫生和蜂群保健，加强蜜蜂蜂螨、白垩病、孢子虫病等为害严重疫病的防控。

（五）构建质量检测和标准体系

继续加强部级和区域蜂产品质量监督检验测试中心建设，完善质量检测体系运行机制，提高检测能力。鼓励加工企业和合作组织加强蜂产品质量检测能力建设。开展蜂产品质量安全监控与风险评估，实施例行检测、应急检测和风险评估，及时把握我国蜂产品质量安全现状。修订蜜蜂饲养、蜂病防治、蜂产品生产、蜂产品质量与检测、蜜蜂授粉等标准，建立健全蜂业标准体系。

五、加强对养蜂业发展的组织领导

（一）强化对养蜂业发展的指导和管理

各级农牧部门要把促进养蜂业生产发展列入重要的议事日程，制定养蜂业发展规划，健全工作机制，认真组织实施。要加强行业监管，充实养蜂管理人员队伍，重点养蜂区域要有专门人员负责（其他地区要有兼职人员负责），做到层层有人抓、有制度管、有经费推，及时处理养蜂业发展中遇到的突出问题。要密切关注养蜂业发展过程中出现的新情况、新问题，及时采取应对措施，推进养蜂业持续健康发展。

（二）切实保护养蜂者的合法权益

指导和培育养蜂专业合作组织，充分发挥其开展饲养管理技术培训、推进产销衔接、维护养蜂者合法权益、加强行业自律等方面的重要作用。逐步推行蜂产品优质优价，完善企业与养殖者的利益联结机制。在转地放蜂集中地区，会同有关部门，妥善解决治安、收费、蜂产品销售、蜜蜂农药中毒、人蜂安全等问题，切实保护养蜂者的权益。积极支持建立养蜂业风险救助金制度，不断增强养蜂者抵御风险灾害能力。

（三）加强多部门协调配合

养蜂业的发展需要多部门加强配合、形成合力。坚持蜂产品生产与农作物授粉相结合，大力推广蜜蜂饲养技术、授粉技术，加大蜜源植物的保护和利用力度。各级农业、畜牧兽医等相关部门要密切配合、通力合作，发挥各自优势和作用，联合科研院所、大专院校、行业协会（学会）和企业等方面力量，共同促进养蜂业持续健康发展。

二〇一〇年二月二十六日

农业部办公厅关于印发《蜜蜂授粉技术规程(试行)》的通知

农办牧〔2010〕8号

各省、自治区、直辖市及计划单列市农业（农牧、畜牧兽医）厅（局、委、办），新疆生产建设兵团农业局、黑龙江农垦总局：

使用蜜蜂为农作物授粉技术是一项行之有效的农业增产提质措施。为进一步推广蜜蜂授粉技术,转变养蜂业生产方式,提高农作物产量和品质,农业部组织制定了《蜜蜂授粉技术规程(试行)》。现印发给你们,请各地结合生产实际,参照执行,并及时向农业部畜牧业司和种植业司反馈执行过程中遇到的实际问题。

二〇一〇年二月二十一日

蜜蜂授粉技术规程(试行)

蜜蜂是开花植物的主要授粉昆虫。蜜蜂授粉是指以蜜蜂为媒介传播花粉,使植物实现授粉受精的过程。蜜蜂授粉技术是农业生产的重要配套措施之一。本规程规定了有关授粉蜂群的准备、大田作物授粉技术和设施作物授粉技术的操作程序和管理要求等。

1 授粉蜂群的准备

1.1 蜂种

1.1.1 蜜蜂

主要为意大利蜜蜂和中华蜜蜂,适合为果树、蔬菜、油料、瓜类、牧草等植物授粉。

1.1.2 熊蜂

主要有小峰熊蜂、密林熊蜂、红光熊蜂、明亮熊蜂和欧洲熊蜂等,适合为茄果类蔬菜、瓜类和果树类等设施作物授粉。

1.1.3 切叶蜂

主要有苜蓿切叶蜂,适合为苜蓿等牧草类作物授粉。

1.1.4 壁蜂

主要有凹唇壁蜂等,适合为早春果树授粉。

1.2 蜂群获得

1.2.1 租赁

种植园(户)与养蜂场(或授粉公司)签订授粉租赁合同,租赁蜂群进行授粉活动。租赁合同中应明确付款方式、授粉蜂群的数量和质量、蜂群进场时间、种植园(户)的饲喂方法和用药管理等事项,以维护双方权益。

1.2.2 购买

种植园(户)购买蜂群自行授粉时,应挑选性情温顺、采集力强、蜂王健壮、无白垩病、蜂螨和爬蜂等病症的强群。

1.3 运输

运输蜂群时,要注意如下事项:

汽车等运输工具清洁无农药污染;

蜂群饲料充足,长距离运蜂在装车前 2 h,每个蜂群加 1 张水脾;

固定巢脾及蜂箱,防止运输过程中挤压蜜蜂;

调整好巢门方向(关门运蜂方式巢门朝前,开门运蜂方式巢门横向朝外);

合理安排运蜂时间,开巢门运蜂,应在傍晚蜜蜂归巢后进行启运;关巢门运蜂,装车后立即起运。运蜂车应在夜晚行驶,宜在第 2 天中午前到达,并及时卸下蜂群。长途运输第 2 天不能到达时,应在上午 10 点以前把蜂车停在阴凉处,停车(或卸车)放蜂,傍晚再继续运输。

2　大田作物蜜蜂授粉技术

2.1　蜂群配置

2.1.1　进场时间

根据不同植物的流蜜情况,具体决定蜂群进场时间。对于荔枝、龙眼、向日葵、荞麦、油菜等蜜粉丰富的植物,可提前两天把蜜蜂运到场地;对于梨树等泌蜜量少的植物,应等植株开花 25% 左右时再把蜂群运到场地;对于紫花苜蓿,可在开花 10% 左右时运进一半的授粉蜂群,7 天后再运进另一半;桃、杏、甜樱桃等花期较短的植物则应在初花期就把蜂群送到授粉场地。

2.1.2　蜂群数量

蜂群数量取决于蜂群的群势、授粉作物的面积与布局、植株花朵数量和长势等。一个 15 框蜂的蜜蜂强群可承担连片分布的授粉作物的面积如下:油菜 2000~4000 m^2(3~6 亩)、荞麦 4000~6000 m^2(6~9 亩)、向日葵 6666.7~10000 m^2(10~15 亩)、棉花 6666.7~10000 m^2(10~15 亩)、紫云英 2000~3333.5 m^2(3~5 亩)、苕子 2000~3333.5 m^2(3~5 亩)、牧草类 4000~5333.6 m^2(6~8 亩)、瓜果蔬菜类 4667~6666.7 m^2(7~10 亩)、果树类 3333.5~4000 m^2(5~6 亩)。在早春时,因蜂群正处于繁殖阶段,群势相对较弱,每群蜂所能承担授粉的面积相对较小,应适当增加授粉蜂群数量。

2.1.3　蜂群摆放

授粉蜜蜂进入场地后,蜂群摆放应遵循如下原则:如果授粉作物面积不大,蜂群可布置在田地的任何一边;如果面积在 46.7 hm^2(700 亩)以上,或地块长度达 2 km 以上,则应将蜂群布置在地块的中央,减少蜜蜂飞行半径。授粉蜂群一般以 10~20 群为一组,分组摆放,并使相邻组的蜜蜂采集范围相互重叠。

2.2　蜂群管理

2.2.1　早春保温

早春气温低,蜂群群势弱,放蜂地应选在避风向阳处,采取蜂多于脾和增加保温物的方法来加强保温。

2.2.2　保持强群

给早春油菜、梨、苹果等植物授粉时,要组织强群,以便在较低温度下可以正常开展授粉活动。

2.2.3　及时采收花粉

对花粉丰富的植物,应及时采收花粉,提高蜜蜂访花的积极性。

2.2.4　蜂群饲喂

蜜蜂授粉期间主要饲喂花粉、糖浆和水,饲喂种类和数量应视授粉作物蜜粉的情况而定。对于油菜、芝麻、柑橘、荔枝、龙眼、荞麦、向日葵、棉花、西瓜、杏、梨、苹果、枇杷、山楂以及牧草等蜜粉较为丰富的作物,在蜜蜂授粉期间,保证干净的饮水供应即可;对于枣树等少数缺粉的作物,应饲喂花粉,以补充蛋白质饲料;对玉米、水稻等有粉无蜜的作物,则应适当饲喂糖浆(糖水比约为2:1)。

2.2.5 训练蜜蜂积极授粉

针对蜜蜂不爱采集某种作物的习性,或为加强蜜蜂对某种授粉作物采集的专一性,在初花期至花末期,每天用浸泡过该种作物花瓣的糖浆饲喂蜂群。花香糖浆的制法:先在沸水中溶入相等重量的白糖,待糖浆冷却到20 ℃～25 ℃时,倒入预先放有该种作物花瓣的容器里,密封浸渍4 h,然后进行饲喂,每群每次喂100～150 g。第一次饲喂宜在晚上进行,第二天早晨蜜蜂出巢前,再补喂一次,以后每天早晨喂一次。也可在糖浆中加入该种作物香精喂蜂,以刺激蜜蜂采集。

2.3 作物管理

2.3.1 用药注意事项

在植物开花前,种植(园)户不得使用氧化乐果、敌敌畏等剧毒、残留期较长的农药;在开花期,授粉作物及其周边同期开花的其他作物均应严禁施药。若必须施药,应尽量选用生物农药或低毒农药。

2.3.2 开花前期管理

对作物进行常规的水肥管理,清除所有与农药有关的物品,待药味散尽后再运蜂进场。授粉作物不进行去雄处理。

2.3.3 合理配置授粉果树

利用蜜蜂为果树授粉时,对于自花传粉能力较差的品种,应间隔均匀地栽培一些供粉植株。对于盛果期的单一品种果园,可将授粉品种果树的花粉放在蜂巢门口,通过蜜蜂的身体接触将花粉带到植物花朵上,起到异花传粉的作用。

2.3.4 授粉后管理

经蜜蜂授粉后,应根据需要及时对作物进行疏花疏果、施肥浇水,提高产品产量和品质。

3 设施作物蜜蜂授粉技术

3.1 蜂群组织

3.1.1 蜜蜂蜂群组织

在秋末,通过培育蜂王,将大蜂群扩繁成1只蜂王、3脾蜂的授粉标准群,蜂箱内保持充足的蜂蜜和适量的花粉,以保证蜂群繁殖。授粉蜂群要提前预防病虫害,保证授粉蜂群无病。对于制种作物,在蜂群进入温室之前,应先隔离蜂群2～3天,让蜜蜂清除体上的外来花粉,避免引起作物杂交。

3.1.2 熊蜂蜂群组织

授粉植物开花前,在温度为29 ℃左右的饲养室把熊蜂蜂群繁育成有40只左右工蜂且拥有大量卵、虫、蛹的授粉蜂群,并转入20 ℃左右的饲养室继续饲养;在放入温室前3天,将熊蜂群移入15 ℃左右的低温饲养室饲养,同时,在巢箱内加适当适量的脱脂棉或碎纸屑进行保温。在熊蜂移入温室前,蜂箱内保持充足的花粉和糖水。

3.2 蜂群配置

3.2.1 蜜蜂配置

3.2.1.1 时间

对于设施瓜果蔬菜类花期较长的作物,在初花期将蜂群放入即可;对于设施果树类花期很短的作物,应在开花前5天左右将蜂群放入温室。应选择傍晚时将蜂群放入温室,第二天天亮前打开巢门,让蜜蜂试飞,排泄,适应环境。同时补喂花粉和糖浆,刺激蜂王产卵,提高授粉蜜蜂的积极性。

3.2.1.2 数量

为设施瓜果蔬菜类授粉,对于面积为500～700 m² 的普通日光温室,一个标准授粉群(3脾蜂/群)即可满足授粉需要;对于面积较小的温室,则应适当减少蜜蜂数量;对于大型连栋温室,则按一个标准授粉群承担600 m² 的面积配置。

为设施果树类授粉,对于面积为500～700 m² 的普通日光温室,根据树龄大小和开花多少,每个温室配置2～3个标准授粉群。对于大型连栋温室,则按一个标准授粉群承担300 m² 的面积配置。

3.2.1.3 摆放

如果一个温室内放置一群蜂,蜂箱应放置在温室中部;如果一个温室内放置2群或2群以上蜜蜂,则将蜂群均匀置于温室中;蜂箱应放在作物垄间的支架上,支架高度20 cm左右,巢门朝南朝北均可。

3.2.2 熊蜂配置

3.2.2.1 时间

熊蜂适应温室环境能力较强,在温室作物开花前1～2天放入即可。应在傍晚时将蜂群放入温室,第二天早晨打开巢门即可。

3.2.2.2 数量

为设施茄果类、瓜果类、草莓类等开花较少的作物授粉,对于500～700 m² 的普通日光温室,一群熊蜂(60只工蜂/群)即可满足授粉需要;对于大型连栋温室,按照一群熊蜂承担1000平方米的授粉面积配置。

为设施桃、杏、樱桃、梨等开花较多的果树授粉,对于面积为500～700 m² 的普通日光温室,根据树龄大小和开花多少,每个温室配置2～3群的标准授粉群。对于大型连栋温室,则按一个标准授粉群承担500 m² 的面积配置。

3.2.2.3 摆放

如果一个温室内放置一群蜂,蜂箱应放置在温室中部;如果一个温室内放置2群或2群以上蜜蜂,则将蜂群均匀置于温室中。为设施瓜果类、草莓类授粉,蜂箱放在作物垄间的支架上,支架高度30 cm左右;为设施果树类授粉,常把蜂箱挂在温室后墙上,巢门朝南,蜂箱高度与树冠中心高度基本保持一致。

3.3 蜂群管理

3.3.1 蜜蜂管理

3.3.1.1 加强保温

温室内夜晚温度较低,蜜蜂结团,外部子脾常常受冻。为此,晚上应在副盖上加草帘等保温物,维持箱内温度相对稳定,保证蜂群能够正常繁殖。

3.3.1.2 喂水

温室内蜂群的喂水通常有两种,一是巢门喂水,采用喂水器进行喂水;二是在蜂箱前约 1 m 的地方放置一个碟子,每隔 2 天换一次水,在碟子里面放置一些草秆或小树枝等,供蜜蜂攀附,以防蜜蜂溺水死亡。

3.3.1.3 喂糖浆

温室内大多数作物因面积和数量有限,花朵泌蜜不能满足蜂群正常发育,尤其为蜜腺不发达的草莓等授粉时,通常在巢内饲喂糖水比为 2∶1 的糖浆。

3.3.1.4 喂花粉

花粉是蜜蜂饲料中蛋白质、维生素和矿物质的唯一来源,对幼虫生长发育十分重要。通常采用喂花粉饼的办法饲喂蜂群。花粉饼的制法:选择无病、无污染、无霉变的蜂花粉,用粉碎机粉成细粉状;将蜂蜜加热至 70 ℃ 趁热倒入盛有花粉的盆内(蜜粉比为 3∶5),搅匀浸泡 12 h,让花粉团散开。如果花粉来源不明,应采用高压或者微波灭菌的办法,对蜂花粉原料进行消毒灭菌,以防病菌带入蜂群。每隔 7 天左右喂一次,直至温室授粉结束为止。

3.3.1.5 调整蜂脾关系

温室特别是日光温室的昼夜温度、湿度变化大,容易使蜂具发生霉变而引发病虫害。在授粉后期,对于草莓等花期较长的作物,要及时将蜂箱内多余的巢脾取出,保持蜂多于脾或者蜂脾相称的比例关系。

3.3.2 熊蜂管理

3.3.2.1 饲喂

为桃、杏等花期集中且花粉较多的果树授粉时,熊蜂一般不需要补充饲喂食物。为草莓等花期较长且花粉较少的作物授粉时,需要饲喂花粉和糖水。饲喂花粉的方法与蜜蜂相同。饲喂糖水时,通常在蜂箱前面约 1 m 的地方放置一个碟子,里面放置 50% 的糖水少许,每隔 2 天更换一次;同时,在碟子内放置一些草秆或小树枝,供熊蜂取食时攀附。

3.3.2.2 移箱

为花期错开的果树授粉时,完成前一批果树授粉任务的熊蜂,可以继续为后一批开花的果树授粉。具体方法为:前一温室授粉结束时,在晚上熊蜂回巢后关闭巢门,然后将蜂箱移至新的温室,第二天早晨打开巢门即可。

3.3.2.3 及时更换蜂群

一群熊蜂的授粉寿命为 45 天左右。为长花期的作物如番茄、草莓等授粉时,应及时更换蜂群,保证授粉正常进行。

3.3.2.4 检查蜂群

蜂群活动正常与否,可以通过观察进出巢门的熊蜂数量来判断。在晴天的 9～11 点,如果在 20 min 内有 8 只以上的熊蜂进出蜂箱,则表明这群熊蜂处于正常的状态。对于不正常的蜂群应及时更换。

3.4 温室管理

3.4.1 隔离通风口

用宽约 1.5 m 左右的尼龙纱网封住温室通风口,防止温室通风降温时蜜蜂或熊蜂飞出温室冻伤或丢失。

3.4.2 控温控湿

蜜蜂授粉时,温室温度一般控制在 15 ℃～35 ℃;熊蜂授粉时,温室温度一般控制在 15 ℃～25 ℃。

中午前后通风降温时,温室内相对湿度急剧下降。对于蜜蜂授粉的温室,可以通过洒水等措施保持温室内湿度在 30％以上,以维持蜜蜂的正常活动。

3.4.3 作物管理

放入授粉蜂群前,对温室作物病虫害进行一次详细的检查,必要时采取适当的防治措施,随后保持良好的通风,去除室内的有害气体。

作物栽培采用常规的水肥管理,花朵不去雄。为温室果树授粉时,花期应在温室地面上铺上地膜,保持土壤温度和降低温室内湿度,有利于花粉的萌发和释放。

授粉结束后,根据作物生产需要调整温度、湿度,加强水肥管理和病虫害防治。果树视情况进行疏果。

3.4.4 用药注意事项

在植物开花前,不能使用残留期较长的农药如敌敌畏、乐果等。在植物开花期间,要避免使用毒性较强的杀虫剂如吡虫啉、毒死蜱等。如果必须施药,应尽量选用生物农药或低毒农药。施药时,一般应将蜂群移入缓冲间以避免农药对蜂群的为害,如在施用百菌清等杀菌剂时,或夜晚采用硫黄熏蒸防治作物灰霉病和烂根病等病害时,将蜂群移入缓冲间隔离一天,然后原位放回即可。利用熊蜂为设施茄果类授粉时,不宜再喷洒 2,4-D 和赤霉素等植物生长调节剂。

授粉合同(样本)

日期:＿＿＿＿＿＿

养蜂者姓名:＿＿＿＿＿＿ 栽培者姓名:＿＿＿＿＿＿

住址:＿＿＿＿＿＿ 住址:＿＿＿＿＿＿

电话:＿＿＿＿＿＿ 电话:＿＿＿＿＿＿

租赁蜂群数量和标准:＿＿＿＿＿＿

蜂群租金:＿＿＿＿＿＿

额外搬运蜜蜂的报酬和其他费用:＿＿＿＿＿＿

租金总计:＿＿＿＿＿＿

作物名称:＿＿＿＿＿＿

蜂群摆放位置为:＿＿＿＿＿＿

栽培者同意:

1. 限_____天前通知把蜂群运进作物地。

2. 限_____天前通知把蜂群运走。

3. 运到蜂群时付给租金总额为。

4. 运到蜂群后天内付清全部租金。

5. 过期未付,按每月付给金额1%的利息。

6. 除非得到养蜂者的允许,租蜂期不在作物上喷洒有毒农药,如果邻居喷洒毒剂要预先告知养蜂者。

7. 提供无污染的蜜蜂饮水站。

8. 担负由于牲畜的损坏或摧残所造成的损失。

9. 蜂群在作物地时,承担公众被蜜蜂蜇刺的责任。

养蜂者同意:

1. 栽培者检查时,打开随机选定的蜂群,并显示其群势。

2. 为有效授粉,放置蜂群需要一定的时间,估计约需_____天,最长需要_____天,过期后就搬走蜂群或另续合同。

3. 在授粉期,保证蜂群放在适宜地方,使蜂群处于良好状态。

附件三 蜂业政策法规

中华人民共和国主席令
第四十五号

《中华人民共和国畜牧法》已由中华人民共和国第十届全国人民代表大会常务委员会第十九次会议于 2005 年 12 月 29 日通过,现予公布,自 2006 年 7 月 1 日起施行。

中华人民共和国主席　胡锦涛
2005 年 12 月 29 日

中华人民共和国畜牧法

(2005 年 12 月 29 日第十届全国人民代表大会常务委员会第十九次会议通过)

目　录

《中华人民共和国畜牧法》中"蜂"条款的释义

第二条　"……蜂、蚕的资源保护利用和生产经营,适用本法有关规定。"
释义:本条第三款是关于蜂、蚕适用本法的规定,是关于本法适用范围的特殊规定。

按照本款规定,蜂、蚕的资源保护利用和生产经营,适用本法有关规定。

在本法的起草和审议过程中,对于是否将蜂、蚕纳入调整范围一直有不同看法。考虑到养蜂业和蚕桑业是我国重要的传统动物饲养产业,并在世界上占有十分重要的地位。长期以来,这两个行业的管理立法严重滞后,特别是养蜂者权益保护、蜂产品生产环节的污染控制、蚕种资源保护及新品种选育等环节,亟须建立相应的管理制度。因此,畜牧法将蜂、蚕纳入调整范围之中。同时,也考虑到蜂、蚕管理的特殊性,本法只对养蜂业管理,如在"畜禽养殖"一章中对蜂产品的污染控制、维护养蜂者的合法权益和为养蜂者提供必要的便利等作出了一些原则规定。对于蚕种的资源保护、新品种选育、生产经营和推广适用等则授权国务院农业行政主管部门制定管理办法。

第四十七条 国家鼓励发展养蜂业,维护养蜂生产者的合法权益。有关部门应当积极宣传和推广蜜蜂授粉农艺措施。

释义:养蜂是一项不争田、不占地、投资少、见效快的空中农业,是有百利无一害、无污染的节约型产业,是促使农民脱贫致富的一条捷径,养蜂业已成为现代生态农业中的重要组成部分。该条款明确了养蜂业在国民经济中的重要地位,是国家鼓励发展并保护的产业,任何单位和个人不得阻碍养蜂业的发展,不得破坏蜂种资源,不得乱砍滥伐蜜粉源植物,不得损害蜂群,不得破坏养蜂器具,保证养蜂产品质量安全及维护养蜂生产者的利益,不得违反国家财政规定进行乱收费、乱罚款,养蜂者的人身安全及其财产受国家保护。

蜜蜂为农、林、果、蔬等作物授粉,能够大幅度地提高作物的质量和产量,其所产生的经济效益和生态效益更加可观,是蜂产品经济效益的百倍。蜜蜂授粉是解决和替代人工授粉的最佳天然科技手段,是我国养蜂业亟待发展和推广的一个重要产业。各有关部门应有计划地积极宣传和推广蜜蜂授粉,并大力提倡有偿蜜蜂授粉,促进种植业和养蜂业双收双盈。

第四十八条 养蜂生产者在生产过程中,不得使用为害蜂产品质量安全的药品和容器,确保蜂产品质量。养蜂器具应当符合国家技术规范的强制性要求。

释义:养蜂生产者在养蜂生产过程中,要遵循国家及农业部的有关规定,进行规范养蜂生产和用药。基本的要求是按照"NY/T 5139—2002蜜蜂饲养管理准则""NY/T 639—2002蜂蜜生产技术规范""NY/T 638—2002蜂王浆生产技术规范""NY/T637—2002蜂花粉生产技术规范""NY/T 629—2002蜂胶生产技术规范"、进行养蜂生产;按照《兽药管理条例》"NY/T 5138—2002蜜蜂饲养兽药使用准则"、《食品动物禁用的兽药及其他化合物清单》以及中国养蜂学会在全国开展的"蜂产品安全与标准化生产"中的要求,进行规范生产和用药;不得乱用、滥用蜂药,不得使用不符合规定、为害蜂产品质量安全的药品。

养蜂器具也需要符合国家技术规范的强制性要求,不得使用不符合国家技术规范和要求的、污染蜂产品、为害蜂产品质量安全的养蜂器具;不得使用不符合国家技术规范和要求的,盛装过药品、燃料油、食用油或其他化工产品的容器盛装蜂产品,蜂产品包装必须符合《食品企业通用卫生规范》(GB 1488—1994)《蜂蜜卫生标准》(GB 14963—2003)《食品安全国家标准蜂蜜》(GB 14963—2011)及其他国家相关标准和要求,以确保蜂产品的质量。

生产出的蜂产品质量安全必须符合蜂蜜强制性国家标准和即将出台的蜂王浆强制性国家标准,以及蜂胶、蜂花粉等国家蜂产品质量标准、卫生标准和兽药残留最高限量,确保蜂产品的质量安全。

第四十九条 养蜂生产者在转地放蜂时,当地公安、交通运输、畜牧兽医等有关部门应当为其提供必要的便利。

养蜂生产者在国内转地放蜂,凭国务院畜牧兽医行政主管部门统一格式印制的检疫合格证明运输蜂群,在检疫合格证明有效期内不得重复检疫。

释义:我国疆土辽阔,蜜粉资源丰富,气候不一。"追花取蜜",转地放蜂,已成为我国养蜂生产的特色,养蜂生产者转地放蜂受国家允许并保护。任何单位和个人不得阻止转地养蜂生产者在当地安置蜂群,各地农业畜牧兽医等有关部门应积极指导安排良好环境的养蜂场地,不得收取占地费;当地公安部门有责任维护转地养蜂生产者的人身和财产安全,积极协助解决发生的意外事故和纠纷,保护养蜂生产者的合法权益;蜂群运输过程中,属于生、活动物,在港口、路口应优先放行,允许运蜂车辆进入高速公路,以避免运蜂车辆由于天气炎热、堵车或停滞时间过长而导致蜜蜂窒息而死,造成不必要的损失;允许蜜蜂及蜂产品列入"绿色通道";为养蜂生产提供必要的便利。

养蜂生产的蜂群,必须严格按国家有关规定进行检疫,合格者发给检疫合格证明,检疫按照国家有关规定收费并开具发票,不得擅自乱收费。蜂群转地时,要求养蜂生产者携带检疫合格证明,不得伪造或持假的检疫合格证明;在检疫合格证明有效期内,均不得对定地或转地蜂群进行重复检疫。

《养蜂管理办法(试行)》

第一章 总 则

第一条 为规范和支持养蜂行为,维护养蜂者合法权益,促进养蜂业持续健康发展,根据《中华人民共和国畜牧法》《中华人民共和国动物防疫法》等法律法规,制定本办法。

第二条 在中华人民共和国境内从事养蜂活动,应当遵守本办法。

第三条 农业部负责全国养蜂管理工作。

县级以上地方人民政府养蜂主管部门负责本行政区域的养蜂管理工作。

第四条 各级养蜂主管部门应当采取措施,支持发展养蜂,推动养蜂业的规模化、机械化、标准化、集约化,推广普及蜜蜂授粉技术,发挥养蜂业在促进农业增产提质、保护生态和增加农民收入中的作用。

第五条 养蜂者可以依法自愿成立行业协会和专业合作经济组织,为成员提供信息、技术、营销、培训等服务,维护成员合法权益。

各级养蜂主管部门应当加强对养蜂业行业组织和专业合作经济组织的扶持、指导和服务,提高养蜂业组织化、产业化程度。

第二章 生产管理

第六条 各级农业主管部门应当广泛宣传蜜蜂为农作物授粉的增产提质作用,积极推广蜜蜂授粉技术。

县级以上地方人民政府农业主管部门应当做好辖区内蜜粉源植物调查工作,制定蜜粉源植物的保护和利用措施。

第七条 种蜂生产经营单位和个人,应当依法取得《种畜禽生产经营许可证》。出售的种蜂应当附具检疫合格证明和种蜂合格证。

第八条 养蜂者可以自愿向县级人民政府养蜂主管部门登记备案,免费领取《养蜂证》,凭《养蜂证》享受技术培训等服务。

《养蜂证》有效期三年,格式由农业部统一制定。

第九条 养蜂者应当按照国家相关技术规范和标准进行生产。

各级养蜂主管部门应当做好养蜂技术培训和生产指导工作。

第十条 养蜂者应当遵守《中华人民共和国农产品质量安全法》等有关法律法规,对所生产的蜂产品质量安全负责。

养蜂者应当按照国家相关规定正确使用生产投入品,不得在蜂产品中添加任何物质。

第十一条 登记备案的养蜂者应当建立养殖档案及养蜂日志,载明以下内容:

(一)蜂群的品种、数量、来源;

(二)检疫、消毒情况;

(三)饲料、兽药等投入品来源、名称,使用对象、时间和剂量;

(四)蜂群发病、死亡、无害化处理情况;

(五)蜂产品生产销售情况。

第十二条 养蜂者到达蜜粉源植物种植区放蜂时,应当告知周边 3000 m 以内的村级组织或管理单位。接到放蜂通知的组织和单位应当以适当方式及时公告。在放蜂区种植蜜粉源植物的单位和个人,应当避免在盛花期施用农药。确需施用农药的,应当选用对蜜蜂低毒的农药品种。

种植蜜粉源植物的单位和个人应当在施用农药 3 日前告知所在地及邻近 3000 m 以内的养蜂者,使用航空器喷施农药的单位和个人应当在作业 5 日前告知作业区及周边 5000 m 以内的养蜂者,防止对蜜蜂造成为害。

养蜂者接到农药施用作业通知后应当相互告知,及时采取安全防范措施。

第十三条 各级养蜂主管部门应当鼓励、支持养蜂者与蜂产品收购单位、个人建立长期稳定的购销关系,实行蜂产品优质优价、公平交易,维护养蜂者的合法权益。

第三章 转地放蜂

第十四条 主要蜜粉源地县级人民政府养蜂主管部门应当会同蜂业行业协会,每年发布蜜粉源分布、放蜂场地、载蜂量等动态信息,公布联系电话,协助转地放蜂者安排放蜂场地。

第十五条 养蜂者应当持《养蜂证》到蜜粉源地的养蜂主管部门或蜂业行业协会联系

落实放蜂场地。

转地放蜂的蜂场原则上应当间距 1000 m 以上，并与居民区、道路等保持适当距离。

转地放蜂者应当服从场地安排，不得强行争占场地，并遵守当地习俗。

第十六条 转地放蜂者不得进入省级以上人民政府养蜂主管部门依法确立的蜜蜂遗传资源保护区、保种场及种蜂场的种蜂隔离交尾场等区域放蜂。

第十七条 养蜂主管部门应当协助有关部门和司法机关，及时处理偷蜂、毒害蜂群等破坏养蜂案件、涉蜂运输事故以及有关纠纷，必要时可以应当事人请求或司法机关要求，组织进行蜜蜂损失技术鉴定，出具技术鉴定书。

第十八条 除国家明文规定的收费项目外，养蜂者有权拒绝任何形式的乱收费、乱罚款和乱摊派等行为，并向有关部门举报。

第四章 蜂群疫病防控

第十九条 蜂群自原驻地和最远蜜粉源地起运前，养蜂者应当提前 3 天向当地动物卫生监督机构申报检疫。经检疫合格的，方可起运。

第二十条 养蜂者发现蜂群患有列入检疫对象的蜂病时，应当依法向所在地兽医主管部门、动物卫生监督机构或者动物疫病预防控制机构报告，并就地隔离防治，避免疫情扩散。

未经治愈的蜂群，禁止转地、出售和生产蜂产品。

第二十一条 养蜂者应当按照国家相关规定，正确使用兽药，严格控制使用剂量，执行休药期制度。

第二十二条 巢础等养蜂机具设备的生产经营和使用，应当符合国家标准及有关规定。

禁止使用对蜂群有害和污染蜂产品的材料制作养蜂器具，或在制作过程中添加任何药物。

第五章 附 则

第二十三条 本办法所称蜂产品，是指蜂群生产的未经加工的蜂蜜、蜂王浆、蜂胶、蜂花粉、蜂毒、蜂蜡、蜂幼虫、蜂蛹等。

第二十四条 违反本办法规定的，依照有关法律、行政法规的规定进行处罚。

第二十五条 本办法自 2012 年 2 月 1 日起施行。

农业部办公厅关于做好养蜂证发放工作的通知

各省、自治区、直辖市畜牧兽医（农业、农牧）厅（局、委、办），新疆生产建设兵团畜牧兽医局：

根据我部颁发的《养蜂管理办法（试行）》（农业部公告第 1692 号）第八条规定，养蜂者可以自愿向县级人民政府养蜂主管部门登记备案，免费领取《养蜂证》，《养蜂证》格式由农业部统一制定。近期我部组织设计了《养蜂证》样式及要求，现印发给你们，请抓紧组织做好《养蜂证》印制和发放工作。

附件:《养蜂证》样式及要求

二〇一二年二月二十日

附件:

《养蜂证》样式及要求

一、《养蜂证》样式

封面

第1页　　　　　　　　　　　　　第2页

养蜂证

照　片
（一寸）

发证单位	
编　　号	
发证日期	年　　月　　日
有 效 期	至　年　　月　　日

表 B.1　养蜂证格式

场主姓名		性别	
年　　龄		民族	
身份证号			
通信地址			
联系电话			
蜂场名称			
蜂群数量			
辅助人员	姓名	性别	年龄

第3页　　　　　　　　　　　　　第4页

《养蜂管理办法（试行）》摘录

第八条　养蜂者可以自愿向县级人民政府养蜂主管部门登记备案，免费领取《养蜂证》，凭《养蜂证》享受技术培训等服务。

《养蜂证》有效期三年，格式由农业部统一制定。

第十条　养蜂者应当遵守《中华人民共和国农产品质量安全法》等有关法律法规，对所生产的蜂产品质量安全负责。

养蜂者应当按照国家相关规定正确使用生产投入品，不得在蜂产品中添加任何物质。

第十一条　登记备案的养蜂者应当建立养殖档案及养蜂日志，载明以下内容：

（一）蜂群的品种、数量、来源；

（二）检疫、消毒情况；

（三）饲料、兽药等投入品来源、名称、使用对象、时间和剂量；

（四）蜂群发病死亡、无害化处理情况；

第 5 页

（五）蜂产品生产销售情况。

第十二条　在放蜂区种植蜜粉源植物的组织和个人，应当避免在盛花期施用农药。确需施用农药的，应当选用对蜜蜂低毒的农药品种，防止对蜜蜂造成危害。

使用航空器喷施农药或开展地面统一喷药防治面积超过 33.3 hm^2（500 亩）以上的单位和个人，应当在作业前 3 日告知作业区及其周边 2000 m 内的养蜂者。

养蜂者到达蜜粉源植物种植区放蜂时，应当知会方圆 2000 m 以内的村级行政组织或属地管理单位。养蜂者接到防治作业通知后应当及时采取相应防范措施。

第十五条　养蜂者应当持《养蜂证》到蜜粉源地的养蜂主管部门或蜂业行业协会联系落实放蜂场地。

转地放蜂的蜂场原则上应当间距 1000 m 以上，并与居民区、道路等保持

第 6 页

适当距离。

转地放蜂者应当服从场地安排，不得强行争占场地，并遵守当地习俗。

第十九条　蜂群自原驻地和最远蜜粉源地起运前，养蜂者应当提前 3 天向当地动物卫生监督机构申报检疫。经检疫合格的，方可起运。

第二十条　养蜂者发现蜂群患有列入检疫对象的蜂病时，应当依法向所在地兽医主管部门、动物卫生监督机构或者动物疫病预防控制机构报告，并就地隔离防治，避免疫情扩散。

未经治愈的蜂群，禁止转地、出售和生产蜂产品。

第 5 页

注意事项

一、此证为养蜂证件，不作他用。由当地养蜂主管部门核发，盖章后生效，并登记造册。

二、此证只限本人使用，不得抵押、涂改或转借他人。若遗失，及时向发证部门申请补发。

三、养蜂人员应遵纪守法，遵守《养蜂管理办法》，生产优质蜂产品，严禁掺杂使假，为发展我国养蜂事业贡献力量。

第 6 页

注：《养蜂证》分封皮和内页两部分。内页共 6 页，采用正反两面印刷。

二、《养蜂证》规格说明

页码	文字格式	规格
封面	文字为 36 号小标宋,烫金;底色为咖啡色(参考颜色 R117、G5、B12 或 C51、M100、Y100、K34)	成品高 10 cm,宽 15 cm,塑料材质
第一页	"养蜂证"为二号小标宋;"照片"为四号仿宋,方框高 3.5 cm,宽 2.5 cm;"发证单位"等为五号宋体,表格单行高 0.6 cm,宽 1.9 cm ＋4.1 cm,整体高 2.4 cm,宽 6 cm;上边缘与标题间距 1.1 cm,标题与照片方框间距 0.5 cm,照片方框与其下边表格间距 0.6 cm	成品高 9.5 cm,宽度依据制作实际自行调整
第二页	全部为五号宋体;表格单行高 0.7 cm;表格整体高 8.4 cm,宽 6 cm;从上到下表格宽度分别为 1.7 cm＋1.7 cm＋1.3 cm＋ 1.3 cm,1.7 cm＋4.3 cm,1 cm＋1.8 cm＋1.6 cm＋1.6 cm	
第三页	标题文字为小四号小标宋;正文为小五号宋体;"第几条"为小五号黑体;方框上线与标题间距 0.7 cm,标题与正文间距 0.5 cm;方框高 8.5 cm,宽 6 cm	
第四、五页	文字为小五号宋体;"第几条"为小五号黑体;方框高 8.5 cm,宽 6 cm	
第六页	标题文字为小四号小标宋;正文为小五号宋体;上边缘与标题间距 1.5 cm,标题与正文间距 0.5 cm。	

关于印发《山东省蜂产业转型升级实施方案》的通知
鲁牧计财发〔2016〕3 号

各市畜牧兽医局、发展改革委、科技局、财政局、国土资源局、农业局、林业局、环保局:

为深入贯彻习近平总书记视察山东重要讲话和对山东"三农"工作重要指示精神,根据省委、省政府统一安排部署,省畜牧兽医局、省发展改革委、省科技厅、省财政厅、省国土资源厅、省农业厅、省林业厅、省环保厅联合编制了《山东省蜂产业转型升级实施方案》。经省政府同意,现印发给你们,请结合本地实际,认真遵守执行。

山东省畜牧兽医局　山东省发展和改革委员会
山东省科学技术厅　山东省财政厅
山东省国土资源厅　山东省农业厅
山东省林业厅　山东省环境保护厅
2016 年 1 月 25 日

山东省蜂产业转型升级实施方案

蜂产业是我省品牌特色农业产业之一,为提升我省蜂产业发展水平,制定本方案。

一、行业发展现状

(一)取得的成效

(1)规模与效益居于全国中上游。2014 年我省蜜蜂存养量 40.3 万群,占全国总养量的 4.7％;蜂蜜产量 1.41 万吨,占全国总产量的 3.1％;蜂产品产值约 6 亿元,占全国总产值的 3％;蜂蜜加工出口量 1.7 万吨,占全国总出口量的 13.1％;出口金额 3941 万美元,占全国总出口金额的 15.2％。

表 1 为 2001～2013 年我国蜂蜜产量及出口与内销比例变化情况。

表 1   2001～2013 年我国蜂蜜产量及出口与内销比例变化情况

时间(年)	我国蜂蜜总产量	出口数量	所占比例(%)	内销蜂蜜数量	所占比例(%)
2001	25.20	10.70	42.40	14.50	57.50
2002	26.50	7.60	28.67	18.90	71.33
2003	29.90	8.40	28.10	21.50	71.90
2004	29.30	82.00	28.00	21.10	72.00
2005	29.32	88.00	30.00	20.50	70.00
2006	33.30	8.10	24.30	25.20	75.70
2007	35.40	6.40	18.10	29.00	81.90
2008	40.00	8.50	21.25	31.50	78.75
2009	40.20	72.00	17.91	33.00	82.09
2010	40.10	10.10	25.10	30.00	74.90
2011	43.10	9.98	23.15	33.12	76.85
2012	44.80	11.00	24.55	33.80	75.45
2013	46.50	12.50	26.88	34.00	73.12

图 1 为 2008～2011 年全国各省蜂蜜产量统计。

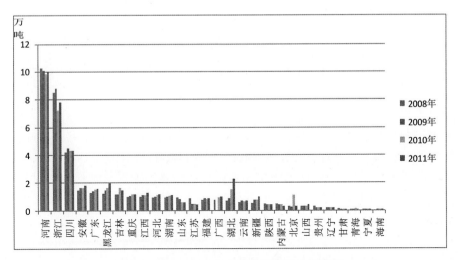

图 1 2008～2011 年全国各省蜂蜜产量统计

表 2 为 2014 年蜂蜜出口前十位省市统计表。

表 2   2014 年蜂蜜出口前十位省市统计表

序号	出口省市	出口数量(吨)	出口金额(万美元)
1	安徽	25204.2	4641.2
2	湖北	24321.3	4886.9
3	浙江	22111.4	4287.8
4	山东	17037.7	3941.1
5	辽宁	10453.5	1835.8
6	江苏	10002.1	1911.2
7	上海	6287.3	1027.6
8	陕西	4906.4	1147.1
9	河南	3172.2	659.0
10	宁夏	2935.5	815.0
	其他	3392.6	877.6

（2）蜜粉资源丰富。我省蜜粉源植物丰富，多达 220 余种，物候期自西南向东相差 7～14 天。蜜粉源植物主要有荆条、刺槐、枣树、泡桐、苹果、玉米、棉花等。其中，刺槐 220000 hm^2（330 万亩）、果树 600000 hm^2［900 万亩，其中包括苹果 266667 hm^2（400 万亩）、枣树 36667 hm^2（55 万亩）等］、玉米 2666667 hm^2（4000 万亩）、棉花 666667 hm^2（1000 万亩）、蔬菜 2000000 hm^2（3000 万亩）。全省除 11 月至翌年 2 月无蜜粉源外，其他月份均有蜜粉源。

（3）产业链日趋完善。经过多年发展，我省逐渐形成了包括蜜蜂养殖、产品加工、机具生产、授粉应用在内的较完整的产业链。据统计,2014 年,全省境内蜂群放养量近 100 万群,全省蜂蜜、蜂王浆年加工贸易量分别达到 35000 吨和 500 吨,分别占全国的 7.8% 和 16.7%。

(4)组织化程度较高。截至 2014 年底,全省年销售额过千万元的蜂产品加工企业达到 10 余家,60 多家蜂产品企业通过认证(企业食品质量生产许可)。目前全省省级蜂业协会 1 个、市级和县级蜂业协会 12 个,养蜂合作社 153 个、社员 1600 多户;全省养蜂户 5292 户,蜂业从业人员(含加工企业职工)2 万余人,逐步形成了龙头企业带动养蜂专业合作社和养蜂基地、企业与养蜂者互促共赢的产业化发展格局。

(5)支撑体系较强。2008 年,成立了山东省蜂业良种繁育推广中心、山东省蜂业与蜂产品质量检验所。我省拥有国家蜂产业技术体系岗位专家 1 人、综合试验站 1 个。东营市蜜蜂研究所与五征集团联合研制的全国首款养蜂移动平台,集养蜂生产、蜂群运输、蜂产品初加工等功能于一体,改善了养蜂人的生产生活条件,提高了养蜂的经济效益。

(6)政府支持力度加强。近年来,省政府出台《山东省蜂业发展规划(2014~2020年)》(鲁政办发[2014]3 号)等文件,通过特色产业项目县、财政支持技术推广、蜂产品质量检测、基础设施建设、信息化建设、职业技能培训、良种工程、科技研发等项目,逐步加大对我省蜂业发展的支持力度。从 2010 年开始,我省通过进行蜂蜜、蜂花粉及蜂王浆的抽检,实现了对蜂产品原料的质量监控。

(二)存在问题

(1)核心竞争力不强。全省蜂业发展规模偏小,蜜蜂饲养数量仅占全国 860 万群的 4.7%,户均养蜂规模只有 76.2 群,养蜂生产的机械化、规模化、标准化和良种化水平较低,蜂业核心技术缺乏,创新指数偏低,竞争力不强。

(2)利益分配不均衡。养殖者与加工者利益联结机制不够紧密,产销衔接相对滞后,产业聚集度不高,养殖环节利润偏低,单纯从事养蜂业缺乏可持续性和吸引力。

(3)现代化水平偏低。蜂业现代化设施设备研发缺失,装备水平较低,产业发展仍处于较低水平、粗放状态,致使蜂业的劳动强度较大,几十年没有根本性改变。尤其是蜂业信息化、智能化处于起步阶段,实现蜂业现代化发展目标仍任重道远。

(4)养蜂队伍老化严重。据 2014 年调查统计,我省 4473 名一线养蜂从业人员的平均年龄已上升到 54.8 岁,其中 50 岁以上人员占 63.14%,30 岁以下的养蜂人员仅占 2.35%。养蜂者老龄化严重,同时学历水平偏低。据统计,有学历的养蜂者共 4313 名,其中 4164 名养蜂者的学历集中在小学、初中和高中,所占比例达 96.42%;中专以上学历的养蜂者仅 149 人,所占比例为 3.58%。知识更新缓慢,年轻、高学历人员比例较低,相对匮乏。

图 2 为全省养蜂者年龄结构图。

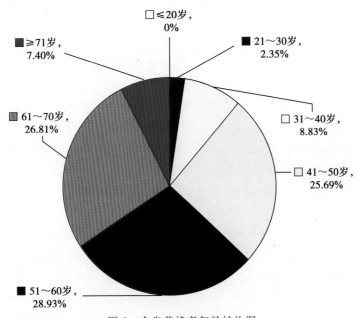

图 2　全省养蜂者年龄结构图

图 3 为全省养蜂者学历结构图。

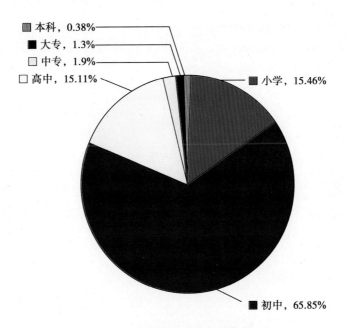

图 3　全省养蜂者学历结构图

二、发展目标与规划布局

（一）发展目标

坚持高产、优质、高效、生态、安全的蜂业发展理念,以提高养蜂生产能力和推广普及蜜蜂授粉增产技术为重点,以培植产业区域优势、提升科技创新能力、优化产品结构为核,着力提升蜂业的标准化、组织化和产业化发展水平,建立和完善蜂产品质量监管体系,推动我省蜂业科学发展。到 2017 年,全省蜂群数量达到 45 万群,规模蜂场占比提高到 40%,年产蜂蜜 2.5 万吨,年产蜂王浆 200 吨,蜂产品产值达到 8 亿元蜜蜂为农作物授粉增产效益 600 亿;到 2020 年,全省蜂群数量达到 50 万群,规模蜂场占比提高到 60%,年产蜂蜜 4.0 万吨,年产蜂王浆 300 吨,蜂产品产值达到 12 亿元,蜜蜂为农作物授粉增产效益 1000 亿元。

（二）规划布局

根据我省各地蜜粉源植物丰富程度、地理生态、养蜂生产状况及蜂产品企业分布,全省蜂业可划分为蜜蜂壁蜂授粉、养蜂生产、蜂产品加工出口、优质蜜源四大优势区域。

（1）蜜蜂、壁蜂授粉优势区。烟台、潍坊、青岛、淄博和日照 5 市,是果品和蔬菜生产的集中区域,目前苹果种植面积约 266667 hm²（400 余万亩）,大樱桃种植面积约 16667 hm²（25 万亩左右）,草莓种植面积约 13333 hm²（20 多万亩）。2014 年本区西方蜜蜂存养量 15.7 万群,约占全省总量的 25%;壁蜂 5 亿只左右,约占全省总量的 80%。立足本区域丰富的果蔬资源优势和农民浓厚的蜜蜂、壁蜂授粉意识,建立蜜蜂、壁蜂授粉示范基地,蜜蜂、壁蜂为果蔬授粉覆盖率达 80% 以上。表 3 为蜜蜂、壁蜂授粉优势区域布局。

表 3　　蜜蜂、壁蜂授粉优势区域布局

市	县（市、区）
青岛	平度
淄博	博山、桓台、沂源
烟台	龙口、蓬莱、栖霞、招远、莱州
潍坊	寿光、青州、临朐
日照	莒县、五莲

（2）养蜂生产优势区。潍坊、临沂、淄博、泰安、济宁和日照 6 市,是传统的养蜂生产区域,蜜粉源植物丰富,养蜂业相对发达。2014 年本区蜂群存养量 22.8 万群,约占全省总量的 62.3%。立足本区域发展养蜂生产的传统优势,扩大蜜蜂饲养量,力争 2020 年蜂群存养量达到 35 万群。表 4 为养蜂生产优势区域布局。

表 4　　养蜂生产优势区域布局

市	县（市、区）
淄博	博山、沂源
潍坊	青州、临朐

续表

市	县(市、区)
济宁	任城、曲阜、兖州、嘉祥
泰安	岱岳、肥城、宁阳
日照	莒县、五莲
临沂	蒙阴、费县、沂水

(3)蜂产品加工出口优势区。日照、济南、潍坊和枣庄4个市蜂产品企业相对集中，2014年蜂蜜、蜂王浆年加工贸易量约28000吨和400吨，均占全省总量的80%以上。立足本区域雄厚的加工出口基础，实施品牌带动战略，建立严格的质量监管和追溯体系，重点培育壮大4个蜂产品龙头企业，辐射带动8个优质蜂产品生产基地。表5为蜂产品加工出口优势区域重点培育企业。

表5　　蜂产品加工出口优势区域重点培育企业

市	企业
济南	济南济泉黄岩蜂产品开发有限公司(历城区)
枣庄	山东枣庄海石花蜂业有限公司(峄城区)
潍坊	山东康宝蜂业有限公司(临朐县)
日照	山东华康蜂业有限公司(莒县)、山东华瀚蜂业有限公司(五莲县)

(4)沿黄地区优质蜜源优势区。沿黄地区的东营、德州、聊城、滨州和菏泽5市，刺槐和枣树的栽植量均占全省的50%以上，一直是我省优质刺槐蜜、优质枣花蜜的生产地区。立足沿黄地区丰富的刺槐和枣树资源优势，在该区域建设10个优质刺槐蜜和优质枣花蜜生产基地。同时，在适宜区域扩大刺槐、枣树种植面积，形成蜜源与蜂业良性发展的格局。表6为沿黄地区优质蜜源优势区域布局。

表6　　沿黄地区优质蜜源优势区域布局

市	县(市、区)
东营	垦利、利津
德州	乐陵、陵县
聊城	冠县、高唐
滨州	无棣、沾化
菏泽	巨野、曹县

三、重点任务

围绕蜂业"转方式、调结构、创优势"，着力开展八大重点工程建设，加快推动蜂业提质增效转型升级。

(一)实施经营体制创新工程

(1)积极培育新型经营主体。通过示范、扶持、服务、监管等措施,加快培育龙头企业、养蜂大户、专业合作社、行业协会、中介组织、供销社等新型经营主体和新型经济合作组织,建立"公司＋基地＋农户""公司＋合作社"等蜂业产业化经营模式,进一步完善双方发展保障和利益分配机制。到2020年,力争使85％的养蜂场(户)纳入产业化经营体系。

(2)切实提升产业组织化程度。引导和支持养蜂者建立合作社,拓展合作社服务功能,规范运行方式,提高标准化集约化养蜂水平。在淄博、东营、潍坊、济宁、泰安、临沂、德州、聊城、滨州和菏泽等市,支持建设每个市建设2个养蜂生产示范合作社;在烟台、潍坊、青岛、淄博和日照等市,支持每个市建设1个蜜蜂授粉示范合作社。努力形成以养蜂者为基础、专业合作社为依托、蜂产品企业为龙头的蜂业产业化经营方式。有效利用供销社联系农民、熟悉市场的综合优势,引导有条件的供销社积极参与蜂业产业化经营,为生产者提供全方位服务。

(3)充分发挥行业协会自律引导作用。建立健全市、县级蜂业协会组织,充分发挥行业协会熟悉行业、贴近企业的优势,加强和改进行业管理,在联系政府、服务行业、规范生产、培训养蜂者、品牌推介、促进行业自律、推动行业交流等方面发挥更大作用。

(4)不断提升养蜂者职业化水平。大力发展养蜂大户等新型蜂业经营主体,积极开展从业者职业技能鉴定,加快培育新型职业养蜂者队伍。综合运用技术培训、示范带动、标准化生产、机械化装备等多种措施,改善养蜂者的生产生活条件,吸引更多高素质、高技能人才加入,增强蜂业发展活力。

(二)实施科技创新工程

紧紧围绕制约蜂业发展的技术瓶颈问题展开科技攻关,重点在蜜蜂饲养、蜂机具研发、病虫害防治、授粉增产技术、蜂产品研发、良种繁育推广、蜂产品质量控制等领域进行科研与技术推广,争取在蜜蜂优质高产配套选育及授粉蜂种的引进驯化,蜜蜂代用蜂粮等方面实现较大突破。推进产学研有机结合,加强先进适用技术的推广,加速蜂业科技成果转化步伐。加强蜂业科技人才的培养,建立蜂业从业人员定期培训制度,每年培训养蜂者3000人次以上。

(三)实施龙头企业培育工程

通过加强政府扶持、鼓励联合兼并、支持产品开发、引导企业上市等措施,做大做强蜂业龙头企业,支持企业开展连锁经营、产销直挂、农超对接,不断延伸产业链条,增强市场竞争力。鼓励和支持工商业资本进入养蜂业或从事蜂产品加工,与养蜂户及专业合作社建立稳固的利益联结机制,提升带动发展能力。加快发展蜂业生态观光旅游和电子商务的步伐。

(四)实施示范基地创建工程

按照蜜蜂良种化、养殖设施化、生产规范化、防疫制度化的总体要求,规范养蜂场布局,推行养蜂生产各环节的标准化操作,实施蜂产品安全生产规程,提倡饲养强群,加强疫病防控,建立健全养殖档案和养蜂日志。扶持养蜂机械研发与生产,提高养蜂的机械化水平。在潍坊、临沂、淄博、泰安、济宁和日照等市,支持每市建设5个标准化机械化养蜂示范场,在东营、德州、聊城、滨州和菏泽等市,支持每市建设3个标准化机械化养蜂示范场,所生产的蜂蜜和蜂王浆全部达到国家标准。

（五）实施授粉增产工程

加快推广蜜蜂、壁蜂为农作物授粉增产技术的普及推广，开展授粉增产示范活动，在蜜蜂、壁蜂授粉优势区和养蜂生产优势区建立 11 个蜜蜂授粉示范基地（青岛、烟台、潍坊各 2 个，淄博、济宁、泰安、日照和临沂各 1 个），建设 35 个专业授粉示范蜂场（青岛、淄博、烟台、潍坊、济宁、泰安和临沂每个市 3 个，全省其他各市每市 1～2 个）。

（六）实施良种繁育建设工程

重点强化山东省蜂业良种繁育推广中心职能，完善提升 5～6 个种蜂场的保种育种条件，保障优质种蜂王供应，提高蜜蜂良种化水平。加强中华蜜蜂种质资源保护利用，建设 5 个中华蜜蜂种质资源保护区，由山东省蜂业良种繁育推广中心牵头建设 1 个山东省蜜蜂种质资源基因库。

（七）实施信息化建设工程

充分发挥互联网技术在行业管理中的作用，逐步建立起集蜜源植物、蜂群分布、企业信息、市场咨询、监督检验和品牌推介等为一体的省级蜂业数字化信息平台，为行业管理和技术指导提供支撑，加快推进我省蜂业的标准化、机械化和信息化发展。严格蜂药、蜂饲料等投入品使用管理，严把蜂产品原料、生产和检验关。完善蜂产品质量安全检测、监管、信息发布和质量追溯体系，建立蜂产品企业质量信用评估制度，提升蜂产品质量安全水平。

（八）实施名优品牌培育工程

以骨干蜂业加工企业为重点，以行业关键共性技术为突破口，加快发展并尽快形成一批规模实力更大、市场竞争力更强的优势骨干企业，打造名优产品品牌。重点扶持山东华康、山东康宝等 13 家省内知名蜂业企业，加大 17 个蜂产品品牌宣传推介力度，将其打造成为国内外著名品牌，提高国内外的市场占有率。表 7 为重点蜂业加工企业及品牌。

表 7　重点蜂业加工企业及品牌

重点企业	重点品牌	主要产品
山东华康蜂业有限公司	嗡嗡乐	蜂蜜、蜂王浆、蜂胶
山东华瀚蜂业有限公司	嗡嗡乐	蜂蜜、蜂王浆、蜂胶
济宁陈宜斗蜂业有限公司	陈宜斗	蜂蜜、蜂花粉、蜂王浆、蜂蜜酒
济泉黄岩蜂产品开发有限公司	济泉、三代蜂农	蜂蜜、蜂花粉、蜂王浆
山东康宝蜂业有限公司	山旺、沂山康宝	蜂蜜、蜂胶、雄蜂蛹
枣庄海石花蜂业有限公司	海石花	蜂蜜、蜂胶、巢蜜
蒙阴深山蜜坊蜂业有限公司	蒙园、沂蒙蜜坊	蜂蜜、蜂王浆、蜂花粉、蜂胶
山东省沂源蒙山实业有限公司	蒙山	洋槐、荆条、土蜂蜜；蜂胶、蜂王浆
烟台福明蜂业有限公司	福明	蜂蜜、蜂胶、蜂王浆
山东博康蜂业有限公司	博康园	蜂蜜、蜂王浆、蜂王浆干粉
烟台甜园蜂产品有限公司	TECHYARD	蜂蜜、蜂花粉、蜂王浆

续表

重点企业	重点品牌	主要产品
潍坊新潍蜂业有限公司	新潍	杨槐蜂蜜、白蜜、特浅蜂蜜、巢脾
龙口市蜂源饲料有限公司	粉霸、龙粉	蜜蜂饲料
青州市逢山蜜蜂园有限公司	逢山	蜂蜜、蜂王浆、蜂蜜酒

四、保障措施

（一）着力强化组织领导

建立蜂业产业发展协调推进机制，研究制定政策措施，统筹协调蜂业发展规划的组织实施。结合区域布局管理，立足各地资源禀赋，因地制宜探索建立健全蜂业发展指标考核体系，并将考核结果纳入各主产区政府现代农业发展考核体系。

（二）着力强化部门配合

畜牧部门要充分发挥主管部门职能，负责牵头协调，并切实加强对蜂业发展的指导和总体管理。林业部门负责抓好蜜粉源植物基地建设，协调提供放蜂场地。农业部门负责抓好蜜蜂和壁蜂授粉增产措施的组织实施，努力减少化学农药对蜂业的影响。发展改革、财政部门要加大基建资金和财政资金对蜂业发展的支持力度，做好项目实施和资金监督管理工作。科技部门要努力改善蜂业发展科技创新条件，提升科技支撑能力。其他相关部门也要根据各自职能范围，加强对蜂业发展的支持力度。

（三）着力强化政策扶持

（1）切实加强基础设施建设。依托山东省蜂业信息网，加快开展省级蜂业数字化信息平台建设。将蜂业和蜜蜂良种选育推广纳入山东省特色畜牧业重点产业，强化资源保护和利用推广，支持建设中华蜜蜂保护区和保种场。大力推进养蜂移动平台建设，积极探索改进财政补贴的手段，提高蜂业生产机械化水平。

（2）不断加大资金扶持力度。以规模化蜂场建设、养蜂机械设备购置、蜜蜂授粉、蜜蜂良种培育、合作社发展等方面为重点，加大资金扶持力度，积极引导社会资本投入，形成多元化投入机制。在现代农业生产发展、特色产业发展、农业科技发展资金、标准化示范创建、动物疫病防控等相关资金安排上，适当向蜂业倾斜。扶持蜂业龙头企业改善生产和技术条件，提高精深加工水平，增强市场竞争力。

（3）积极开展金融创新试点。鼓励和支持保险机构开发适合蜂业生产的保险产品，降低养蜂者生产经营风险。完善扶持引导机制，综合运用政府引导基金、先建后补、以奖代补等方式，强化组织实施，促进产业稳步发展。制定完善蜂产品优质优价收购政策，尽快出台成熟蜜地方标准，鼓励养蜂者从事成熟蜜生产，树立山东蜂产品良好形象。

（四）着力强化宣传引导

积极发挥行业协会、龙头企业等作用，充分利用媒介会、广播、网络等各种形式，广泛宣传发动，有效调动群众的养蜂积极性。大力宣传引导蜂产品消费观念，充分宣传蜂产品对人类健康的作用以及蜜蜂、壁蜂授粉对农作物增产和促进生态农业发展的意义，积极宣传蜜蜂文化，不断营造全民爱蜂护蜂使用蜂产品良好氛围。

主要参考文献

1. 姜风涛,王桂芝,娄德龙. 蜜蜂养殖主推技术[M]. 济南:山东科学技术出版社,2015.

2. 曾志强. 养蜂与蜜蜂授粉技术[M]. 上海:上海科学普及出版社,2001.

3. 吴杰,邵有全. 奇妙高效的农作物增产技术:蜜蜂授粉[M]. 北京:中国农业出版社,2011.

4. 李位三,李淑琼,张启明. 授粉昆虫与蜜蜂授粉增产技术[M]. 北京:化学工业出版社,2015.

5. 王海洲,金水华. 一种生物诱杀大蜂螨兼收雄蜂蛹的方法[J]. 中国蜂,2018,69(06):26-28.

6. 伊作林,杨柳,席芳贵,等. 蜂蜜成分及功能活性的研究进展[J]. 中国,2018,69(4):51-54.

7. 郭旭东,刁其玉,周正奎. 蜂花粉的免疫作用及其在畜牧业中的应用[J]. 中国畜牧兽医,2007,34(8):13-15.

8. 苏晔,敬璞. 蜂王浆的化学成分生理活性及应用[J]. 农牧产品发,2000(7):11-12.

9. 陈达希,杨寒浆. 创造蜂机具奇迹的人——记浙江三庸蜂业科技有限公司董事长王俞兴[J]. 蜜蜂杂志,2019,39(08):55-57.

10. 凌宽孝,汪应祥. 天水地区中蜂饲养春季管理要点[J]. 中国蜂业,2018,69(03):40-43.

11. 严战峰,于梅. 浅谈黄龙县中蜂冬季管理要点[J]. 新农村(黑龙江),2013(14):192-192.

12. 薛运俊. 意蜂蜂蜜和中蜂蜂蜜的区别[J]. 蜜蜂杂志,2019,39(03):12.

13. 田海军,段天权. 中华蜜蜂分蜂热的成因及措施分析[J]. 湖北畜牧兽医,2019,40(05):39-40.

14. 袁小波. 辽东中蜂秋冬季管理要点[J]. 中国蜂业,2018,69(10):39-40.

15. 王桂芝,娄德龙,姜风涛. 山东中华蜜蜂资源现状、问题及保护措施[J]. 中国蜂业,2016,67(11):34.

16. 娄德龙,王文,王桂芝. 山东省 2017 年度中华蜜蜂养殖概况[J]. 中国蜂业,

2018,69(05):56-58.

17. 江武军,夏晓翠,杨柳. 中华蜜蜂的四季饲养管理技术要点[J]. 蜜蜂杂志,2019,39(04):19-20.

18. 郗学鹏,张卫星,魏伟. 沂蒙山地区中华蜜蜂种群遗传多样性分析. 昆虫学报,2018,61(12):1462-1471.

19. 黄庆. 鸟类和兽类对蜜蜂的为害[J]. 吉林农业,2004(02):30-31.

20. 王福仁. 请认识蜘蛛对蜜蜂的严重为害[J]. 中国养蜂,2004(03):16.

21. 杨爽,张学文,宋文菲. 大蜡螟生物学特性及其防治研究概述[J]. 中国蜂业,2016,67(03):33-37.

22. 逯彦果. 蜜蜂授粉增产提质的机理[J]. 甘肃畜牧兽医,2017,47(7):103-105.

23. 高景林,赵冬香. 蜜蜂授粉技术产业化的思考[J]. 中国蜂业,2018,69(10):45-47.

24. 张淑琴. 大田授粉蜂群的组织与管理[J]. 中国畜禽种业,2013(8):31-31.

25. 孟凡华,田光利. 影响设施内蜜蜂授粉的主要因素及对策[J]. 落叶果树,2005,37(6):50-51.

26. 安建东,陈文锋. 全球农作物蜜蜂授粉概况[J]. 中国农学通报,2011,27(01):374-382.

27. 张大利. 如何签订蜜蜂授粉合同[J]. 中国蜂业,2019,70(01):24-25.

28. 兰凤明,刘福广. 浅谈我国蜜蜂授粉现状、存在问题及应对措施[J]. 蜜蜂杂志,2017,37(06):23-24.

29. 王彪,褚忠桥,苏萍. 宁夏蜜蜂授粉现状、问题及应对措施[J]. 中国蜂业,2011,62(01):31-33.

30. 王思明. 蜂、花粉及中国养蜂文化[J]. 农业考古,1993(3):246-254.

31. 吴丽丽,邹志坚,刘元国,黑水县蜜蜂文化园规划建议[J]. 四川畜牧兽医,2019,46(10):19+21.

32. 刘彩云,李旭涛,毛玉花. 提升蜜蜂文化软实力 促进蜂产业发展[J]. 中国蜂业,2012,63(16):51-52.

33. 雷兴生. 浅议蜜蜂文化在蜂产业化进程中的作用和意义[C]. 中国蜂产品协会、中国养蜂学会. 2013年全国蜂产品市场信息交流会暨中国(浦东)蜂业博览会论文集. 中国蜂产品协会、中国养蜂学会:中国养蜂学会,2013:324-327.

34.王乐,王珂,刘晓欢. 特色小镇产业链培育策略研究[J]. 中国集体经济,2020(02):3-5.

35. 陈东海,牛庆生. 制约蜜蜂规模化饲养发展的瓶颈[J]. 中国蜂业,2012(03X):40-42.